西门子S7-1200系列PLC原理及应用

李忠勤　王玉萍　主编
赵　岩　任思璟　副主编

化学工业出版社

·北京·

内容简介

本书以西门子 S7-1200 系列 PLC 为对象，以实际工程项目——电梯控制系统设计为脉络，全面阐述了 PLC 控制系统设计的核心要点，包括总体设计、硬件设计、软件设计、人机界面设计以及网络通信设计等关键环节，让学生在"学中做，做中练"，系统掌握 S7-1200 PLC 编程及实际应用。

全书共分为 7 章。第 1 章主要介绍电气控制系统的基本控制线路；第 2 章重点讲述 S7-1200 PLC 的系统组成；第 3 章介绍 S7-1200 PLC 编程软件安装及使用；第 4 章介绍电梯控制系统项目部分程序设计，重点讲述 S7-1200 编程语言，并在指令基础上实现电梯控制系统的部分功能；第 5 章主要介绍电梯控制系统项目中变频器的应用；第 6 章介绍 S7-1200PLC 的通信及网络；第 7 章主要讲述电梯控制系统设计实例。书中全部电气图形符号均采用最新国标，所有实例均经过实践检验；实例讲解，深入浅出，读者可在最短时间掌握 S7-1200 系列 PLC 在电气控制领域的应用。

本书可作为高等学校电气工程及其自动化、自动化、机械设计制造及其自动化、智能制造、机器人工程等相关专业本科的教材，也可供从事 PLC 应用、设计的从业者参考使用。

本书是新形态立体化教材，配有微课视频，可扫描二维码观看。

图书在版编目（CIP）数据

西门子 S7-1200 系列 PLC 原理及应用 / 李忠勤，王玉萍主编；赵岩，任思璟副主编. -- 北京：化学工业出版社，2025. 2. --（石油和化工行业"十四五"规划教材）（高等学校电气类专业系列教材）. -- ISBN 978-7-122-47102-4

Ⅰ. TM571.61

中国国家版本馆 CIP 数据核字第 2025P0R975 号

责任编辑：郝英华　　　文字编辑：刘建平　李亚楠　温潇潇
责任校对：刘　一　　　装帧设计：史利平

出版发行：化学工业出版社
　　　　　（北京市东城区青年湖南街 13 号　邮政编码 100011）
印　　装：北京云浩印刷有限责任公司
787mm×1092mm　1/16　印张 14½　字数 372 千字
2025 年 6 月北京第 1 版第 1 次印刷

购书咨询：010-64518888　　　售后服务：010-64518899
网　　址：http://www.cip.com.cn
凡购买本书，如有缺损质量问题，本社销售中心负责调换。

定　　价：59.00 元　　　　　版权所有　违者必究

　　PLC 原理及应用是自动化、电气工程及其自动化、机械设计制造及其自动化、智能控制、机器人工程等专业的主干课程之一，该课程具有极强的实践性，知识覆盖面广、涉及内容多、更新发展快，与生产实际和工程应用联性紧密。

　　本书以电梯控制系统为主线进行内容编排，旨在培养学生的系统思维、工程素养和创新意识。本书分为电气控制基础、S7-1200 PLC 应用技术、电气控制系统设计实例三篇，详细介绍了 PLC 控制系统总体设计、硬件设计、软件设计、人机界面设计和网络通信设计等方面内容。全书以西门子 S7-1200 系列 PLC 为对象，以电梯控制系统设计为脉络，以仿真分析的方式贯穿讲解过程。

　　全书共分为 7 章，结构清晰，循序渐进。第 1 章系统阐述电气控制系统的基本控制线路，为学习 PLC 控制系统筑牢基础。第 2 章聚焦于 S7-1200 系列 PLC 的系统组成，帮助读者透彻理解其架构原理。第 3 章主要介绍 S7-1200 系列 PLC 编程软件的安装及使用方法，助力读者快速上手操作。第 4 章以电梯控制系统项目部分程序设计为实例，着重讲解 S7-1200 编程语言，并基于指令实现电梯控制系统的部分功能，理论与实践紧密结合。第 5 章围绕电梯控制系统项目中变频器的应用展开，拓宽读者在工业控制领域的知识面。第 6 章介绍 S7-1200 系列 PLC 的通信及网络技术，紧跟行业发展趋势。第 7 章以电梯控制系统设计为例，进一步强化读者对知识的综合运用能力。书中所有电气图形符号均采用最新国标，所有实例均经过实践检验。实例讲解，深入浅出，便于读者快速掌握 S7-1200 系列 PLC 在电气控制领域的应用。

　　本书是新形态立体化教材，配有微课和视频，可扫描二维码观看。

　　本书是 2022 年度黑龙江省高等教育本科教育教学改革研究重点委托项目"新工科背景下 TMBH 新工程师人才培养模式的探索与实践"（项目编号：SJGZ20220146）、2024 年度黑龙江省高等教育教学改革研究一般项目"人工智能引领下《可编程控制器原理与应用》课程知识图谱的构建与教学研究"（项目编号：SJGYB2024558）、2024 年度河南省本科高校研究性教学创新实践平台"智能信息研究性教学创新实践平台"（文件号：教高〔2024〕403号）等项目的阶段性成果。

　　本书由黑龙江科技大学李忠勤、王玉萍主编，赵岩、任思璟副主编，郑爽、刘宏洋参编。第 1 章由李忠勤编写，第 2 章由郑爽编写，第 3、4 章由王玉萍编写，第 5 章由任思璟编写，第 6 章由刘宏洋编写，第 7 章由赵岩编写。全书由李忠勤策划和统稿。

限于作者水平，书中难免有疏漏之处，敬请广大同行和读者指正。同时也欢迎读者，尤其是采用本书的教师和学生，共同探讨相关教学内容、教学方法等问题。

编　者
2025 年 5 月

目录

▶▶▶▶▶▶▶▶

第三篇 电气控制系统设计实例

本书数字资源目录

第三篇 电气控制系统设计实例

本书数字资源目录

电气控制基础

第1章

电气控制系统的基本控制线路

本章主要介绍电气控制系统的基本控制线路。首先介绍了电气控制的基本知识，包括低压电器的基本知识、电气图形符号和文字符号、电气图的分类与作用、电气原理图的绘制规则。其次，重点介绍了几种基本控制线路，包括点动与长动控制线路、正转和反转控制线路、顺序和多点控制线路、三相异步电动机启动控制线路、三相笼型异步电动机制动控制线路。最后，以 M7120 磨床为例对其电气控制进行分析。电气控制系统的基本控制线路是学习后续章节的基础，读者应熟练掌握。

【本章重点】

① 电气原理图的绘制规则；

② 点动与长动控制线路；

③ 正、反转控制线路；

④ 顺序控制线路；

⑤ 三相异步电动机启动控制线路；

⑥ 三相笼型异步电动机制动控制线路。

1.1 电气控制的基本知识

电器是一种能够根据外界信号的要求，手动或自动地接通或断开电路，断续或连续地改变电路参数，以实现电路或非电对象的切换、控制、保护、检测、变换和调节作用的电气设备。电器按其工作电压等级可分成高压电器和低压电器。

1.1.1 低压电器的基本知识

低压电器通常是指用于交流额定电压 1200V、直流额定电压 1500V 及以下的电路中起通断、保护、控制或调节作用的电气产品。

1）低压电器的分类

低压电器的品种规格繁多，结构及工作原理各异，有多种分类方法。

（1）按用途分

① 低压配电电器。包括刀开关、转换开关、熔断器等，主要用于低电压配电系统中，实现电能的输送和分配，以及系统保护。要求这类电器动作准确、工作可靠、稳定性能良好。

② 低压控制电器。包括接触器、继电器及各种主令电器等，主要用于电气控制系统，要求这类电器工作准确可靠、操作频率高、寿命长，而且体积小、质量轻。

（2）按动作性质分

① 自动电器。依靠电器本身的参数变化或外来信号（如电流、电压、温度、压力、速度、热量等）而自动接通、分断电路或使电动机进行正转、反转及停止等动作，如接触器及各种继电器等。

② 手动电器。依靠外力（人工）直接操作来进行接通、分断电路等动作，如各种开关、按钮等。

（3）按低压电器的执行机理分

① 有触点电器。具有动触点和静触点，利用触点的接触和分离来实现电路的通断。

② 无触点电器。没有触点，主要利用晶体管的开关效应及导通或截止来实现电路的通断。

2）低压电器的基本结构与特点

低压电器一般都有两个基本部分：一个是感受部分，它感受外界的信号，做出有规律的反应，在自控电路中，感受部分大多由电磁机构组成，在手控电器中，感受部分通常为操作手柄等；另一个是执行部分，如触点连同灭弧系统，它根据指令进行电路的接通或切断。

3）低压电器的型号表示法

国产常用低压电器的全型号组成形式如图 1-1 所示。

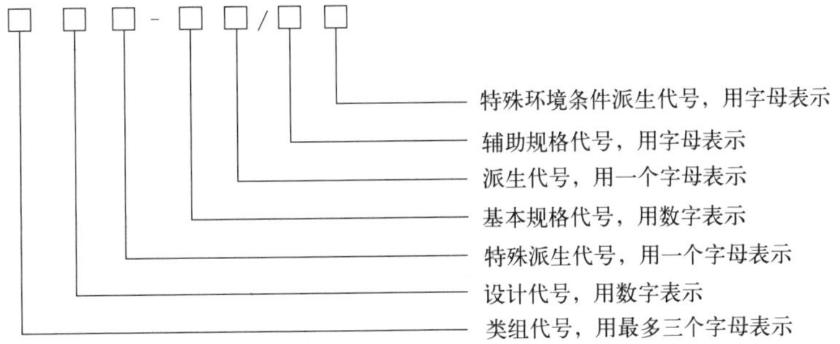

图 1-1　低压电器的型号表示

1.1.2　电气图形符号和文字符号

电气图是用电气图形绘制的图，是用来描述电气控制设备结构、工作原理和技术要求的图，它必须符合国家电气制图标准及国际电工委员会（IEC）颁布的有关文件要求，用统一标准的图形符号、文字符号及规定的画法绘制。

1）电气图中的图形符号

图形符号通常是指用图样或其他文件表示一个设备或概念的图形、标记或字符。图形符号由符号要素、一般符号及限定符号构成。

（1）符号要素

符号要素是一种具有确定意义的简单图形，必须同其他图形组合才能构成一个设备或概念的完整符号。例如，三相异步电动机是由定子、转子及各自的引线等几个符号要素构成的，这些符号要求有确切的含义，但一般不能单独使用，其布置也不一定与符号所表示设备的实际结构一致。

（2）一般符号

用于表示同一类产品和此类产品特性的一种很简单的符号，它们是各类元器件的基本符号。例如，一般电阻器、电容器和具有一般单向导电性的二极管的符号。一般符号不但广义上代表各类元器件，也可以表示没有附加信息或功能的具体元器件。

（3）限定符号

限定符号是用于提供附加信息的一种加在其他符号上的符号。例如，在电阻器一般符号的基础上，加上不同的限定符号就可组成可变电阻器、光敏电阻器、热敏电阻器等具有不同功能的电阻器。也就是说使用限定符号以后，可以使图形符号具有多样性。

限定符号一般不能单独使用。一般符号有时也可以作为限定符号。例如，电容器的一般符号加到二极管的一般符号上就构成变容二极管的符号。

使用图形符号应注意以下几点。

① 所有符号均应按无电压、无外力作用下的正常状态使用。例如，按钮未按下、闸刀未合闸等。

② 在图形符号中，某些设备元件有多个图形符号，在选用时，应该尽可能选用优选型。在能够表达其含义的情况下，尽可能采用最简单形式。在同一图中使用时，应采用同一形式。图形符号的大小和线条的粗细应基本一致。

③ 为适应不同需求，可将图形符号根据需要放大和缩小，但各符号相互间的比例应该保持不变。图形符号绘制时方位不是强制的，在不改变符号本身含义的前提下，可将图形符号根据需要旋转或成镜像放置。

④ 图形符号中导线符号可以用不同宽度的线条表示，以突出和区分某些电路或连接线。一般常将电源或主信号导线用加粗的实线表示。

2）电气图中的文字符号

电气图中的文字符号是用于标明电气设备、装置和元器件的名称、功能、状态和特征的，可在电气设备、装置和元器件上或其近旁使用，以表明电气设备、装置和元器件各类的字母代码和功能字母代码。电气技术中的文字符号分为基本文字符号和辅助文字符号。

（1）基本文字符号

基本文字符号分为单字母符号和双字母符号两种。

单字母符号是用拉丁字母将各种电气设备、装置和元器件划分为 23 大类，每一类用一个字母表示。例如，"R"代表电阻器，"M"代表电动机，"C"代表电容器，等等。

双字母符号是由一个表示种类的单字母符号与另一个字母组成，并且是单字母符号在前，另一个字母在后。双字母符号中在后的字母通常选用该类电气设备、装置和元器件的英文名称的首位字母，这样，双字母符号可以较详细和更具体地表述电气设备、装置和元器件。例如，"RP"代表电位器，"RT"代表热敏电阻，"MD"代表直流电动机，"MC"代表笼型异步电动机。

（2）辅助文字符号

辅助文字符号是用于表示电气设备、装置和元器件以及线路的功能、状态和特征的，通常也是由英文名称的前一两个字母构成。例如，"DC"代表直流（direct current），"IN"代表输入（input），"S"代表信号（signal）。

辅助文字符号一般放在单字母符号后面，构成组合双字母符号。例如，"Y"是电气操作机械装置的单字母符号,"B"是代表制动的辅助文字符号,"YB"代表制动电磁铁的组合符号。辅助文字符号也可单独使用,例如,"ON"代表闭合,"N"代表中性线。

1.1.3 电气图的分类与作用

电气控制系统是由许多电器元件按一定要求连接而成的。为了表达生产机械电气控制系统的结构、原理等设计意图,同时也为了便于电器元件的安装、接线、运行、维护,将电气控制系统中各电器元件的连接用一定的图形表示出来,这种图就是电气控制系统图。

由于电气控制系统图描述的对象复杂,应用领域广泛,表达形式多种多样,因此表示一项电气工程或一种电器装置的电气控制系统图有多种,它们以不同的表达方式反映工程问题的不同方面,但又有一定的对应关系,有时需要对照起来阅读。按用途和表达方式的不同,电气控制系统图可分为以下几种。

(1)电气系统图和框图

电气系统图和框图是用符号或带注释的框,概略表示系统的组成、各组成部分相互关系及主要特征的图样,它比较集中地反映了所描述工程对象的规模。

(2)电气原理图

电气原理图是为了便于阅读与分析控制线路,根据简单、清晰的原则,采用电器元件展开的形式绘制而成的图样。它包括所在电器元件的导电部件和接线特点,但并不按照电器元件的实际布置位置来绘制,也不反映电器元件的大小。其作用是便于详细了解工作原理,指导系统或设备的安装、调试与维修。电气原理图是电气控制系统图中重要的种类之一,也是识图的难点和重点。

(3)电气布置图

电气布置图主要用来表明电气设备上所有电器元件的实际位置,为生产机械电气控制设备的制备、安装提供必要的资料。通常电气布置图与电气安装接线图组合在一起,既起到电气安装接线图的作用,又能清晰表示出电器的布置情况。

(4)电气安装接线图

电气安装接线图是为了安装电气设备和电器元件进行配线或检修电器故障服务的。它是用规定的图形符号,按各电器元件相对位置绘制的实际接线图,它清楚地表示了各电器元件的相对位置和它们之间的电路连接,所以安装接线图不仅要把同一电器的各个部件画在一起,而且各个部件的布置要尽可能符合这个电器的实际情况,但对比例和尺寸没有严格要求。不但要画出控制柜内部的电气连接,还要画出柜外的电气连接。电气安装接线图中的回路标号是电气设备之间、电器元件之间、导线与导线之间的连接标记,它的文字符号和数字符号应与电气原理图中的标号一致。

(5)功能图

功能图的作用是提供绘制电气原理图或其他有关图样的依据,它是表示理论的或理想的电路关系而不涉及实现方法的一种图。

(6)电器元件明细表

电器元件明细表是把成套装置、设备中各组成元件(包括电动机)的名称、型号、规格、数量列成表格,供准备材料及维修使用。

1.1.4 电气原理图的绘制规则

电气系统图和框图对于从整体上理解系统或装置的组成和主要特征无疑是十分重要的。然而要详细理解电气作用原理,进行电气接线,分析和计算电路特性,还必须有另外一种图，这就是电气原理图。下面以图 1-2 所示的电气原理图为例介绍电气原理图的绘制原则、方法以及注意事项。

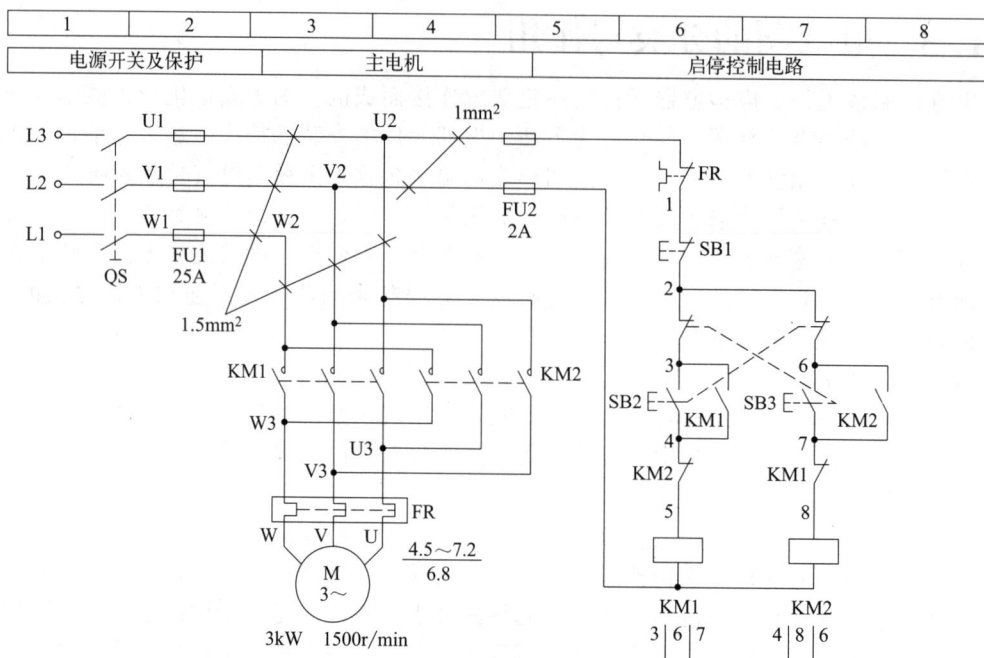

图 1-2　三相笼型异步电动机可逆运行电气原理图

（1）电气原理图的绘制原则

① 电气原理图一般分主电路和辅助电路两部分：主电路就是从电源到电动机大电流通过的路径。辅助电路包括控制线路、照明电路、信号电路及保护电路等，由继电器和接触器的线圈、继电器的触点、接触器的辅助触点、按钮、照明灯、信号灯、控制变压器等电器元件组成。

② 控制系统内的全部电动机、电器和其他器械的带电部件，都应在电气原理图中表示出来。

③ 电气原理图中各电器元件不画实际的外形图，而采用国家规定的统一标准图形符号，文字符号也要符合国家标准规定。

④ 电气原理图中，各个电器元件和部件在控制线路中的位置，应根据便于阅读的原则安排。同一电器元件的各个部件可以不画在一起。例如，接触器、继电器的线圈和触点可以不画在一起。

⑤ 图中元件、器件和设备的可动部分，都按没有通电和没有外力作用时的开闭状态画出。例如：继电器、接触器的触点，按吸引线圈不通电状态画；主令控制器、万能转换开关按手柄处于零位时的状态画；按钮、行程开关的触点按不受外力作用时的状态画；等等。

⑥ 电气原理图的绘制应布局合理、排列均匀，为了便于看图，可以水平布置，也可以垂直布置。

⑦ 电器元件应按功能布置，并尽可能按工作顺序排列，其布局顺序应该是从上到下、从左到右。垂直布置时，类似项目宜横向对齐；水平布置时，类似项目应纵向对齐。例如，图 1-2 中，线圈属于类似项目，由于线路采用垂直布置，所以接触器线圈应横向对齐。

⑧ 电气原理图中，有直接联系的交叉导线连接点，要用黑圆点表示；无直接联系的交叉导线连接点不画黑圆点。

（2）图幅分区及符号位置索引

为了便于确定图上的内容，也为了在看图时查找图中各项目的位置，往往需要将图幅分区。

图幅分区的方法是：在图的边框处，竖边方向用大写拉丁字母编号，横边方向用阿拉伯数字编号，编号顺序从左上角开始。图幅分区式样如图1-3所示。

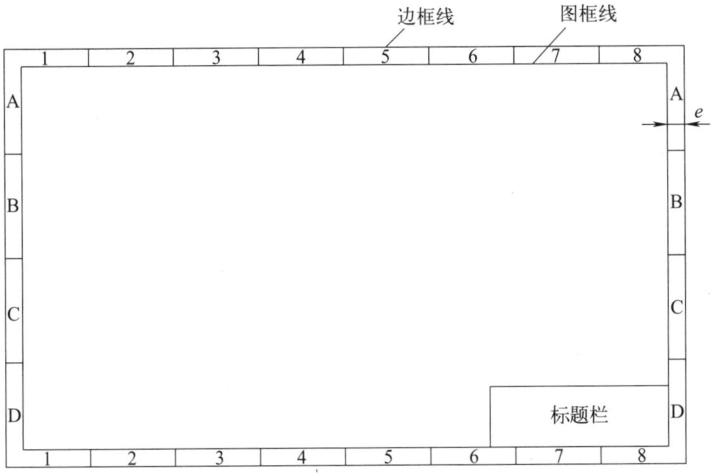

图 1-3　图幅分区示例

图幅分区以后，相当于在图上建立一个坐标系。项目和连接线的位置可用如下方式表示：

① 用行的代号（拉丁字母）表示；

② 用列的代号（阿拉伯数字）表示；

③ 用区的代号表示。区的代号为字母和数字的组合，且字母在左，数字在右。

在具体使用时，对水平布置的电路，一般只需标明行的代号；对垂直布置的电路，一般只需标明列的代号；复杂的电路需标明组合代号。例如图1-2中，只标明了列的标记。

图1-2中，图区编号下方的"电源开关及保护"等字样，表明了它对应的下方元件或电路的功能，使读者能清楚地知道某个元件或某部分电路的功能，以利于理解全电路的工作原理。

电气原理图中，接触器和继电器线圈与触点的从属关系应用附图表示，即在电气原理图中相应线圈的下方，给出触点的文字符号，并在其下面注明相应触点的索引代号，对未使用的触点用"×"表明，有时也可省略。

对接触器，上述表示法中各栏的含义如表1-1所示。

表 1-1　接触器各栏含义

左 栏	中 栏	右 栏
主触点所在图区号	辅助动合触点所在图区号	辅助动断触点所在图区号

对继电器，这种表示方法中各栏的含义如表1-2所示。

表 1-2　继电器各栏含义

左 栏	右 栏
动合触点所在图区号	动断触点所在图区号

	KM1			KM2	
3	6	7	4	8	6

图 1-4　KM1 和 KM2 相应触点的索引

图 1-2 中 KM1 及 KM2 线圈下方的标注是接触器 KM1 和 KM2 相应触点的索引（图 1-4）。它表示接触器 KM1 的主触点在图区 3，辅助动合触点在图区 6，辅助动断触点在图区 7；接触器 KM2 的主触点在图区 4，辅助动合触点在图区 8，辅助动断触点在图区 6。

（3）电气原理图中技术数据的标注

电器元件的数据和型号，一般用小号字体注在电器代号下面。例如图 1-2 中，FR 下面的数据表示热继电器动作电流值的范围和整定值的标注；图中的 $1.5mm^2$、$1mm^2$ 字样表明该导线的截面积。

1.2 手动启停控制

1.2.1　低压开关

低压开关是一种用来隔离、转换以及接通和分断电路的控制电器。

1）低压开关的类型及使用

（1）类型

常用低压开关的主要类型有 HK2 系列开启式负荷开关、HZ10 系列组合开关、DZ20 系列自动空气开关等。

（2）使用

HK2 系列开启式负荷开关（又称瓷底胶盖刀开关）的结构如图 1-5 所示，主要适用于一般的照明电路和功率小于 5.5kW 的电动机控制线路中。

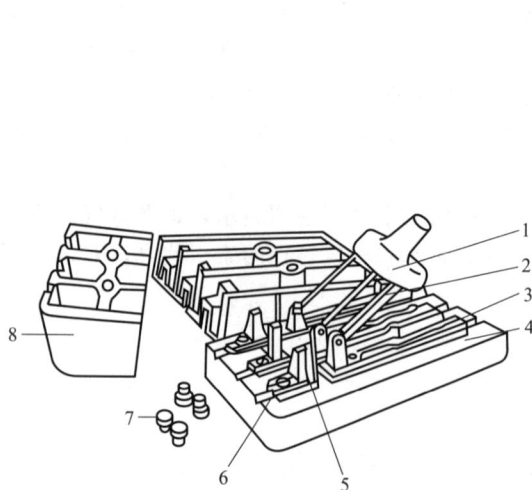

图 1-5　HK2 系列瓷底胶盖刀开关

1—瓷柄；2—动触点；3—出线座；4—瓷底座；
5—静触点；6—进线座；7—胶盖紧固螺钉；8—胶盖

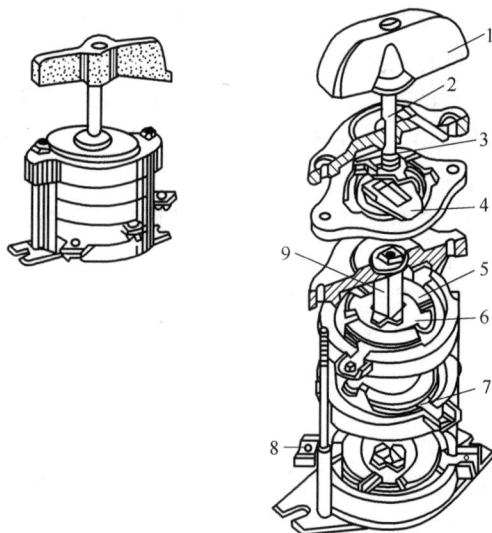

(a) 外形　　　　(b) 结构示意图

图 1-6　HZ10 系列组合开关

1—手柄；2—转轴；3—弹簧；4—凸轮；5—绝缘垫板；
6—动触片；7—静触片；8—接线柱；9—绝缘杆

HZ10 系列组合开关（又称转换开关）的外形及结构如图 1-6 所示，一般在机床电气控制线路中作为电源的引入开关，也可以用来不频繁地接通和断开电路、通断电源和负载以及控制 5kW 以下的小容量异步电动机的正、反转和星形-三角形启动。

DZ20 系列自动空气开关（又称自动空气断路器）的动作原理示意图如图 1-7 所示，图中 1、2 为自动空气开关的三副主触点（1 为动触点、2 为静触点），它们串联在被控制的三相电路中。当按下接通按钮 14 时，外力使锁扣 3 克服压力弹簧 16 的斥力，将主触点闭合，并由锁扣锁住扣钩 4，使开关处于接通状态。当开关接通电源后，电磁脱扣器、热脱扣器及欠压脱扣器若无异常反应，开关运行正常。

当线路发生短路或有严重过载电流时，短路电流超过瞬时脱扣整定值，电磁脱扣器 6 产生足够大的吸力，将衔铁 8 吸合并使其撞击杠杆 7，使扣钩 4 绕转轴座 5 向上转动与锁扣 3 脱开，锁扣

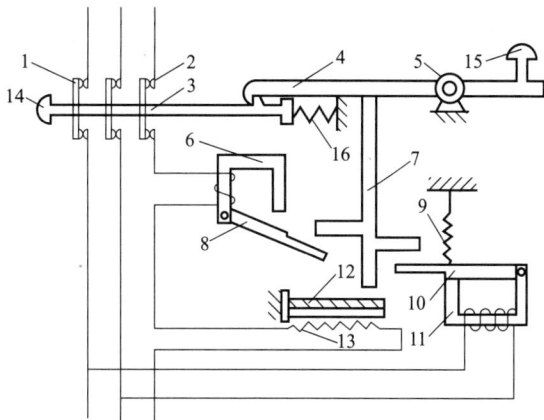

图 1-7　自动空气开关原理示意图

1—动触点；2—静触点；3—锁扣；4—扣钩；5—转轴座；
6—电磁脱扣器；7—杠杆；8—电磁脱扣器衔铁；9—拉力弹簧；
10—欠压脱扣器衔铁；11—欠压脱扣器；12—热脱扣器；
13—热元件；14—接通按钮；15—停止按钮；16—压力弹簧

在压力弹簧 16 的作用下，将三副主触点分断，切断电源。

当线路发生一般性过载时，过载电流虽不能使电磁脱扣器动作，但能使热元件 13 产生一定的热量，促使热脱扣器 12 受热向上弯曲，推动杠杆 7 使扣钩与锁扣脱开，将主触点分断。

欠压脱扣器 11 的工作过程与电磁脱扣器的工作过程恰恰相反，当线路电压正常时，欠压脱扣器 11 产生足够的吸力，衔铁 10 克服拉力弹簧 9 的作用与欠压脱扣器 11 吸合，衔铁与杠杆脱离，锁扣与扣钩才得以锁住，主触点方能闭合。当线路上的电压全部消失或电压降到某一数值时，欠压脱扣器吸力消失或减小，欠压脱扣器衔铁被拉力弹簧拉开并撞击杠杆，主电路电源被分断。同样道理，在无电源电压或电压过低时，自动空气开关也不能接通电源。

正常分断电路时，按下停止按钮 15 即可。

自动空气开关集控制和多种保护功能于一身，用途广泛，除能完成接通和分断电路外，还能对电路或电气设备发生的短路、严重过载及欠压等进行保护，同时也可用于不频繁启动的电动机。

2）低压开关的符号及型号含义

图 1-8 所示为刀开关的组合开关的图形及文字符号，图 1-9 所示为自动开关的图形及文字符号。

刀开关的型号含义如图 1-10 所示。

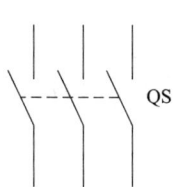

图 1-8　刀开关的图形及
文字符号

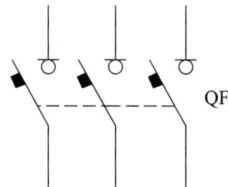

图 1-9　自动开关的图形和
文字符号

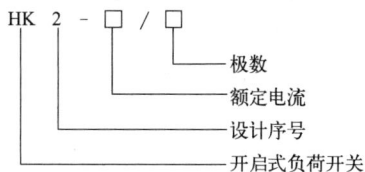

HK 2 - □ / □

极数
额定电流
设计序号
开启式负荷开关

图 1-10　刀开关的型号含义

组合开关的型号含义如图 1-11 所示。

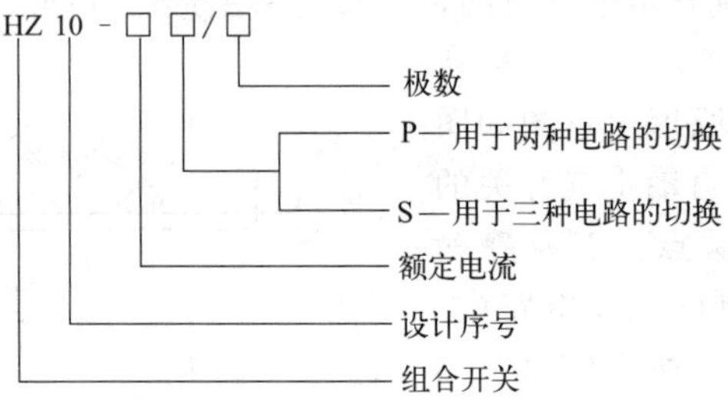

图 1-11　组合开关的型号含义

自动空气开关的型号含义如图 1-12 所示。

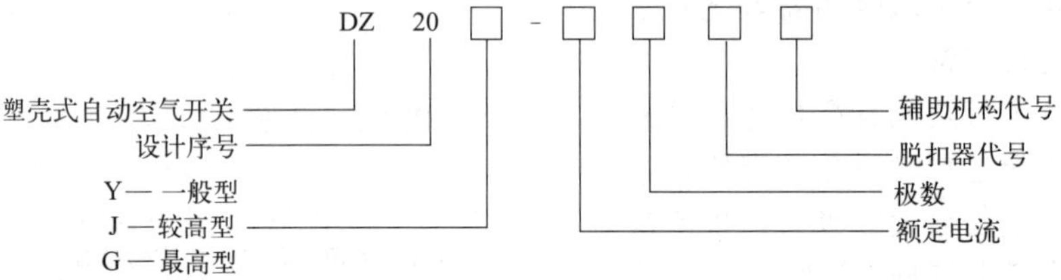

图 1-12　自动空气开关的型号含义

3）低压开关使用注意问题

使用开启式负荷开关时，必须垂直安装在控制屏或开关板上，绝不允许倒装，以防手柄因自重落下，引起误合闸。接线时应把电源线接在上端，负载线接在下端，并装接熔丝作为短路和严重过载保护。开启式负荷开关不宜带负载操作，若带小功率负载操作时，分合闸动作应迅速，使电弧较快熄灭。使用组合开关时，将其安装在控制屏面板上，面板外只能看到转换手柄，其他部分均在屏内，操作频率不能过高，一般每小时不宜超过 5～20 次，当用于电动机正、反转控制时，应在电动机完全停转后，方可进行反向启动，否则容易烧坏开关或造成弧光短路事故。

使用自动空气开关时一般应注意下面几点。

① 安装前先检查其脱扣器的整定电流是否与被控线路、电动机等的额定电流相符，核实有关参数，满足要求方可安装。

② 应按规定垂直安装，连接导线要按规定截面选用。

③ 操作机构在使用一定次数后，应添加润滑剂。

④ 定期检查触点系统，保证触点接触良好。

1.2.2　熔断器

1）熔断器的组成、工作原理及特性

（1）组成

熔断器是一种最简单有效的保护电器，主要由熔体和安装熔体的熔管两部分组成。熔体是熔断器的核心部分，常做成丝状或片状，其材料有两类，一类如铅锡合金、锌等；另一类材料为高熔点材料，如银、铜、铝等。

（2）工作原理

熔断器使用时，串联在所保护的电路中。当电路正常工作时，熔体允许通过一定大小的电流而不熔断；当电路发生短路或严重过载时，熔体中流过很大的故障电流，当电流产生的

热量使熔体温度上升到熔点时，熔体熔断切断电路，从而达到保护电气设备的目的。

电气设备的电流保护主要有过载延时保护和短路瞬时保护。过载延时保护和短路瞬时保护不仅电流倍数不同，二者在其余方面的差异也很大。从特性上看，过载延时保护需要反时限保护特性，短路瞬时保护则需要瞬时保护特性。从参数要求方面看，过载延时保护要求熔化系数小，发热时间常数大；短路瞬时保护则要求较大的熔化系数、较小的发热时间常数、较高的分断能力和较低的过电压。从工作原理看，过载延时保护动作的物理过程主要是熔化过程，而短路瞬时保护主要是电弧的熄灭过程。

（3）特性

熔断器的主要特性为熔断器的安秒特性，即熔断器的熔断时间 t 与熔断电流 I 的关系曲线，$t \propto 1/I^2$，熔断器安秒特性如图1-13所示。图中 I_{min} 为最小熔化电流，或称临界电流，即通过熔体的电流小于此电流时不会熔断。所以选择的熔体额定电流 I_N 应小于 I_{min}。通常 $I_{min}/I_N = 1.5 \sim 2$，称为熔化系数。该系数反映熔断器在过载时的保护特性。要使熔断器能保护较小过载电流，熔化系数应低些。为避免电动机启动时的短时过电流，熔体熔化系数应高些。

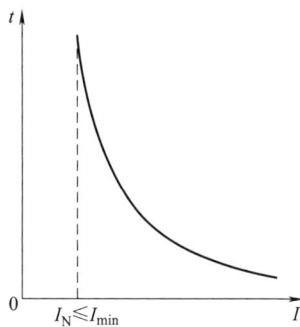

图1-13　熔断器的安秒特性

2）熔断器的类型及使用

（1）类型

常用熔断器的主要类型有 RC1A 系列瓷插式熔断器、RL1 系列螺旋式熔断器、RM10 系列无填料封闭管式熔断器、RT0 系列有填料封闭管式熔断器等。

（2）使用

RC1A 系列瓷插式熔断器的结构如图1-14所示，一般适用于交流50Hz、额定电压380V、额定电流200A以下的低电压线路末端或分支电路中，作为电气设备的短路保护及一定程度上的过载保护。

RL1 系列螺旋式熔断器的外形及结构如图1-15所示，主要适用于控制箱、配电屏、机床设备及振动较大的场合，作为短路保护元件。

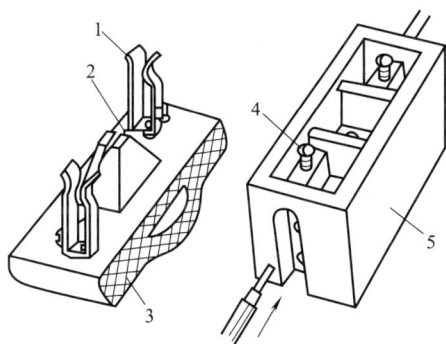

图1-14　RC1A系列瓷插式熔断器
1—动触点；2—熔丝；3—瓷盖；
4—静触点；5—瓷底

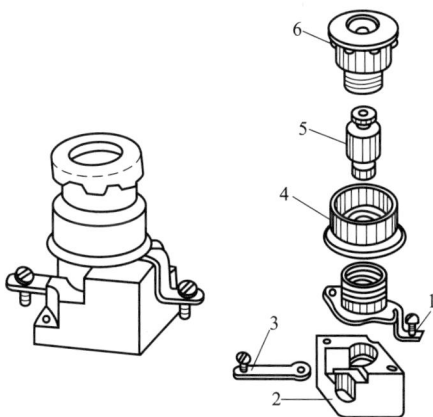

(a) 外形　　(b) 结构

图1-15　RL1系列螺旋式熔断器
1—上接线端；2—瓷底；3—下接线端；
4—瓷套；5—熔断器；6—瓷帽

RM10 系列无填料封闭管式熔断器的外形及结构如图1-16所示，一般适用于低压电网和成套配电装置中，作为导线、电缆及较大容量电气设备的短路或连续过载时的保护。

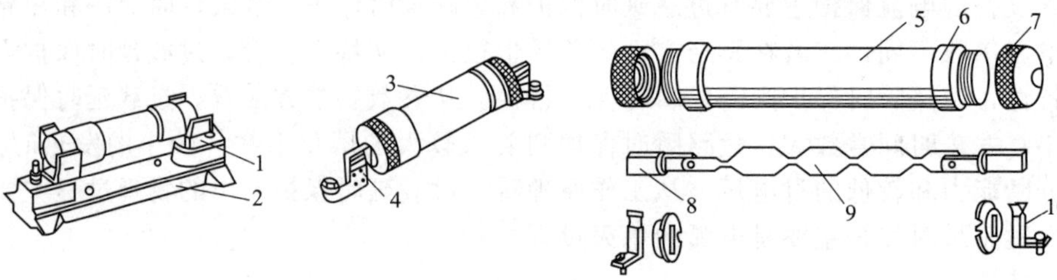

(a) 外形   (b) 结构

图 1-16   RM10 系列无填料封闭管式熔断器

1，4，10—夹座；2—底座；3—熔断管；5—硬质绝缘管；6—黄铜套管；

7—黄铜帽；8—插刀；9—熔体

　　RT0 系列有填料封闭管式熔断器的外形及结构如图 1-17 所示，主要适用于短路电流很大的电力网络或低压配电装置。

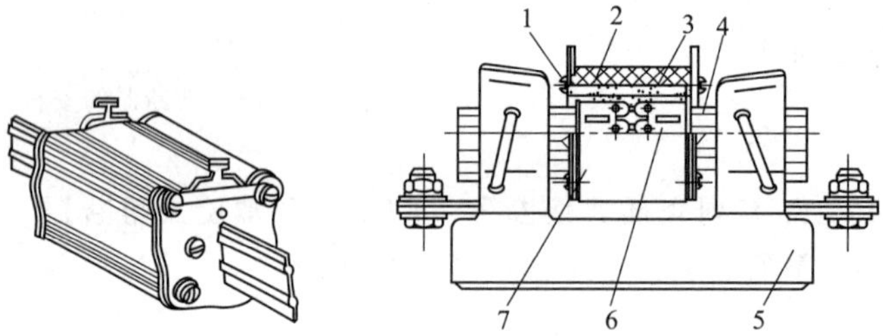

(a) 外形   (b) 结构

图 1-17   RT0 系列有填料封闭管式熔断器

1—熔断指示器；2—石英砂填料；3—指示器熔丝；

4—插刀；5—底座；6—熔体；7—熔管

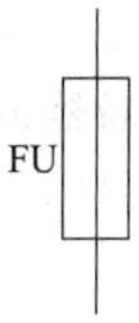

图 1-18   熔断器的图形及文字符号

3）熔断器的符号及型号含义

熔断器的图形及文字符号如图 1-18 所示。

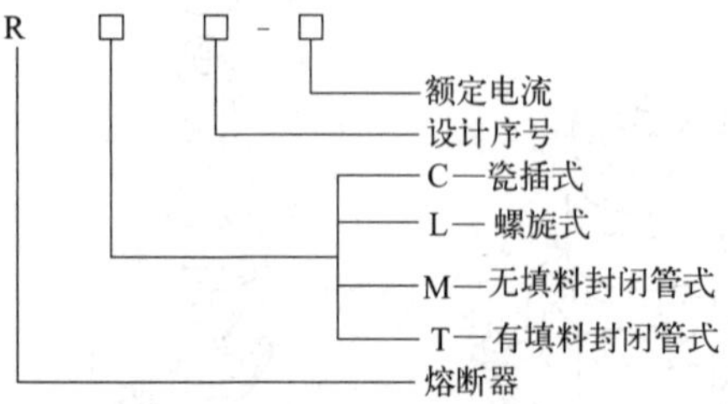

图 1-19   熔断器的型号含义

熔断器的型号含义如图 1-19 所示。

4）熔断器的选择

熔断器的选择主要从以下几个方面考虑。

（1）类型选择

其类型应根据线路要求、使用场合和安装条件选择。

（2）额定电压的选择

其额定电压应大于或等于线路的工作电压。

（3）额定电流的选择

其额定电流必须大于或等于所装熔体的额定电流。

（4）熔体额定电流的选择

熔体额定电流可按以下几种情况选择。

① 对于电炉、照明等阻性负载的短路保护，应使熔体的额定电流等于或大于电路的工作电流。即：

$$I_{fu} \geqslant I$$

式中，I_{fu} 为熔体额定电流；I 为电路工作电流。

② 保护一台电动机时，考虑到电动机启动冲击电流的影响，应按下式计算：

$$I_{fu} \geqslant (1.5 \sim 2.5)I_N$$

式中，I_N 为电动机额定电流。

③ 保护多台电动机时，则应按下式计算：

$$I_{fu} \geqslant (1.5 \sim 2.5)I_{Nmax} + \sum I_N$$

式中，I_{Nmax} 为容量最大的一台电动机的额定电流；$\sum I_N$ 为其余电动机额定电流的总和。

1.2.3 手动控制线路实例设计

利用刀开关直接启动电动机的控制线路如图 1-20 所示。

电路的动作原理为：闭合刀开关 QS，电动机 M 启动旋转；断开刀开关 QS，电动机 M 断电减速直至停转。

电路只用刀开关和熔断器，是最简单的电动机启停控制线路。但存在以下几个问题：

① 只能适用于不需要频繁启停的小容量电动机。

② 只能就地操作，不便于远距离控制。

③ 无失压保护和欠压保护功能。

所谓没有失压保护或欠压保护是指电动机运行后，由于外界原因突然断电或电压下降太多后又重新恢复正常供电，电动机不会自行运转。

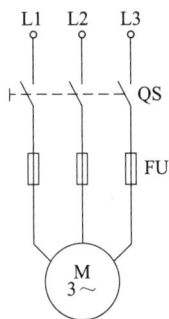

图 1-20 刀开关直接启动电动机的控制线路

1.3 点动和长动控制

长动与点动主要区别在于松开启动按钮后，电动机能否继续保持得电运转的状态。如果所设计的控制线路能满足松开启动按钮后，电动机仍然保持运转，即完成了长动控制，否则就是点动控制。

1.3.1 按钮

按钮开关主要是在控制线路中，发出手动指令去控制其他电器（接触器、继电器等），再由其他电器去控制主电路，或者转移各种信号。以 LA18、LA19 系列为例，其外形及结构如图 1-21 所示。

LA18 系列按钮采用积木式结构，触点数目可按需要拼装，一般装成二常开、二常闭，也可根据需要装成一常开、一常闭至六常开、六常闭。按钮的结构形式可分为按钮式、紧急式、旋钮式及钥匙式等。LA19、LA20 系列有带指示灯和不带指示灯两种，前者按钮帽用透明塑料制成，兼作指示灯罩。为了标明各个按钮的作用，避免误操作，通常将按钮帽制作成不同的颜色，以示区别，颜色有红、绿、黑、黄、白等。一般以红色表示停止按钮，绿色表示启动按钮。

1.3.2 接触器

接触器是一种用来频繁地接通或断开交直流主电路及大容量控制线路的自动切换电器，

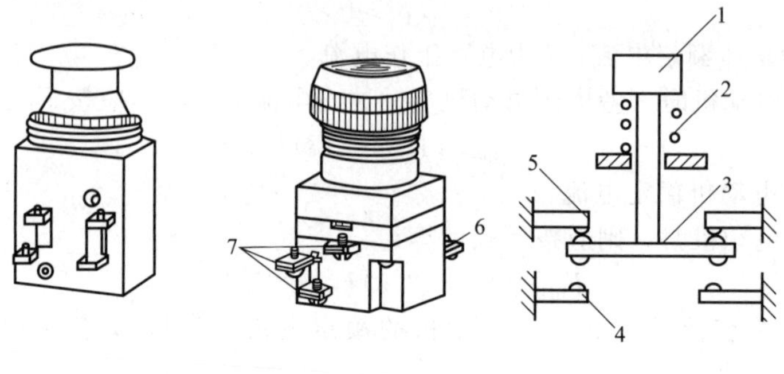

(a) 外形　　　　　　　　　　(b) 结构示意图

图 1-21　按钮开关

1—按钮帽；2—复位弹簧；3—动触点；4—常开触点的静触点；5—常闭触点的静触点；6,7—触点接线柱

主要用于控制电动机、电热设备、电焊机、电容器组等。它还具有低电压释放保护功能，适用于频繁操作和远距离控制，是电力拖动自动控制线路中使用最广泛的电器元件。

接触器按其主触点通过电流的种类不同，可分为交流接触器和直流接触器。

1）交流接触器

（1）结构

图 1-22 所示为交流接触器的外形与结构示意图。

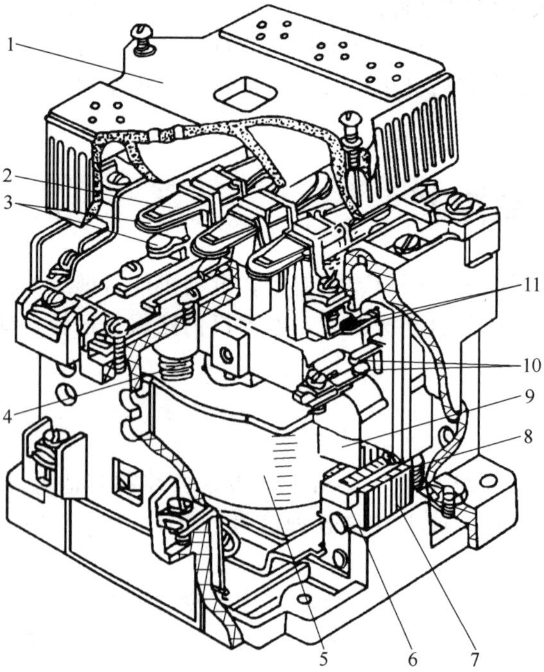

图 1-22　CJ0-20 型交流接触器

1—灭弧罩；2—触点压力弹簧片；3—主触点；4—反作用弹簧；5—线圈；6—短路环；
7—静铁芯；8—弹簧；9—动铁芯；10—辅助常开触点；11—辅助常闭触点

交流接触器由以下四部分组成。

① 电磁机构。电磁机构由线圈、动铁芯（衔铁）和静铁芯组成。对于 CJ0、CJ10 系列交流接触器，大都采用衔铁直线运动的双 E 型直动式电磁机构，而 CJ12、CJ12B 系列交流

接触器采用衔铁绕轴转动的拍合式电磁机构。

② 触点系统。包括主触点和辅助触点。主触点用于通断主电路，通常为三对（三极）常开触点。辅助触点用于控制线路，起电气联锁作用，故又称联锁触点，一般常开、常闭各两对。

③ 灭弧装置。容量在10A以上的接触器都有灭弧装置，对于小容量的接触器，常采用双断口触点灭弧、电动力灭弧、相间弧板隔弧及陶土灭弧罩灭弧。对于大容量的接触器，采用窄缝灭弧装置及栅片灭弧。

④ 其他部件。包括反作用弹簧、缓冲弹簧、触点压力弹簧片、传动机构及外壳等。

（2）工作原理

线圈通电后，线圈电流产生磁场，使静铁芯产生电磁吸力将衔铁吸合。衔铁带动触点动作，使常闭触点断开，常开触点闭合。当线圈断电时，电磁吸力消失，衔铁在反作用弹簧的作用下释放，各触点随之复位。

2）直流接触器

直流接触器的结构和工作原理基本上与交流接触器相同。在结构上也是由电磁机构、触点系统和灭弧装置等部分组成。但电磁机构方面有不同之处。其主触点常采用滚动接触的指形触点，通常为一对或两对。由于直流电弧比交流电弧难以熄灭，为此，直流接触器常采用磁吹式灭弧装置灭弧。

3）接触器的类型及主要技术参数

（1）类型

常用的交流接触器有CJ10系列，是全国统一设计产品，可取代CJ0、CJ8等系列老产品；CJ12、CJ12B系列，可取代CJ1、CJ2、CJ3等系列老产品。表1-3所示为CJ10系列交流接触器的技术数据。

表1-3　CJ10系列交流接触器技术数据

型号	额定电压值 U_N/V	额定电流值 I_N/A	可控制电动机最大功率值 P_{max}/kW		最大操作频率 /（次/h）	线圈消耗功率值/（VA/W）		机械寿命 /万次	电寿命 /万次
			220V	380V		启动	吸持		
CJ10-5		5	1.2	2.2		$\frac{35}{-}$	$\frac{6}{2}$		
CJ10-10		10	2.2	4		$\frac{65}{-}$	$\frac{11}{5}$		
CJ10-20		20	5.5	10		$\frac{140}{-}$	$\frac{22}{9}$		
CJ10-40	220 380	40	11	20	600	$\frac{230}{-}$	$\frac{32}{12}$	300	60
CJ10-60		60	17	30		$\frac{485}{-}$	$\frac{95}{26}$		
CJ10-100		100	30	50		$\frac{760}{-}$	$\frac{105}{27}$		
CJ10-150		150	43	75		$\frac{950}{-}$	$\frac{110}{28}$		

常用的直流接触器有CZ0系列，也是全国统一设计产品，可取代CZ1、CZ3、CZ5等系列老产品。其技术数据如表1-4所示。

接触器型号含义如图1-23所示。

表 1-4 CZ0 系列直流接触器技术数据

型号	额定电压值 U_N/V	额定电流值 I_N/A	额定操作频率/(次/h)	主触点形式及数目 常开	主触点形式及数目 常闭	辅助触点形式及数目 常开	辅助触点形式及数目 常闭	吸引线圈电压值 U/V	吸引线圈消耗功率值 P/W
CZ0-40/20		40	1200	2	—	2	2		22
CZ0-40/02		40	600	—	2	2	2		24
CZ0-100/10		100	1200	1	—	2	2		24
CZ0-100/01		100	600	—	1	2	1		24
CZ0-100/20		100	1200	2	—	2	2		30
CZ0-150/10	440	150	1200	1	—	2	2	22、48 110、220 440	30
CZ0-150/01		150	600	—	1	2	1		25
CZ0-150/20		150	1200	2	—	2	2		40
CZ0-250/10		250	600	1	—				31
CZ0-250/20		250	600	2	—	5(其中 1 对常开，另 4 对可任意组合成常开或常闭)			40
CZ0-400/10		400	600	1	—				28
CZ0-400/20		400	600	2	—				43
CZ0-600/10		600	600	1	—				50

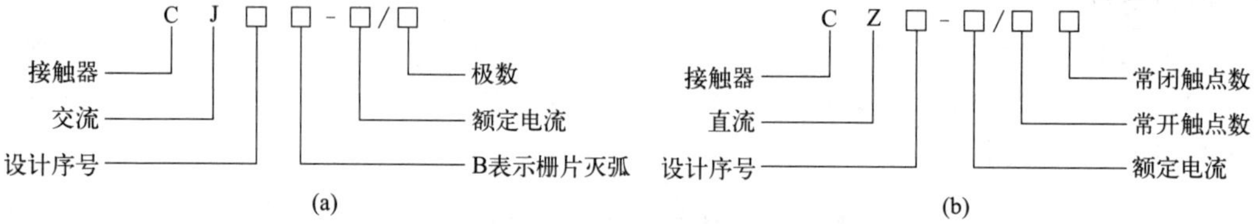

图 1-23 接触器型号含义

（2）主要技术参数

① 额定电压。接触器铭牌上的额定电压是指主触点的额定电压。交流有 127V、220V、380V、500V；直流有 110V、220V 和 440V。

② 额定电流。接触器铭牌上的额定电流是指主触点的额定电流。有 5A、10A、20A、40A、60A、100A、150A、250A、400A 和 600A。

③ 吸引线圈的额定电压。交流有 36V、110V（127V）、220V 和 380V，直流有 24V、48V、220V 和 440V。

④ 电气寿命和机械寿命。以万次表示。

⑤ 额定操作频率。以次/h 表示。

4）接触器的使用

接触器使用中一般应注意以下几点：

① 核对接触器的铭牌数据是否符合要求。

② 一般应安装在垂直面上，而且倾斜角不得超过 5°，否则会影响接触器的动作特性。

③ 安装时应按规定留有适当的飞弧空间，以免飞弧烧坏相邻器件。

④ 检查接线正确无误后，应在主触点不带电的情况下，先使电磁线圈通电分合数次，检查其动作是否可靠，然后才能正式投入使用。

⑤ 使用时，应定期检查各部件，要求可动部分无卡住、禁固件无松脱、触点表面无积

垢、灭弧罩不得破损、温升不得过高等。

1.3.3 热继电器

电动机若遇到频繁启停操作或运转过程中负载过重或缺相，都可能会引起电动机定子绕组中的负载电流长时间超过额定工作电流，而熔断器的保护特性使得它可能暂时不会熔断，所以必须采用热继电器对电动机实行过载保护。

电动机过载时，过载电流将使热继电器中双金属片弯曲动作，使串联在控制线路的动断触点断开，从而切断接触器 KM 线圈的电路，主触点断开，电动机脱离电源停转。

JR16 系列热继电器的工作原理示意及结构如图 1-24 所示。

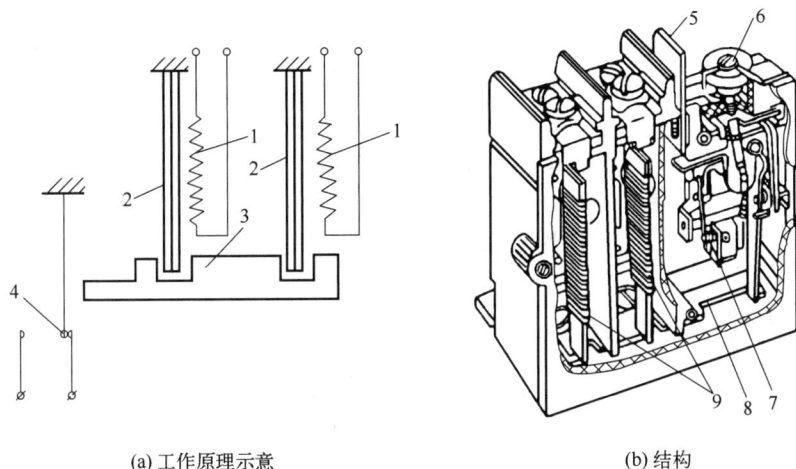

(a) 工作原理示意   (b) 结构

图 1-24   JR16 系列热继电器

1，9—热元件；2—双金属片；3—导板；4—触点；5—复位按钮；6—调整整定电流装置；

7—常闭触点；8—动作机构

工作时，热元件 1 与电动机定子绕组串联，绕组电流即为流过热元件的电流。电动机正常运行时，热元件产生的热量虽然能使双金属片 2 发生弯曲，但还不足以让继电器动作。当电动机过载时，流过热元件的电流增大，热元件产生的热量增加，双金属片弯曲位移增大，经过一定时间后，双金属片 2 推动导板 3 使继电器触点动作，切断电动机控制线路。

1.3.4 点动控制线路

点动控制是指按下按钮电动机得电启动运转，松开按钮电动机失电直至停转。点动控制线路如图 1-25 所示。

图 1-25 中左侧部分为主回路，三相电源经刀开关 QS、熔断器 FU 和接触器 KM 的三对主触点，接到电动机 M 定子绕组上。主电路中流过的电流是电动机的工作电流，电流值较大。右侧部分为控制线路，由按钮 SB2 和接触器线圈 KM 串联而成，控制线路电流较小。

线路动作原理如下。

合上刀开关 QS 后，因没有按下点动按钮 SB2，接触器 KM 线圈没有得电，KM 的主触点断开，电动机 M 不得电，所以不会启动。

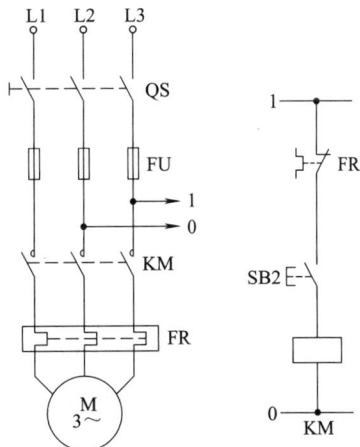

图 1-25   点动控制线路

按下点动按钮 SB2 后，控制回路中接触器 KM 线圈得电，其主回路中的动合触点闭合，电动机得电启动运行。

松开按钮 SB2，按钮在复位弹簧作用下自动复位，断开控制线路 KM 线圈，主电路中 KM 触点恢复原来的断开状态，电动机断电直至停止转动。

控制过程也可以用符号来表示，其方法规定为：各种电器在没有外力作用或未通电的状态记为"－"，电器在受到外力作用或通电的状态记为"＋"，并将它们相互关系用"──▶"表示，"──▶"的左边符号表示原因，"──▶"的右边符号表示结果，自锁状态用在接触器符号右下角写"自"表示。那么，三相异步电动机直接启动控制线路控制过程就可表示如下。

启动过程：

$$SB2^+ \longrightarrow KM^+ \longrightarrow M^+（启动）$$

停止过程：

$$SB2^- \longrightarrow KM^- \longrightarrow M^-（停止）$$

其中，"＋"表示按下，"－"表示松开。

该控制线路中，QS 为刀开关，不能直接给电动机 M 供电，只起到电源引入的作用。主回路熔断器 FU 起短路保护作用，如三相电路的任意两相电路发生短路，或是任意一相电路发生对地短路，短路电流将使熔断器迅速熔断，从而切断主电路电源，实现对电动机的短路保护。

1.3.5　长动控制线路

长动控制是指按下按钮后，电动机通电启动运转，松开按钮后，电动机仍继续运行，只有按下停止按钮，电动机才失电直至停转。

长动控制线路如图 1-26 所示。

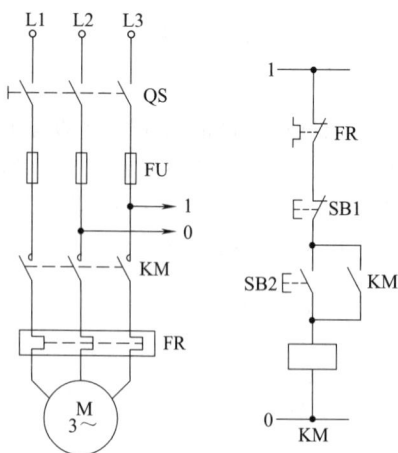

图 1-26　长动控制线路

比较图 1-25 点动控制线路和图 1-26 长动控制线路可见，长动控制线路是在点动控制线路的启动按钮 SB2 两端并联一个接触器的辅助动合触点 KM，再串联一个动断（停止）按钮 SB1。

控制线路动作原理如下。

合上刀开关 QS。

启动过程：

$$SB2^\pm \longrightarrow KM^\pm_{自} \longrightarrow M^+（启动）。$$

停止过程：

$$SB1^\pm \longrightarrow KM^- \longrightarrow M^-（停止）。$$

其中，$SB2^\pm$ 表示先按下，后松开；$KM_{自}$ 表示自锁。

所谓"自锁"，是依靠接触器自身的辅助动合触点来保证线圈继续通电的现象。带有自锁功能的控制线路具有失压（零压）和欠压保护作用。即：一旦发生断电或电源电压下降到一定值（一般降到额定值的 85% 以下），自锁触点就会断开，接触器 KM 线圈就会断电，不重新按下启动按钮 SB2，电动机将无法自动启动。只有在操作人员有准备的情况下再次按下启动按钮 SB2，电动机才能重新启动，从而保证人身和设备的安全。

1.3.6　中间继电器

中间继电器原理与接触器相同，只是其触点系统中无主、辅触点之分，触点容量相同。

中间继电器的触点容量较小，对于电动机额定电流不超过 5A 的电气控制系统，也可以替换接触器来控制，所以，中间继电器也是小容量的接触器。

中间继电器主要适用以下两方面。

① 当电压或电流继电器触点容量不够时，可借助中间继电器来控制，将中间继电器作为执行元件，这时中间继电器被当作一级放大器用。

② 当其他继电器或接触器触点数量不够时，可利用中间继电器来切换多条电路。

1.3.7　长动与点动控制线路

有些生产机械要求电动机既可以长动又可以点动，如一般机床在正常加工时，电动机是连续转动的，即长动，而在试车调整时，则往往需要点动。下面分别介绍几种不同的既可长动又可点动的控制线路。

1）利用开关控制的长动与点动控制线路

利用开关控制的既能长动又能点动的控制线路如图 1-27 所示。

图 1-27 中 SA 为选择开关，当 SA 断开时，按 SB2 为点动操作；当 SA 闭合时，按 SB2 为长动操作。

线路动作原理如下。

点动（SA 断开）：

$$SB2^+ \longrightarrow KM^+ \longrightarrow M^+（运转）$$

$$SB2^- \longrightarrow KM^- \longrightarrow M^-（停车）$$

长动（SA 闭合）：

$$SB2^\pm \longrightarrow KM^+_{\text{自}} \longrightarrow M^+（运转）$$

$$SB1^\pm \longrightarrow KM^- \longrightarrow M^-（停车）$$

2）利用复合按钮控制的长动与点动控制线路

利用复合按钮控制的既能长动又能点动的控制线路如图 1-28 所示。

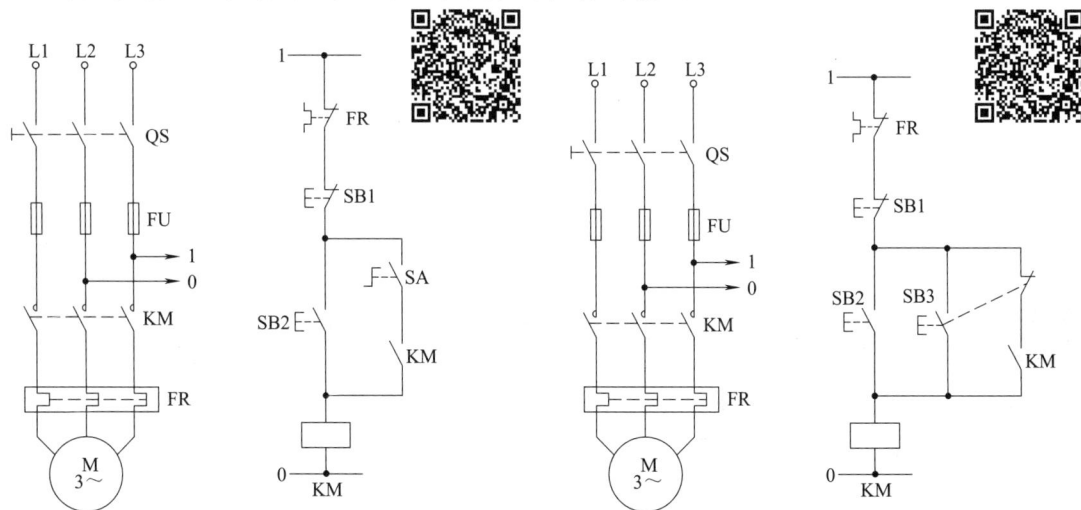

图 1-27　利用开关控制的长动、点动控制线路

图 1-28　利用复合按钮控制的长动、点动控制线路

图 1-28 中 SB2 为长动按钮，SB3 为点动按钮。但需注意，SB3 是一个复合按钮，使用了一对动合触点和一对动断触点。

线路动作原理如下。

点动：
$$SB3^{\pm} \longrightarrow KM^{\pm} \longrightarrow M^{\pm}(运转、停车)$$

长动：
$$SB2^{\pm} \longrightarrow KM_{自}^{+} \longrightarrow M^{+}(运转)$$

在点动控制中，按下点动按钮 SB3，它的动断触点先断开接触器的自锁电路，动合触点后闭合，接通接触器线圈。松开 SB3 按钮时，它的动合触点先恢复断开，切断了接触器线圈电源，使其断电，SB3 的动断触点后闭合。

3）利用中间继电器控制的长动与点动控制线路

利用中间继电器控制的既能长动又能点动的控制线路如图 1-29 所示。

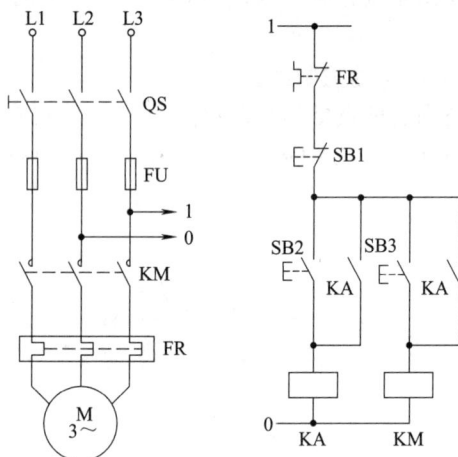

图 1-29　利用中间继电器控制的长动、点动控制线路

图 1-29 中 KA 为中间继电器。

线路动作原理如下。

点动：
$$SB3^{\pm} \longrightarrow KM^{\pm} \longrightarrow M^{\pm}(运转、停车)$$

长动：
$$SB2^{\pm} \longrightarrow KA_{自}^{+} \longrightarrow KM^{+} \longrightarrow M^{+}(运转)$$

综上所述，上述线路能够实现长动和点动控制的根本原因，在于能否保证 KM 线圈得电后，自锁电路被接通。能够接通自锁电路就可以实现长动，否则只能实现点动。

1.4 正、反转控制线路实例设计

正、反转控制也称可逆控制，它在生产中可实现生产部件向正、反两个方向运动。对于三相笼型异步电动机来说，实现正、反转控制只要改变其电源相序，即将主回路中的三相电源线任意两相对调即可。常有两种控制方式：一种是利用倒顺开关（或组合开关）改变相序，另一种是利用接触器的主触点改变相序。前者主要适用于不需要频繁正、反转的电动机，而后者则主要适用于需要频繁正、反转的电动机。

1.4.1　接触器互锁正、反转控制线路

接触器互锁正、反转控制线路如图 1-30 所示。

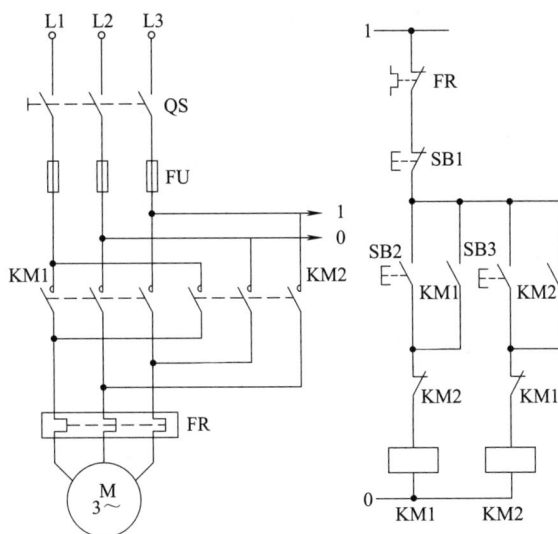

图 1-30　接触器互锁正、反转控制线路

图 1-30 中 KM1 为正转接触器，KM2 为反转接触器。显然 KM1 和 KM2 两组主触点不能同时闭合，即 KM1 和 KM2 两接触器线圈不能同时通电，否则会引起电源短路。

控制线路中，正、反转接触器 KM1 和 KM2 线圈电路都分别串联了对方的动断触点，任何一个接触器接通的条件是另一个接触器必须处于断电释放的状态。例如，正转接触器 KM1 线圈被接通得电，它的辅助动断触点被断开，将反转接触器 KM2 线圈支路切断，KM2 线圈在 KM1 接触器得电的情况下是无法接通电的。两个接触器之间的这种相互关系称为互锁（联锁）。在图 1-30 所示线路中，互锁是依靠电气元件来实现的，所以也称为电气互锁。实现电气互锁的触点称为互锁触点。

线路动作原理如下。

正转：

$$SB2^{\pm} \longrightarrow KM1_{自} \longrightarrow \begin{cases} M^{+}（正转） \\ KM2^{-}（互锁） \end{cases}$$

停止：

$$SB1^{\pm} \longrightarrow KM1^{-} \longrightarrow M^{-}（停车）$$

反转：

$$SB3^{\pm} \longrightarrow KM2_{自}^{+} \longrightarrow \begin{cases} M^{+}（反转） \\ KM1^{-}（互锁） \end{cases}$$

接触器互锁正、反转控制线路存在的主要问题是从一个转向过渡到另一个转向时，要先按停止按钮 SB1，不能直接过渡，显然这是十分不方便的。本节应用 CADe＿SIMU 仿真软件对控制电路进行仿真验证，CADe＿SIMU 仿真软件说明将在 1.9 节进行详细说明。接触器互锁正、反转控制线路 CADe 仿真图如图 1-31 所示。

1.4.2　按钮互锁正、反转控制线路

按钮互锁正、反转控制线路如图 1-32 所示。

图 1-32 中 SB2、SB3 为复合按钮，各有一对动断触点和动合触点，分别串联在对方接触器线圈支路中，这样只要按下按钮，就自然切断了对方接触器线圈支路，实现互锁。这种互锁是利用按钮来实现的，所以称为按钮互锁。

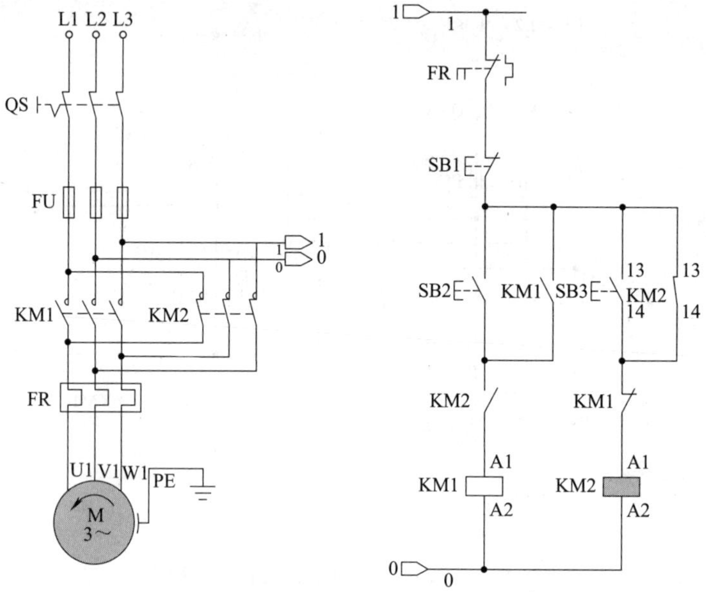

图 1-31   接触器互锁正、反转控制线路 CADe 仿真图

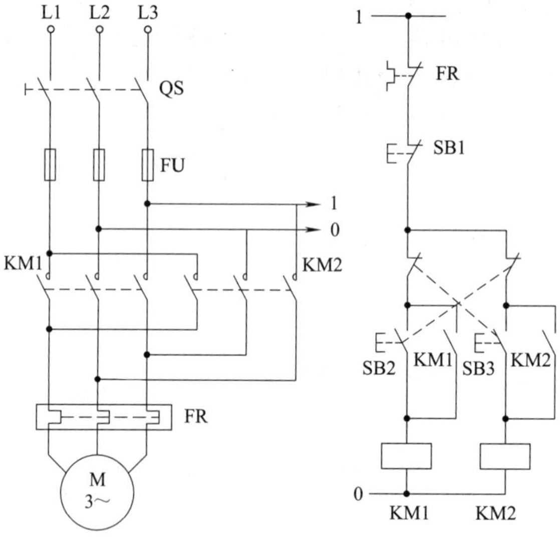

图 1-32   按钮互锁正、反转控制线路

图 1-32 所示线路动作原理如下。

正转：

$$SB2^{\pm} \longrightarrow \begin{cases} KM2^{-}（互锁） \\ KM1^{+}_{自} \longrightarrow M^{+}（正转） \end{cases}$$

反转：

$$SB3^{\pm} \longrightarrow \begin{cases} KM1^{-}（互锁） \longrightarrow M^{-}（停车） \\ KM2^{+}_{自} \longrightarrow M^{+}（反转） \end{cases}$$

由此可见，按钮互锁正、反转控制线路可以从正转直接过渡到反转，即可以实现正-反-停控制。

存在的主要问题是容易产生短路事故。例如，电动机正转接触器 KM1 主触点因弹簧老化或剩磁的原因而延迟释放时，或者被卡住而不能释放时，若按下 SB3 反转按钮，则 KM2 接触器得电使其主触点闭合，电源会在主电路短路。

按钮互锁正、反转控制线路 CADe 仿真图如图 1-33 所示。

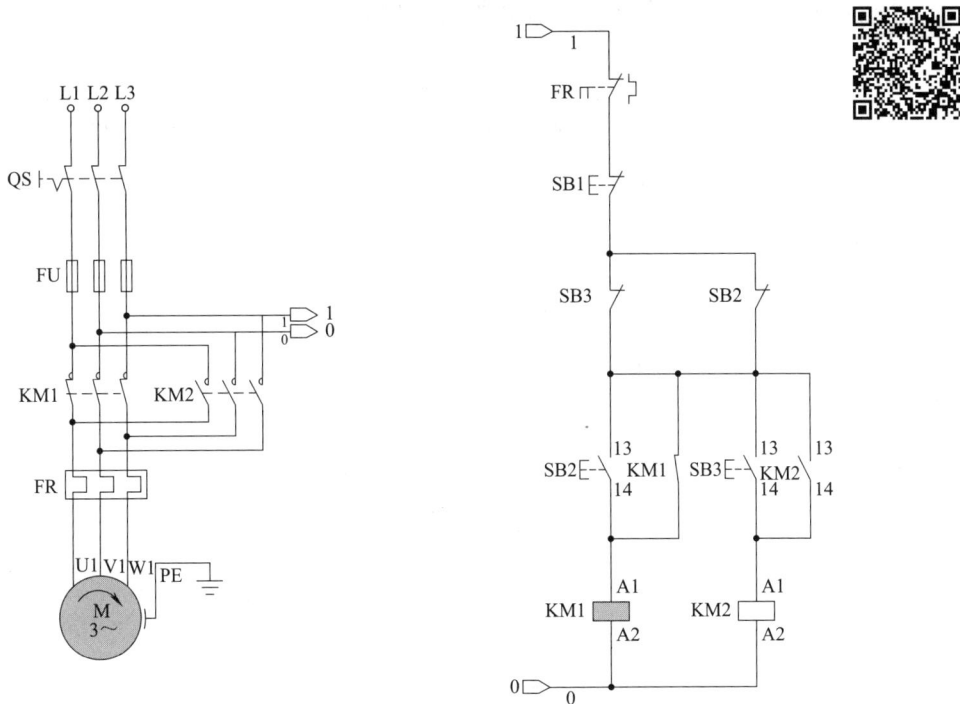

图 1-33 按钮互锁正、反转控制线路 CADe 仿真图

1.4.3 双重互锁正、反转控制线路

双重互锁正、反转控制线路如图 1-34 所示。

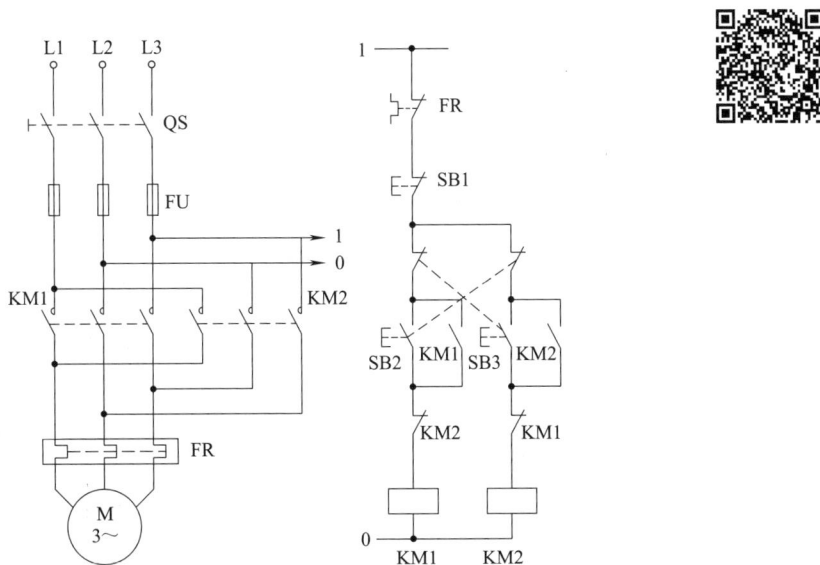

图 1-34 双重互锁正、反转控制线路

　　该线路结合了电气互锁和按钮互锁的优点，是一种比较完善的既能实现正、反转直接启动的要求，又具有较高安全可靠性的线路。

1.5 顺序和多点控制线路实例设计

　　顺序控制是指生产机械中多台电动机按预先设计好的次序先后启动或停止的控制。多点控制是指为了操作方便，在多个地点对同一台电动机进行启动或停止的控制。

1.5.1　顺序控制线路

1）同时启动、同时停止的控制线路

同时启动、同时停止的控制线路如图 1-35 所示。

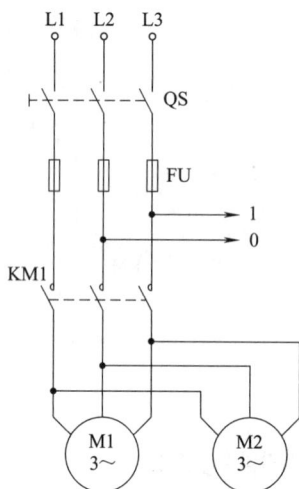
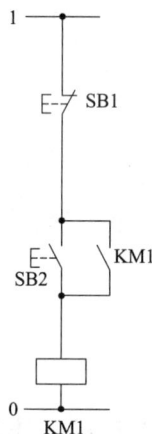

(a)

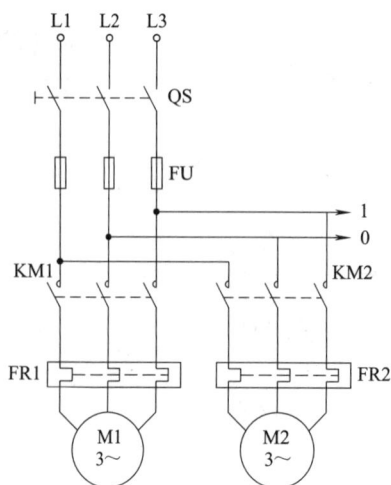
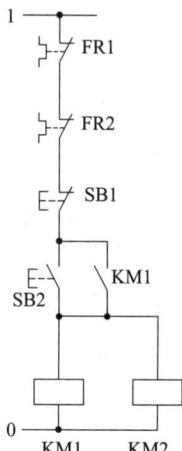
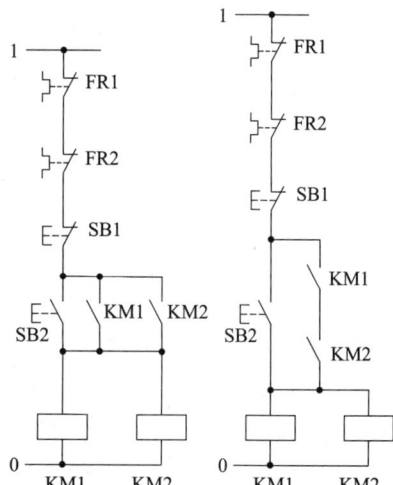

(b)   (c)   (d)

图 1-35　同时启动、同时停止的控制线路

图 1-35(a) 为一个接触器控制两台（或多台）电动机的同时启动、同时停止的控制线路，不足之处是接触器的主触点通过两台（或多台）电动机的定子电流，因而对其容量有一定的要求。

图 1-35(b)、(c)、(d) 为两个（或多个）接触器分别控制两台（或多台）电动机的同时启动、同时停止的控制线路。其中，图 (b) 中只用一对接触器动合触点作自锁，图 (c) 用两对（或多对）接触器动合触点并联作自锁，图 (d) 用两对（或多对）接触器动合触点串联作自锁。

2）顺序启动、同时停止的控制线路

顺序启动、同时停止的控制线路如图 1-36 所示。电动机 M1 启动运行之后电动机 M2 才允许启动。

其中，图 1-36(a) 控制线路是通过接触器 KM1 的自锁触点来制约接触器 KM2 的线圈的。只有在 KM1 动作后，KM2 才允许动作。

图 1-36(b) 控制线路是通过接触器 KM1 的联锁触点来制约接触器 KM2 的线圈的，也只有 KM1 动作后，KM2 才允许动作。

顺序启动、同时停止的控制线路 CADe 仿真图如图 1-37 所示。

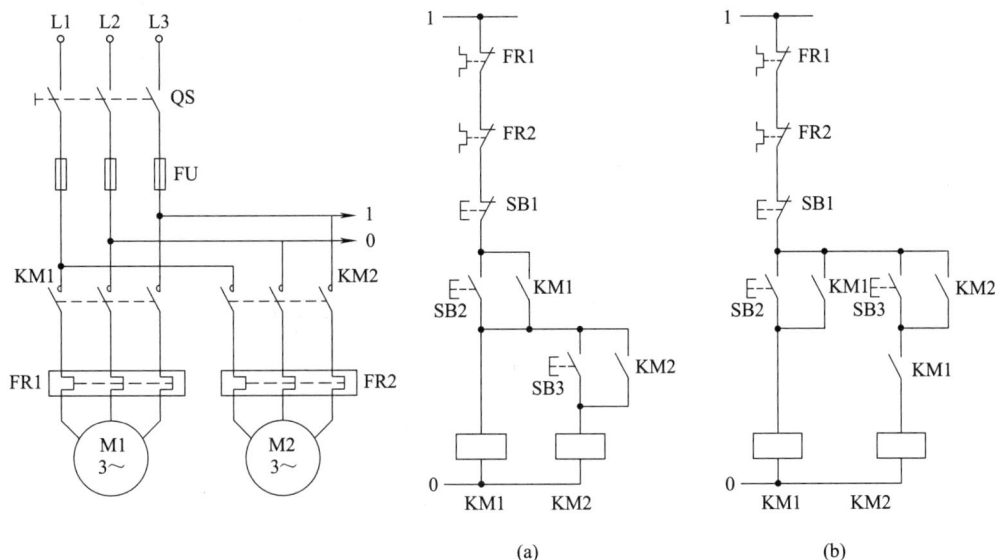

图 1-36 顺序启动、同时停止的控制线路

3）同时启动、顺序停止的控制线路

同时启动、顺序停止的控制线路如图 1-38 所示。

图 1-38 中接触器 KM1 的动合触点串联在接触器 KM2 的线圈支路。接触器 KM1 通电时，接触器 KM2 也通电；停止按钮 SB3 与接触器 KM1 的动合触点并联，保证只有 KM1 断电释放后，按下按钮 SB3 才可使接触器 KM2 断电释放。

同时启动、顺序停止的控制线路 CADe 仿真图如图 1-39 所示。

1.5.2 多点控制线路

多点控制的特点是所有启动按钮（SB3 和 SB4）全部并联在自锁触点两端，按下任何一个都可以启动电动机；所有停止按钮（SB1 和 SB2）全部串联在接触器线圈回路，按下任何

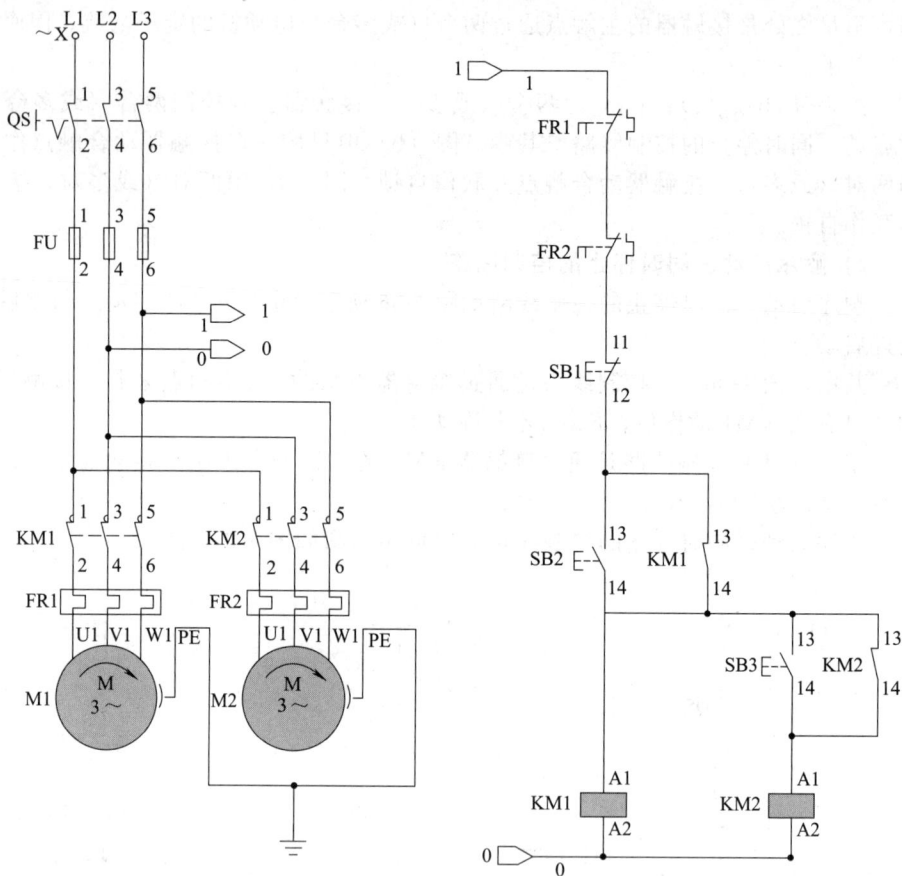

图 1-37　顺序启动、同时停止的控制线路 CADe 仿真图

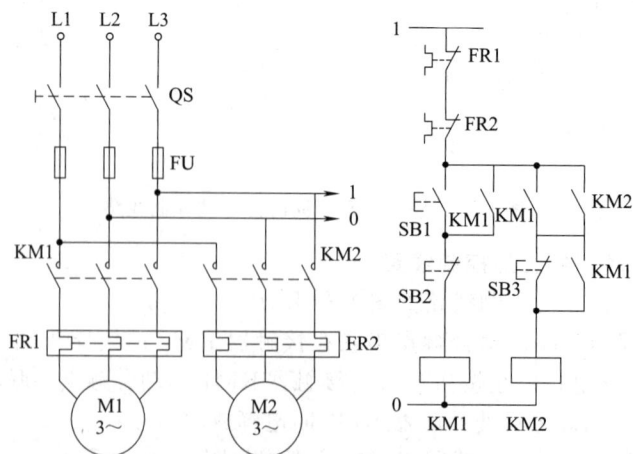

图 1-38　同时启动、顺序停止的控制线路

一个都可以停止电动机的工作。多点控制线路如图 1-40 所示。

　　多点控制线路 CADe 仿真图如图 1-41 所示。

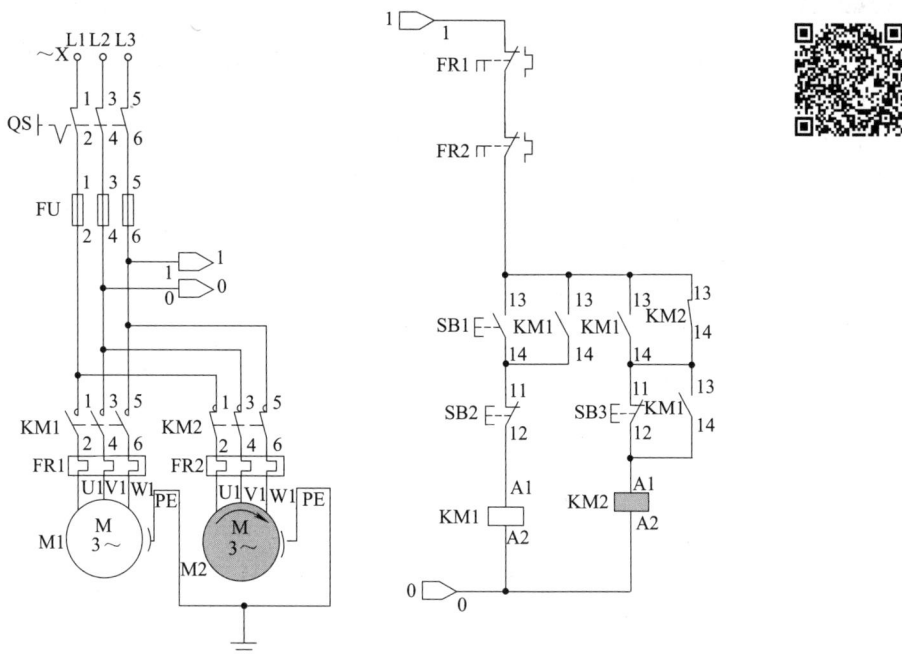

图 1-39 同时启动、顺序停止的控制线路 CADe 仿真图

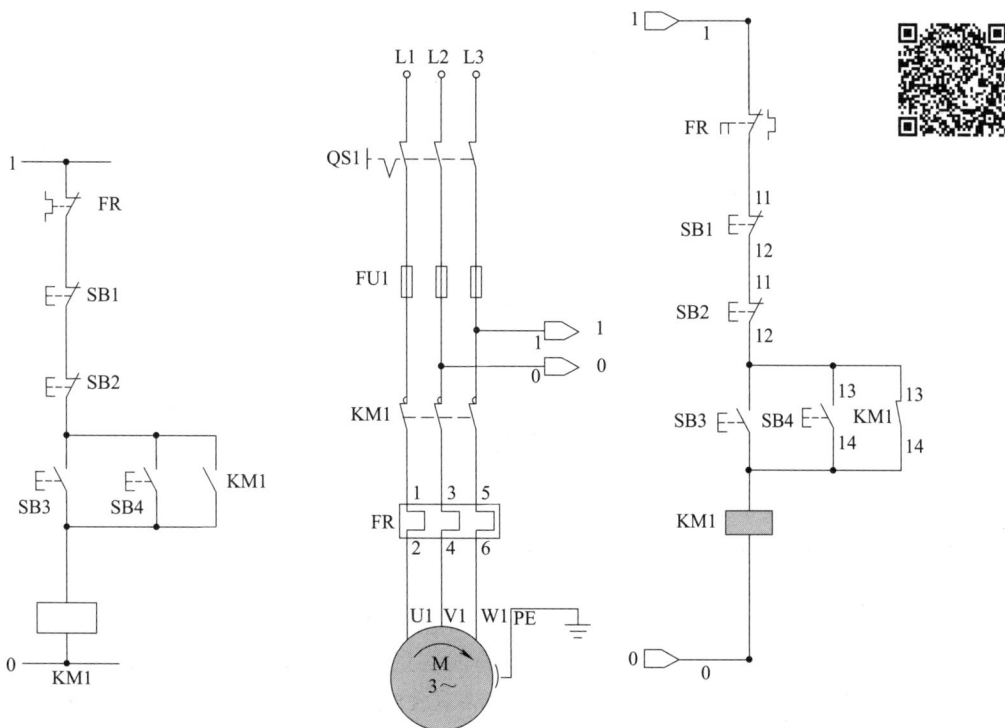

图 1-40 多点控制线路　　　　图 1-41 多点控制线路 CADe 仿真图

1.6 三相异步电动机降压启动控制

三相交流异步电动机直接启动，虽然控制线路结构简单，使用维护方便，但异步电动机的启动电流很大（约为正常工作电流的4~7倍），如果电源容量不比电动机容量大许多倍，则启动电流可能会明显地影响同一电网中其他电气设备的正常运行。因此，对于笼型异步电动机可采用定子串电阻（电抗）降压启动、定子串自耦变压器降压启动、星形-三角形降压启动、延边三角形降压启动等方式；而对于绕线型异步电动机，还可采用转子串电阻启动或转子串频敏变阻器启动等方式以限制启动电流。

1.6.1 时间继电器

时间继电器主要适用于需要按时间顺序进行控制的电气控制系统，它接收控制信号后，使触点能够按要求延时动作。

JS7系列时间继电器的动作原理如图1-42所示。

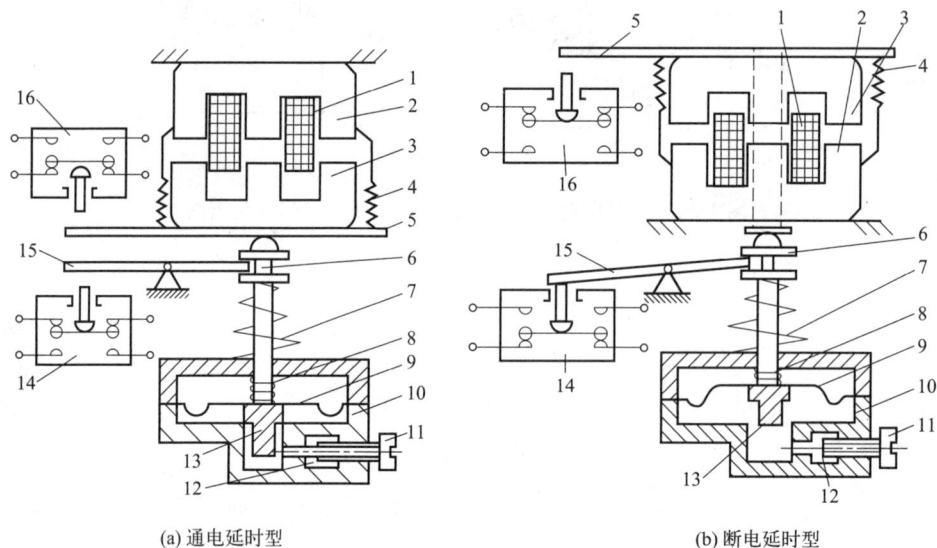

(a) 通电延时型   (b) 断电延时型

图1-42   JS7系列时间继电器动作原理
1—线圈；2—铁芯；3—衔铁；4—反力弹簧；5—推板；6—活塞杆；7—塔形弹簧；8—弱弹簧；
9—橡皮膜；10—空气室壁；11—调节螺杆；12—进气孔；13—活塞；14,16—微动开关；15—杠杆

当线圈1通电后，衔铁3被铁芯2吸合，活塞杆6在塔形弹簧7的作用下，带动活塞13及橡皮膜9向上移动，由于橡皮膜下方气室稀薄而形成负压，因此活塞杆6只能缓慢地向上移动，其移动的速度视进气孔的大小而定，可通过调节螺杆11进行调整。经过一定的延时时间后，活塞杆能移动到最上端，这时通过杠杆15带动微动开关14，使其常闭触点断开，常开触点闭合，起到通电延时作用。

当线圈1断电时，电磁吸力消失，衔铁3在反力弹簧4的作用下释放，并通过活塞杆将活塞13推向下端，这时橡皮膜9下方气室内的空气通过橡皮膜9、弱弹簧8、活塞13的肩部所形成的单向阀，迅速地从橡皮膜上方的气室缝隙中排掉。因此杠杆15和微动开关14能迅速复位。

在线圈1通电和断电时，微动开关16在推板5的作用下，都能瞬时动作，为时间继电器的瞬动触点。

断电延时型时间继电器，显然是将通电延时型时间继电器的电磁机构翻转180°而成。

1.6.2 定子串电阻降压启动控制线路

定子串电阻（电抗）降压启动是指启动时，在电动机定子绕组上串联电阻（电抗），启动电流在电阻上产生电压降，使实际加到电动机定子绕组中的电压低于额定电压，待电动机转速上升到一定值后，再将串联电阻（电抗）短接，使电动机在额定电压下运行。

1）按钮控制线路

按钮控制电动机定子串电阻降压启动线路如图 1-43 所示。

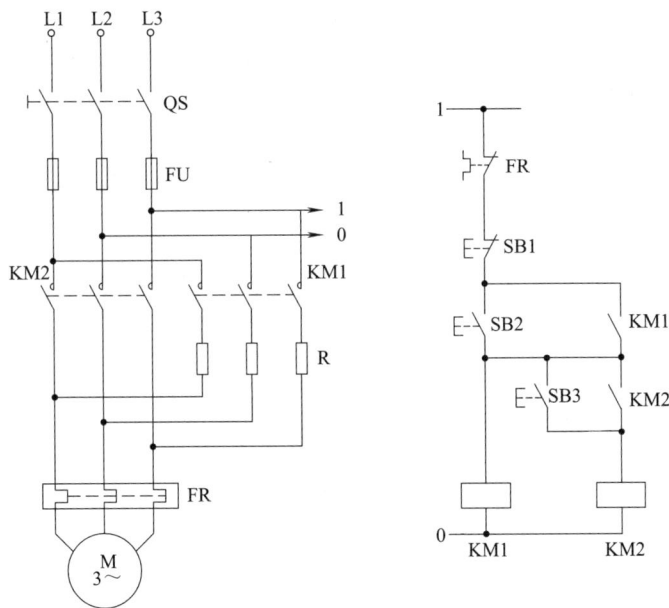

图 1-43 按钮控制电动机定子串电阻降压启动控制线路

线路动作原理为：

$$SB2^{\pm} \longrightarrow KM1_{自}^{+} \longrightarrow M^{+}（串电阻 R 降压启动）n_2 \uparrow$$

$$SB3^{\pm} \longrightarrow KM2_{自}^{+}（短接降压电阻 R）\longrightarrow M^{+}（全压运行）$$

式中，$n_2 \uparrow$ 是指转子转速的上升。该控制线路优点是结构简单，存在问题是不能实现启动全过程自动化。如果过早按下 SB3 运行按钮，电动机还没有达到额定转速附近就加全压，会引起较大的启动电流。并且启动过程要分两次按下 SB2 和 SB3 也显得很不方便。

2）时间继电器控制线路

时间继电器控制电动机定子串电阻降压启动控制线路如图 1-44（a）所示。

线路动作原理为：

$$SB2^{\pm} \longrightarrow \begin{cases} KM1_{自}^{+} \longrightarrow M^{+}（串电阻 R 降压启动） \\ KT^{+} \xrightarrow{\Delta t} KM2^{+} \longrightarrow M^{+}（全压运行） \end{cases}$$

由上分析可见，按下启动按钮 SB2 后，电动机 M 先串电阻 R 降压启动，经一定延时（由时间继电器 KT 确定），电动机 M 才全压运行。但在全压运行期间，时间继电器 KT 和接触器 KM1 线圈均通电，不仅消耗电能，而且减少了电器的使用寿命。

图 1-44（b）为另一种定子串电阻降压启动控制线路。该线路在电动机全压运行时，KT 和 KM1 线圈都断电，只有 KM2 线圈通电。

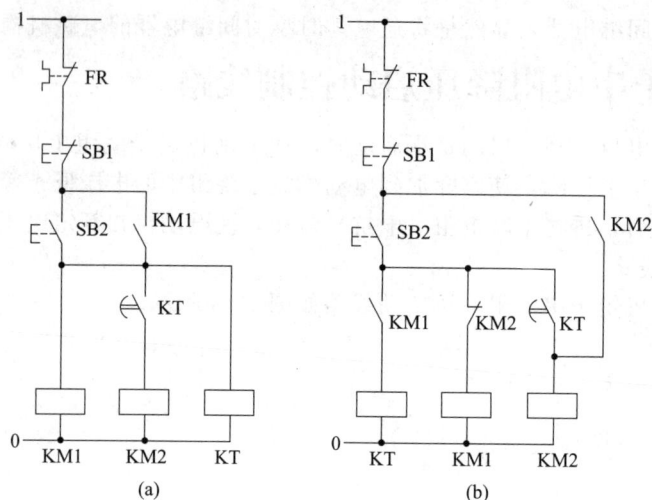

图 1-44　时间继电器控制电动机定子串电阻降压启动控制线路

线路动作原理请读者自行分析。

时间继电器控制电动机定子串电阻降压启动控制线路 CADe 仿真图如图 1-45 所示。

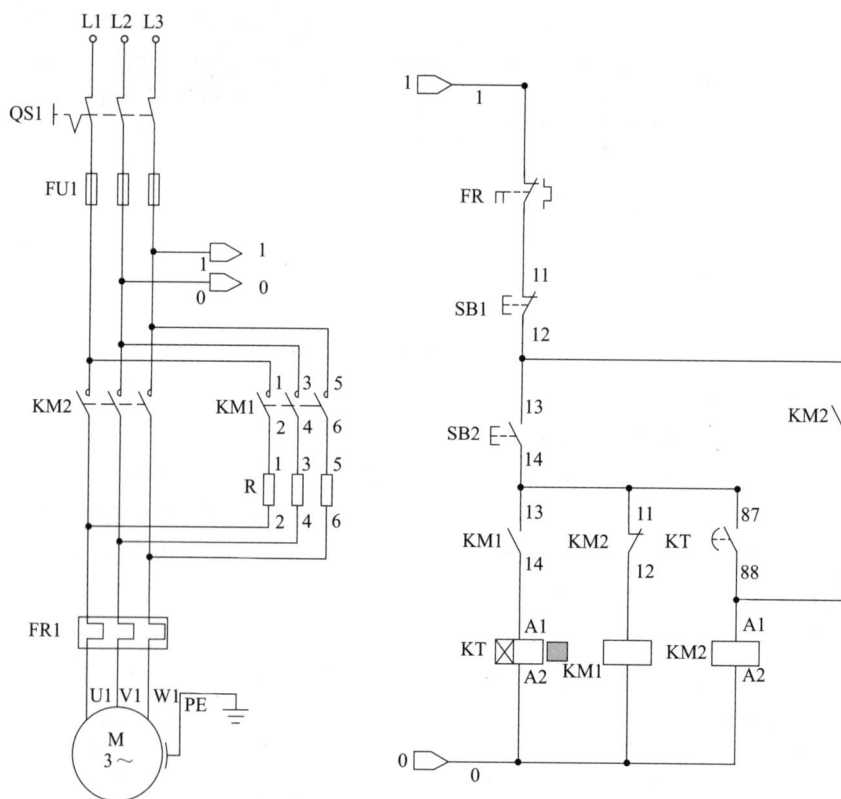

图 1-45　时间继电器控制电动机定子串电阻降压启动控制线路 CADe 仿真图

1.6.3　星形-三角形降压启动控制线路

正常运行时，电动机额定电压等于电源线电压、定子绕组为三角形连接方式的三相交流异步电动机，可以采用星形-三角形降压启动。它是指启动时，将电动机定子绕组接成星形，待电动机的转速上升到一定值时，再换成三角形连接。这样，电动机启动时每相绕组的工作电压为正常时绕组电压的 $1/\sqrt{3}$ 倍，启动电流为三角形直接启动时电流的 1/3。

1）手动控制线路

手动控制电动机星形-三角形降压启动控制线路如图 1-46 所示。图中手动控制开关 SA 有两个位置，分别是电动机定子绕组星形和三角形连接。

线路工作原理为：启动时，将开关 SA 置于"Y启动"位置，电动机定子绕组被接成星形降压启动；当电动机转速上升到一定值后，再将开关 SA 置于"△运行"位置，使电动机定子绕组接成三角形，电动机全压运行。

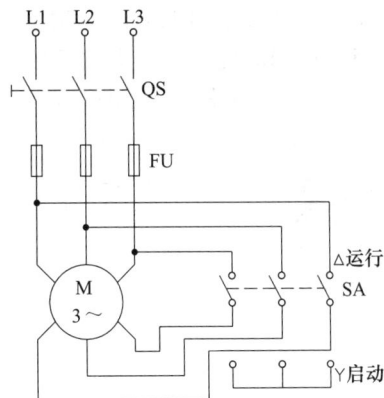

图 1-46　手动控制电动机星形-三角形降压启动控制线路

2）自动控制线路

采用接触器控制星形-三角形降压启动线路如图 1-47 所示。

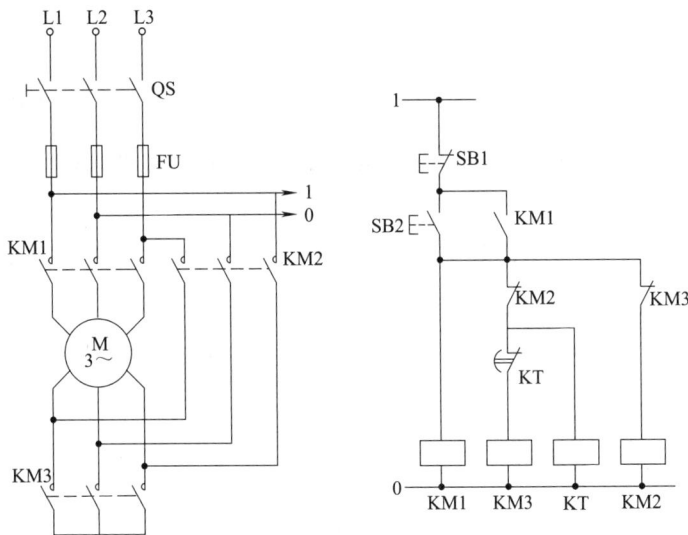

图 1-47　接触器控制电动机星形-三角形降压启动控制线路

图 1-47 中使用了三个接触器 KM1、KM2、KM3 和一个通电延时型的时间继电器 KT，当接触器 KM1、KM3 主触点闭合时，电动机 M 星形连接；当接触器 KM1、KM2 主触点闭合时，电动机 M 三角形连接。线路动作原理为：

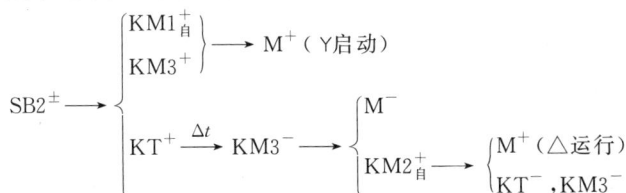

$$SB2^{\pm} \to \begin{cases} \left.\begin{array}{l} KM1^{+}_{\text{自}} \\ KM3^{+} \end{array}\right\} \to M^{+}（Y启动） \\ \\ KT^{+} \xrightarrow{\Delta t} KM3^{-} \to \begin{cases} M^{-} \\ KM2^{+}_{\text{自}} \end{cases} \to \begin{cases} M^{+}（△运行） \\ KT^{-}, KM3^{-} \end{cases} \end{cases}$$

上述线路，电动机 M 三角形运行时，时间继电器 KT 和接触器 KM3 均断电释放，这样，不仅使已完成星形-三角形降压启动任务的时间继电器 KT 不再通电，而且可以确保接触器 KM2 通电后，KM3 无电，从而避免 KM2 与 KM3 同时通电造成短路事故。

图 1-48 所示为另一种自动控制电动机星形-三角形降压启动的控制线路。图 1-48 中不仅

只采用两个接触器 KM1、KM2，而且电动机由星形接法转为三角形接法是在切断电源的同一时间内同时完成的。即按下按钮 SB2，接触器 KM1 通电，电动机 M 接成星形启动，工作一段时间后，KM1 瞬时断电，KM2 通电，电动机 M 接成三角形，然后 KM1 再重新通电，电动机 M 三角形全压运行。

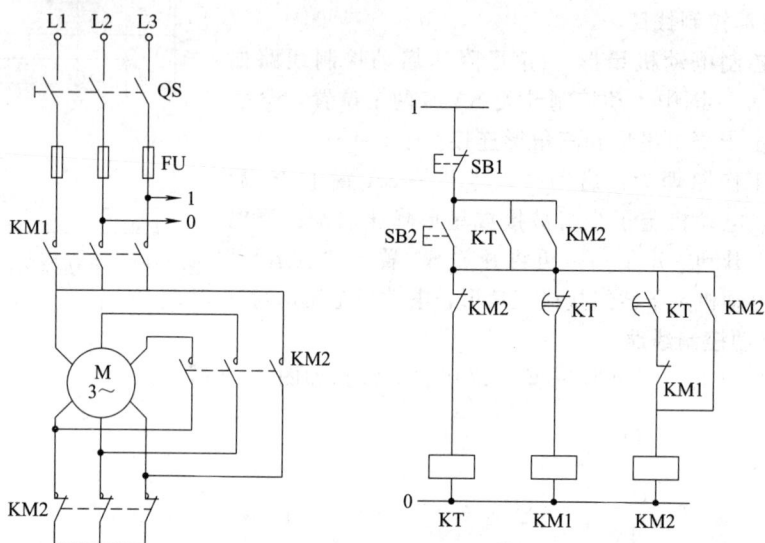

图 1-48　自动控制电动机星形-三角形降压启动线路

线路动作原理请读者自行分析。

自动控制电动机星形-三角形降压启动线路 CADe 仿真图如图 1-49 所示。

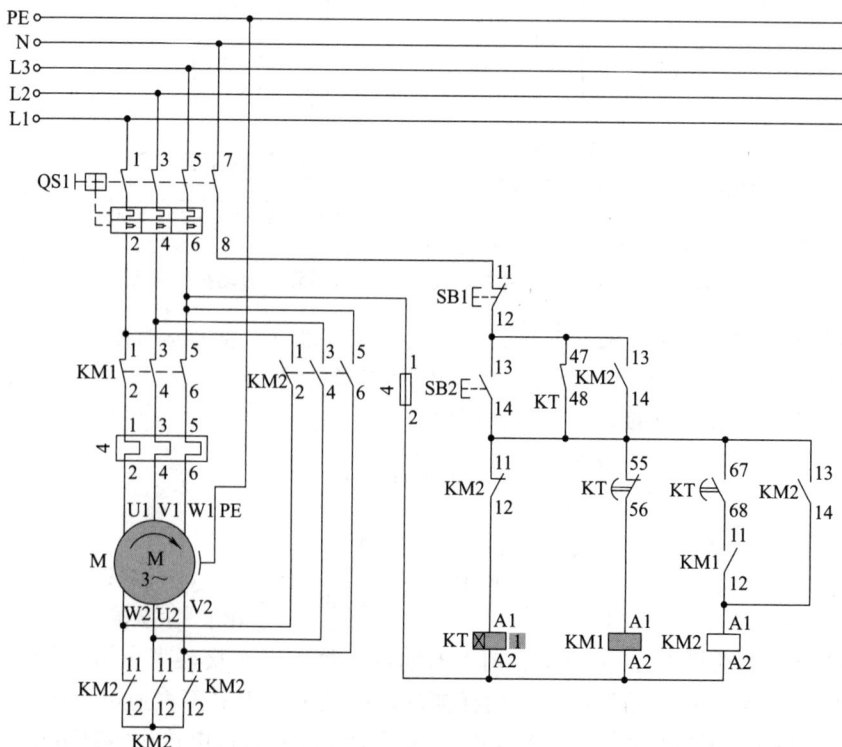

图 1-49　自动控制电动机星形-三角形降压启动线路 CADe 仿真图

1.7 三相笼型异步电动机的制动控制线路实例设计

在生产过程中，有些生产机械往往要求电动机快速、准确地停车，而电动机在脱离电源后由于机械惯性的存在，完全停止需要一段时间，这就要求对电动机采取有效措施进行制动。电动机制动分两大类：机械制动和电气制动。

机械制动是在电动机断电后利用机械装置对其转轴施加相反的作用力矩（制动力矩）来进行制动。电磁抱闸就是常用方法之一，结构上电磁抱闸由制动电磁铁和闸瓦制动器组成。断电制动型电磁抱闸在电磁铁线圈断电时，利用闸瓦对电动机轴进行制动；电磁铁线圈得电时，松开闸瓦，电动机可以自由转动。这种制动在超重机械上被广泛采用。

电气制动是使电动机停车时产生一个与转子原来的实际旋转方向相反的电磁力矩（制动力矩）来进行制动。常用的电气制动有反接制动和能耗制动等。

1.7.1 速度继电器

速度继电器主要由转子、定子和触点三部分组成，转子是一个圆柱形永久磁铁，定子是一个笼型空心圆环，由硅钢片叠成，并装有笼型绕组。JY1 系列速度继电器的外形及结构如图 1-50 所示，其转子 4 与电机轴相连。当电机转动时，速度继电器的转子随之转动，定子内的短路绕组 10 便切割磁场，产生感应电动势，从而产生感应电流，此电流与旋转的转子

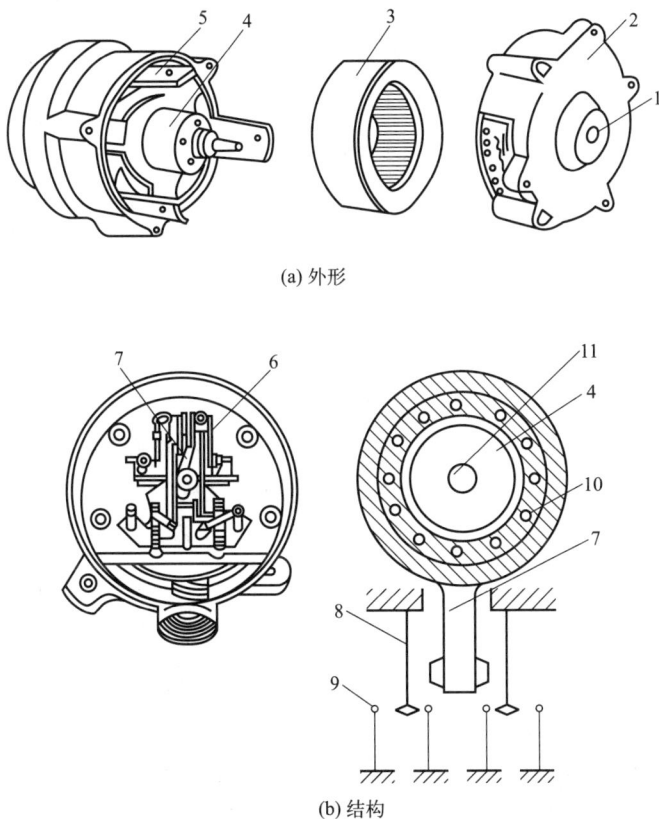

(a) 外形

(b) 结构

图 1-50 JY1 系列速度继电器

1—连接头；2—端盖；3—定子；4—转子；5—可动支架；6—触点；
7—摆锤；8—弹簧片；9—静触点；10—绕组；11—轴

磁场作用产生转矩，于是定子开始转动。当转到一定角度时，装在定子轴上的摆锤 7 推动弹簧片 8 动作，使常闭触点分断，常开触点闭合。当电机转速低于某一值时，定子产生的转矩减小，触点在弹簧片作用下复位。

通常当速度继电器转轴转速达到 120r/min 以上时，触点即动作；当转轴转速低于 100r/min 时，触点即复位。转速在 3000～3600r/min 之间能可靠地工作。

1.7.2　反接制动控制线路

反接制动是在电动机的原三相电源被切断后，立即通上与原相序相反的三相交流电源，以形成与原转向相反的电磁力矩，利用这个制动力矩使电动机迅速停止转动。这种制动方式必须在电动机转速降到接近零时切除电源，否则电动机仍有反向力矩可能会反向旋转，造成事故。

三相异步电动机单向运转反接制动控制线路如图 1-51 所示。

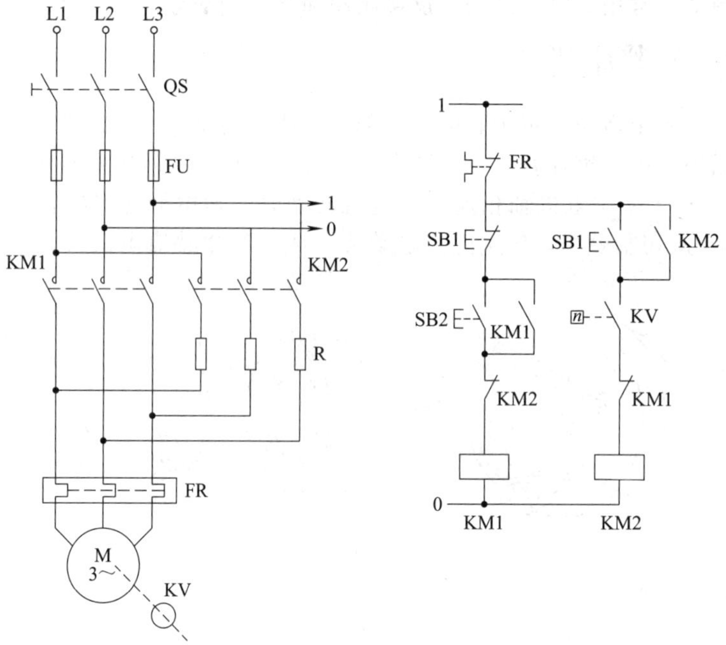

图 1-51　三相异步电动机单向运转反接制动控制线路

主电路中所串电阻 R 为制动限流电阻，防止反接制动瞬间过大的电流损坏电动机。速度继电器 KV 与电动机同轴，当电动机转速上升到一定数值时，速度继电器的动合触点闭合，为制动做好准备。制动时转速迅速下降，当其转速下降到接近零时，速度继电器动合触点恢复断开，接触器 KM2 线圈断电，防止电动机反转。

线路动作原理如下。

启动：

$$SB2^{\pm} \longrightarrow KM1_{自}^{+} \longrightarrow \begin{cases} M^{+}（正转）\xrightarrow{n\uparrow} KV^{+} \\ KM2^{-}（互锁） \end{cases}$$

反接制动：

$$SB1^{\pm} \longrightarrow \begin{cases} KM1^{-} \longrightarrow \begin{cases} M^{-} \\ KM2（互锁解除） \end{cases} \\ KM2_{自}^{+} \longrightarrow \begin{cases} M^{+}（串电阻 R 制动）\xrightarrow{n\downarrow} KV^{-} \longrightarrow KM2^{-} \longrightarrow M^{-}（制动完毕） \\ KM1^{-}（互锁） \end{cases} \end{cases}$$

图 1-52 所示为可逆运行反接制动控制线路。其中，KM1、KM2 为正、反转接触器，KM3 为短接电阻接触器，KA1、KA2、KA3 为中间继电器，KV 为速度继电器，其中，KV1 为正转动合触点，KV2 为反转动合触点，R 为启动与制动电阻。

图 1-52 控制线路动作原理请读者自行分析。

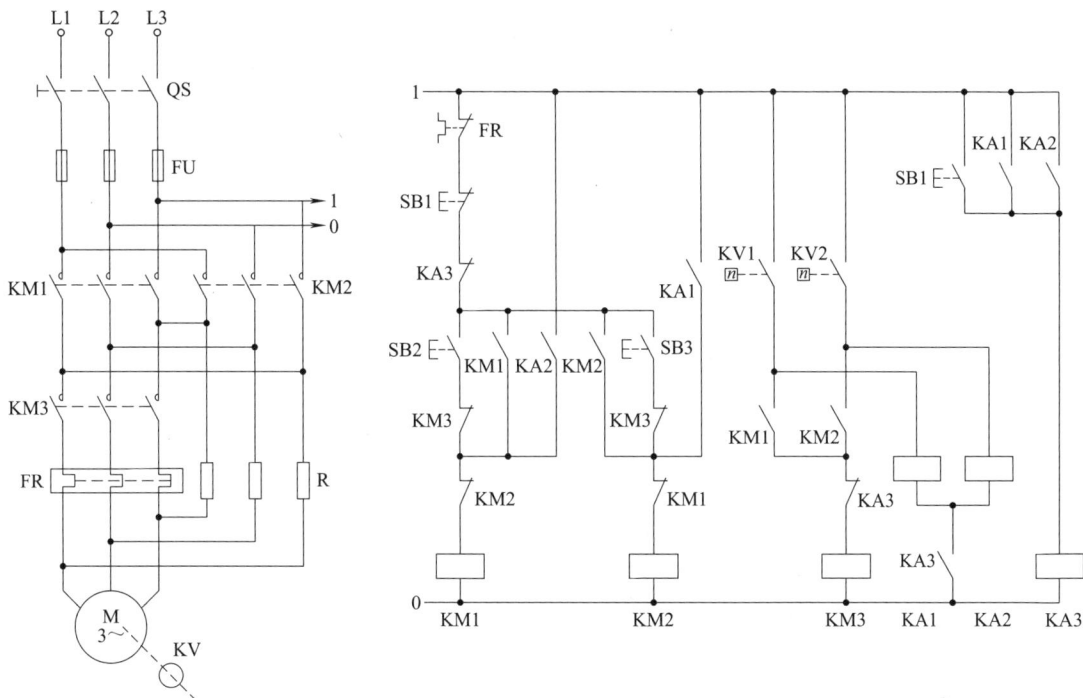

图 1-52　可逆运行反接制动控制线路

反接制动的优点是制动迅速，但制动冲击大，能量消耗也大，故常用于不经常启动和制动的大容量电动机。

1.7.3　能耗制动控制线路

能耗制动是将运转的电动机脱离三相交流电源的同时，给定子绕组加直流电源，以产生一个静止磁场，利用转子感应电流与静止磁场的作用，产生反向电磁力矩而制动。能耗制动时制动力矩大小与转速有关，转速越高，制动力矩越大，随转速的降低制动力矩也下降，当转速为零时，制动力矩消失。

1）时间原则控制的能耗制动控制线路

时间原则控制的能耗制动控制线路如图 1-53 所示。图中主电路在进行能耗制动时所需的直流电源由四个二极管组成单相桥式整流电路通过接触器 KM2 引入，交流电源与直流电源的切换由 KM1 和 KM2 来完成，制动时间由时间继电器 KT 决定。

线路动作原理如下。

启动：

$$SB2^{\pm} \longrightarrow KM1_{自}^{+} \longrightarrow \begin{cases} M^{+}（启动） \\ KM2^{-}（互锁） \end{cases}$$

能耗制动：

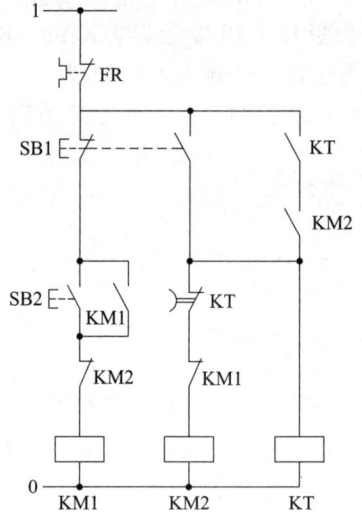

图 1-53　时间原则控制的能耗制动控制线路

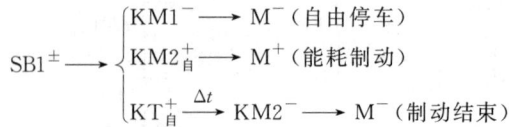

$$SB1^{\pm} \longrightarrow \begin{cases} KM1^{-} \longrightarrow M^{-}（自由停车） \\ KM2^{+}_{自} \longrightarrow M^{+}（能耗制动） \\ KT^{+}_{自} \xrightarrow{\Delta t} KM2^{-} \longrightarrow M^{-}（制动结束） \end{cases}$$

2）速度原则控制的能耗制动控制线路

速度原则控制的能耗制动控制线路如图 1-54 所示。其动作原理与图 1-51 单向运转反接制动控制线路相似，请读者自行分析。

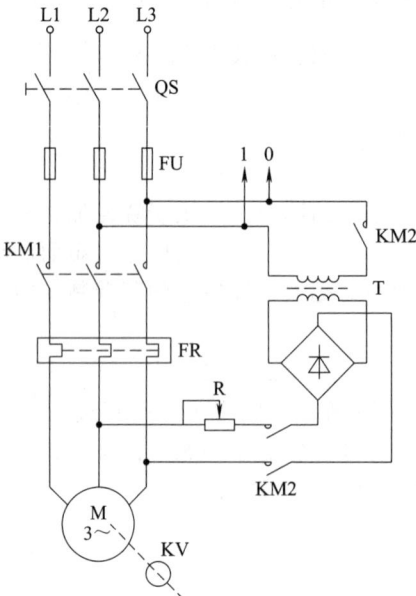

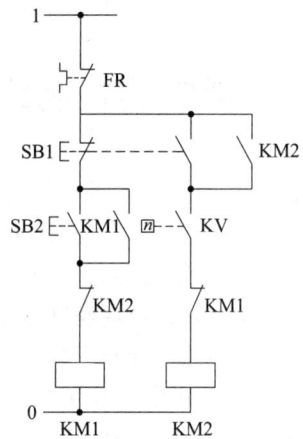

图 1-54　速度原则控制的能耗制动控制线路

能耗制动的优点是制动准确、平稳、能量消耗小，但需要整流设备，故常用于要求制动平稳、准确和启动频繁的容量较大的电动机。

1.8 平面磨床的电气控制线路实例设计

磨床是用砂轮周边或端面进行加工的精密机床，按用途可分为平面磨床、外圆磨床、内圆磨床、无心磨床及一些专用磨床。平面磨床用砂轮来磨削加工各种零件平面，是应用最普遍的一种机床。现以 M7120 平面磨床为例对其电气控制进行分析。

1.8.1 平面磨床电力拖动特点与工作原理

M7120 型平面磨床结构如图 1-55 所示。

电力拖动特点如下。

M7120 型平面磨床共有四台电动机，全部采用普通笼型交流电动机。磨床的砂轮、砂轮箱升降和冷却泵不要求调速，工作台往返运动是靠液压传动装置进行的，采用液压无级调速，运行较平稳。换向是通过工作台上的撞块碰撞床身上的液压换向开关来实现的。

（1）控制要求

① 砂轮电动机、液压泵电动机和冷却泵电动机只要求单向旋转，容量不大，采用直接启动。

② 砂轮箱升降电动机要求能正、反转。

③ 冷却泵电动机要求在砂轮电动机运转后才能启动。

图 1-55   M7120 型平面磨床结构示意图
1—床身；2—工作台；3—电磁吸盘；4—砂轮箱；
5—滑座；6—立柱；7—撞块

④ 电磁吸盘需要有去磁控制环节。

⑤ 应具有完善的保护环节，如电动机的短路保护、过载保护、电磁吸盘的欠压保护等。

⑥ 有必要的信号指示和局部照明。

（2）工作原理

平面磨床有主运动、进给运动和辅助运动三种运动形式。工作台的表面是 T 型槽，用来安装电磁吸盘以吸持工件或直接安装大型工件。

① 主运动。是指砂轮的旋转运动，由砂轮电动机拖动，完成磨削加工。

② 进给运动。可分为横向进给、纵向进给和垂直进给等三种。横向进给指砂轮箱在滑座上的水平运动；纵向进给指工作台在液压传动机构的作用下，沿床身的往复运动；垂直进给是指滑座在立柱上的上下运动。工作台带着工件完成一次往复运动时，砂轮箱便做一次横向进给；当加工完整个平面后，砂轮箱做一次垂直进给。

③ 各种运动形式的速度调整，属于辅助运动。

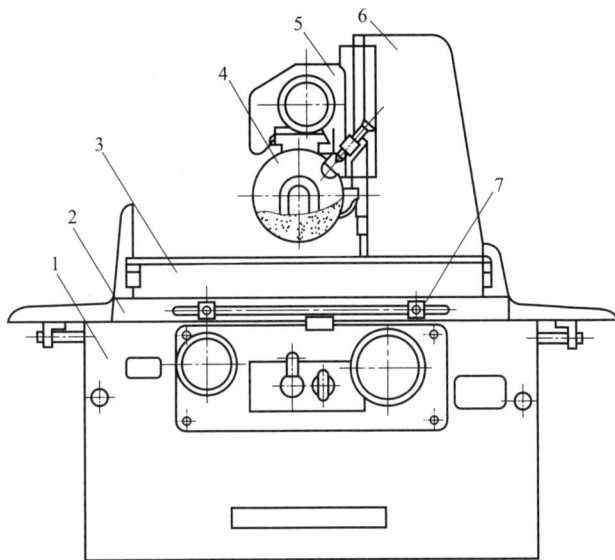

1.8.2 磨床电气控制原理图分析

M7120 型平面磨床电气控制原理图如图 1-56 所示，该线路由主电路、控制线路、电磁吸盘控制线路及照明和指示电路四部分组成，其工作原理分析如下。

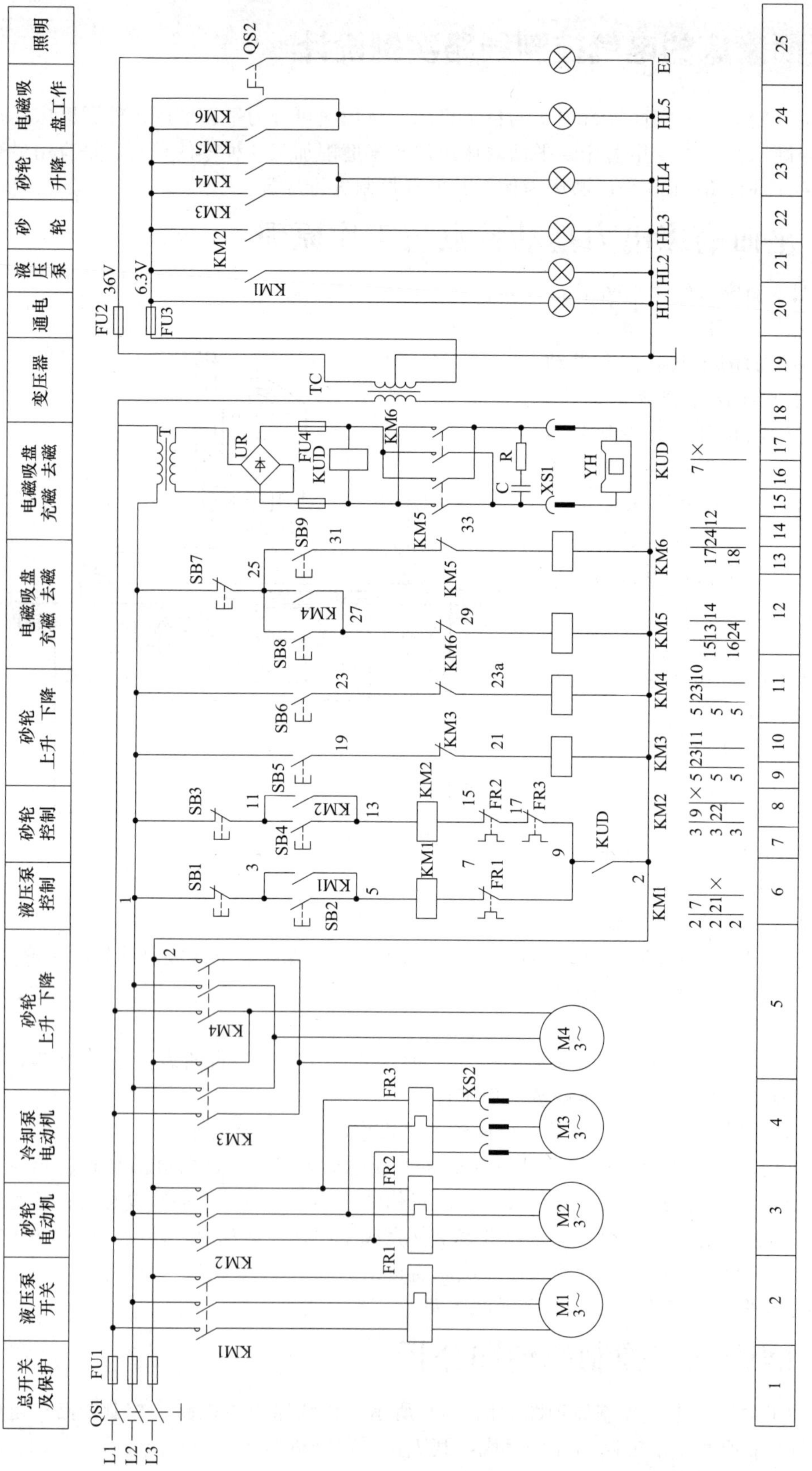

图 1-56　M7120 型平面磨床电气控制原理图

1）主电路分析

主电路中有四台电动机。其中，M1 为液压泵电动机，拖动高压液压泵，通过液压系统传动实现工作台的往复运动，由 KM1 主触点控制；M2 为砂轮电动机，M3 为冷却泵电动机，为砂轮磨削工件时输送冷却液，M2、M3 一同由 KM2 的主触点控制；M4 为砂轮箱升降电动机，用于调整砂轮与工作台的相对位置，由 KM3、KM4 的主触点分别控制双向运转。

FU1 对四台电动机进行短路保护，FR1、FR2、FR3 分别对 M1、M2、M3 进行过载保护。砂轮升降电动机因运转时间很短，所以不设置过载保护。冷却泵电动机要求在砂轮电动机运转后才能启动，由插头插座 XS2 和电源接通。

2）控制线路分析

电源电压正常时，合上电源总开关 QS1，16、17 区的整流变压器 T 的副边绕组输出交流电压，经桥式整流器 UR 整流，输出直流电压，使得位于 16、17 区的欠电压继电器 KUD 得电吸合，其位于 7 区的动合触点闭合，便可进行操作。

（1）液压泵电动机 M1 的控制

① M1 的启动。按下启动按钮 SB2，接触器 KM1 的线圈得电，位于 7 区的 KM1 自锁触点闭合自保，位于 2 区的 KM1 主触点接通，电动机 M1 旋转。同时位于 21 区的动合触点 KM1 闭合，指示灯 HL2 亮，表示液压泵电动机 M1 在旋转。也可用助记符描述为：

$$SB2^+ \rightarrow KM1^+ \begin{cases} KM1^+（7 区）\rightarrow 自锁 \\ KM1^+（21 区）\rightarrow 指示灯 HL2 亮 \\ KM1^+（2 区）\rightarrow M1 启动 \end{cases}$$

② M1 的停止。按下 SB1，接触器 KM1 的线圈失电，位于 2 区的 KM1 常开触点断开，电动机 M1 停转。

在 M1 的运转过程中，如发生过载，则串在 M1 电源回路中的过载元件 FR1 动作，使其位于 6 区的常闭触点 FR1 断开，同样也使 KM1 的线圈失电，电动机 M1 停转。

（2）砂轮电动机 M2 的控制

启动过程为：按下 SB4，KM2 得电，M2 启动。

停止过程为：按下 SB3，KM2 失电，M2 停转。

（3）冷却泵电动机 M3 控制

M3 与砂轮电动机 M2 联动控制，按下 SB4 时 M3 与 M2 同时启动，按下 SB3 时 M3 与 M2 同时停止，若不需要冷却，拔下 XS2 即可。

FR2 与 FR3 的常闭触点串联在 KM2 线圈回路中，M2、M3 中任一台过载时，相应的热继电器动作，都将使 KM2 线圈失电，M2、M3 同时停止。

（4）砂轮升降电动机 M4 控制

其控制线路位于 10 区、11 区，只有在调整工件和砂轮之间的位置时才用，采用点动控制。

砂轮上升控制过程为：按下 SB5，KM3 得电，M4 启动正转；当砂轮上升到预定位置时，松开 SB5，KM3 失电，M4 停转。

砂轮下降控制过程为：按下 SB6，KM4 得电，M4 启动反转；当砂轮下降到预定位置时，松开 SB6，KM4 失电，M4 停转。

为防止电动机 M4 的正、反转电路同时被接通，在接触器 KM3、KM4 的线圈电路中串 KM4、KM3 的动断触点进行联锁控制。

3）电磁吸盘控制线路分析

电磁吸盘（YH）是固定加工工件的一种夹具，它的内部装有凸起的磁极，磁极上绕有线圈。吸盘的面板用钢板制成，在面板和磁极之间填有绝磁材料，当吸盘内的磁极线圈通以直流电时，磁极和面板之间形成两个磁极，即 N 极和 S 极，当工件放在两个磁极中间时，磁路构成闭合回路，因此就可将工件牢固地吸住。

(1) 电磁吸盘充磁的控制过程

按下充磁按钮 SB8，12 区的 KM5 得电并自锁，16 区的主触点 KM5 闭合，电磁吸盘 YH 线圈得电，工作台充磁吸住工件；同时 14 区的动断触点 KM5 断开，与 KM6 实现互锁。

(2) 电磁吸盘去磁的控制过程

工件加工完毕需取下时，先按下 SB7，切断电磁吸盘的电源，但由于吸盘和工件都有剩磁，所以必须对吸盘和工件去磁。去磁控制过程为：按 SB9，KM6 得电，此时电磁吸盘线圈 YH 通入反方向的电流，以消除剩磁。由于去磁时间太长会使工件和吸盘反向磁化，因此去磁采用点动控制，松开 SB9 则去磁结束。

(3) 电磁吸盘的保护环节

电磁吸盘是一个较大的电感，线圈断电瞬间，会在线圈中产生较大的自感电动势。为防止自感电动势太高而破坏线圈的绝缘，在线圈两端接有 RC 组成的放电回路，用来吸收线圈断电瞬间释放的磁场能量。

当电源电压不足或整流变压器发生故障时，吸盘的吸力不足，这样在加工过程中，会使工件高速飞离而造成事故。为防止这种情况，在线路中设置了欠电压继电器 KUD，其线圈并联在电磁吸盘电路中，其常开触点串联在 KM1、KM2 线圈回路中。当电源电压不足或为零时，KUD 常开触点断开，使 KM1、KM2 断电，液压泵电动机 M1 和砂轮电动机 M2 停转。

4) 照明和指示电路分析

照明和信号指示电路位于 19～25 区，FU2、FU3 对其进行短路保护。其中，EL 为照明灯，由变压器 TC 供电，由手动开关 QS2 控制。其余信号灯也由 TC 供电，HL1 为电源指示灯，HL2 为 M1 运转指示灯，HL3 为 M2、M3 运转指示灯，HL4 为 M4 运转指示灯，HL5 为电磁吸盘工作指示灯。

1.9 CADe_SIMU 仿真软件介绍

CADe_SIMU 仿真软件辅助继电接触控制电路教学。继电接触控制电路作为电气工程基本实践的重要内容之一，对学生的电路分析能力和实践操作能力提出了较高的要求。然而，传统的实验教学方法存在一些不足，例如实验设备成本高、设备繁杂、排队等待时间长等。为了解决这些不足，我们探索了一种新的实验教学方法，即 CADe_SIMU3.0 仿真软件辅助继电接触控制电路教学。CADe_SIMU3.0 是一款功能强大、易于操作的电路仿真软件。它提供了丰富的元件库，包括电源、开关、继电器等，可以满足继电接触控制电路的各种需求。软件界面直观，操作简便，学生可以通过拖拽元件、连接导线等简单的操作，构建出复杂的电路结构。同时，CADe_SIMU3.0 还具备仿真功能，可以实时模拟电气控制电路的工作原理和参数变化，帮助学生更好地理解电路的运行过程。

用绘图仿真软件来设计电路，非常容易上手，不但可以快捷绘制电气线路图，而且还能将绘制的电气线路图仿真。现对该软件的使用方法和步骤进行介绍。

1) 软件启动

该软件无需安装，直接点击"CADe-SIMU V3.0 ZH.exe"即可启动软件，启动界面如图 1-57 所示。

点击上述界面内任意一处，出现图 1-58 所示密码输入对话框。

输入密码"＊＊＊＊"后，打开软件界面窗口，如图 1-59 所示。

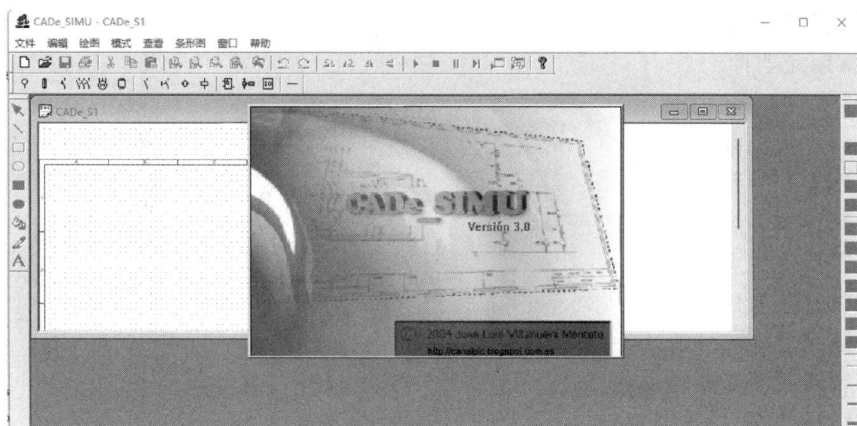

图 1-57 启动界面

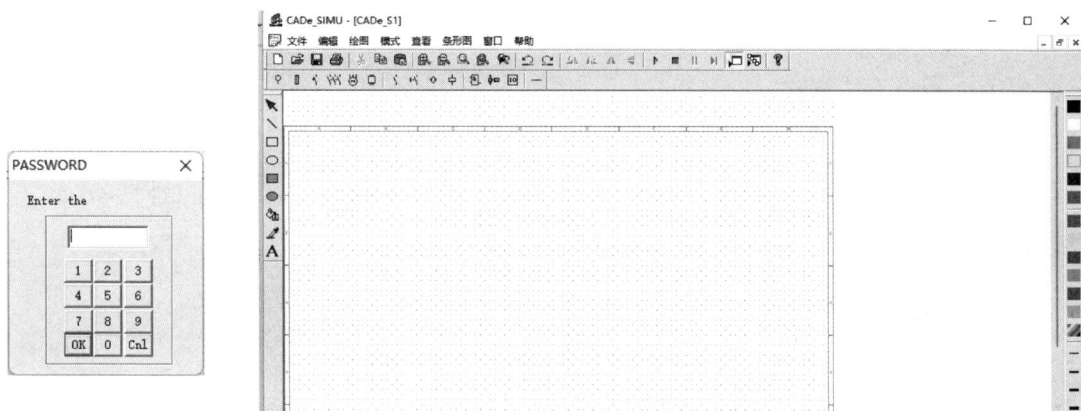

图 1-58 密码输入
对话框

图 1-59 打开软件界面窗口

2）绘图情景设置

在"文件"下拉菜单中点击"设置"，弹出"设置"选型对话框窗口，如图 1-60 所示。在此对话框窗口选择图纸的大小，即可进行图纸、显示等相关内容的设定。

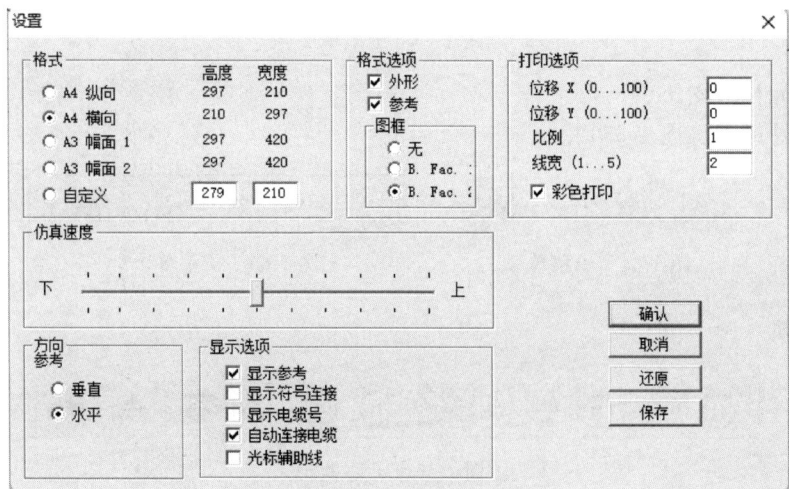

图 1-60 "设置"选型对话框窗口

3) 电气元器件说明

（1）常用元器件

本软件提供元器件如下：

① 交、直流电源；

② 熔断器和断路器；

③ 自动开关和热继电器；

④ 接触器主触点；

⑤ 交、直流电机；

⑥ 电子元器件；

⑦ 接触器及继电器辅助触点；

⑧ 按钮开关；

⑨ 连接线；

⑩ 线圈及输出；

⑪ 导线及电缆。

（2）元器件工具菜单

元器件工具菜单如图1-61所示。

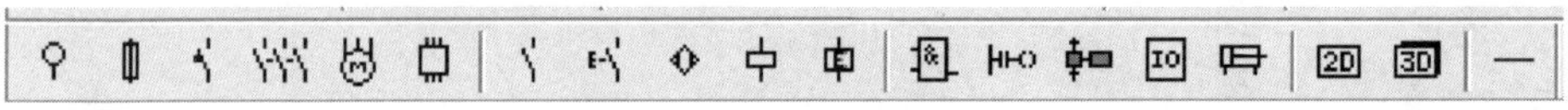

图1-61　元器件工具菜单

（3）元器件子菜单简介

① 电源：点击 $\boxed{\varphi}$ 后，出现电源的子菜单，如图1-62所示。

图1-62　子菜单1

② 熔断器、断路器（图1-63）。

图1-63　子菜单2

③ 开关元件（图1-64）。

④ 接触器触点（图1-65）。

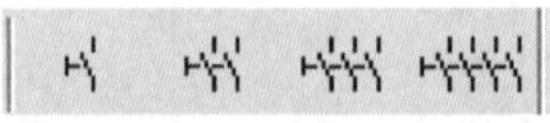

图1-64　子菜单3 　　　　图1-65　子菜单4

⑤ 电动机（图1-66）。

图1-66　子菜单5

⑥ 接触器、继电器、时间继电器线圈（图1-67）。

图 1-67　子菜单 6

⑦ 各种辅助触点（图 1-68）。

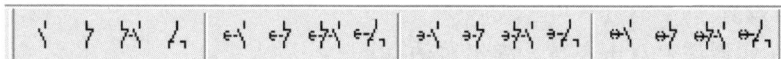

图 1-68　子菜单 7

⑧ 按钮开关（图 1-69）。

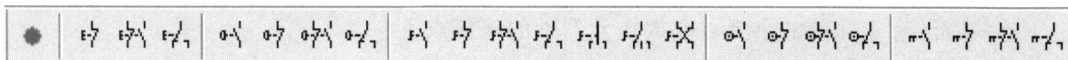

图 1-69　子菜单 8

⑨ 连接线（图 1-70）。

图 1-70　子菜单 9

（4）相关说明

该工具菜单使用方法如下。

① 只要点击任一工具菜单图标，马上在工具菜单下面一行显示其类型工具条，方便选取合适的元件符号。

② 在该元件图标上单击左键，则该元件在绘图窗口弹出，移动光标到适当位置单击左键放置元件。

③ 单击右键退出，按住左键拖动可移动其位置。

④ 若需根据水平、垂直或反向摆放元器件，则可在工具栏菜单上选择向左、向右转。

⑤ 如果摆放的位置不合适，对该元器件单击，元器件变为红色，按 Delete 进行删除。

⑥ 根据电路连接要求选择所需的元器件符号，在绘图窗口上摆放好。

⑦ 总体布置要求：布局合理、上下对正、左右平齐、间隔合适、符合规范要求。

⑧ 连接电路导线首先单击工具菜单中导线及电缆图标，在弹出的工具条中选择导线连接符号。然后根据电路图的要求把各个控制线路元器件连接起来，用左键点选元器件的接点不放，拖出一条直线，直（可转折）到下一个元器件的接点，松开左键可绘出一条连接线段。

⑨ 添加电路连接点，选择工具条中的接点符号，在需要连接的节点单击即可完成。

⑩ 标注电气元器件名称及参数。

双击元器件，弹出对话框。在对话框里设置元器件名称及相关参数，如图 1-71 所示。

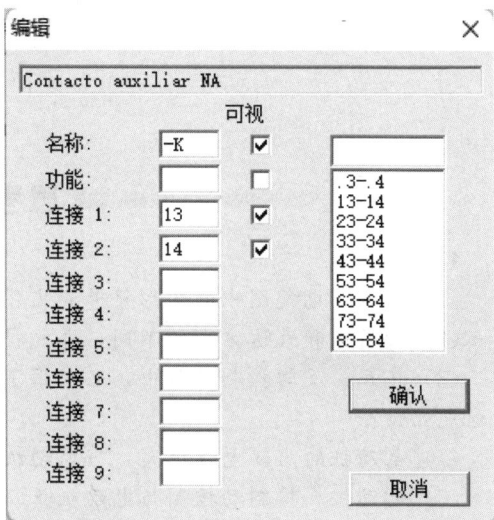

图 1-71　电气元器件名称及参数设置对话框窗口

4）绘图与仿真

（1）绘图

图 1-72　变换方向按钮

　　　　　在元器件菜单中选用合适的元器件，点击一下元器件，将鼠标移到图纸上，单击左键，器件就放在图纸上了，元器件被选中的状态下，使用图 1-72 所示按钮可以任意变换元器件的方向。

（2）参数设置

① 鼠标在元器件上双击左键，弹出对话框；

② 设置元器件名称；

③ 同一元器件要同一名称，大小写要相同。

（3）连接导线

连线时注意光标前的小黑点要放在元器件的连接点上

（4）仿真

单击运行按钮 ▶ ，开始仿真。单击 ■ ，停止仿真。

5）保存

保存窗口如图 1-73 所示。

图 1-73　保存窗口

思考与练习

1. 概念题

（1）什么是电气图中的图形符号和文字符号？它们各由什么要素或符号组成？

（2）按用途和表达方式的不同，电气控制系统图可分为哪几类？它们各起什么作用？

（3）在正、反转控制线路中，已采用了按钮的互锁（也称为机械互锁），为什么还要采用电气互锁？

（4）电动机的启动电流很大，当电动机启动时，热继电器是否会动作？为什么？

（5）电动机反接制动控制与电动机正、反转运行控制的主要区别是什么？

（6）电动机能耗制动与反接制动控制各有何优缺点？分别适用于什么场合？

2. 操作题

（1）试设计对同一台电动机可以进行两处操作的长动和点动控制线路。

（2）某机床主轴和润滑油泵各由一台电动机带动，试设计其控制线路，要求主轴必须在油泵开动后才能开动，主轴能正、反转并可单独停车，有短路、失压及过载保护等。

（3）某机床有两台电动机，要求主电动机 M1 启动后，辅助电动机 M2 延迟 10s 自行启动，试用断电延时型时间继电器设计控制线路。

（4）试用时间继电器、接触器等设计一个电动机自动循环正、反转控制线路。

（5）设计一个控制线路，要求第一台电动机启动 10s 后，第二台电动机自行启动，运行 5s 后，第一台电动机停止并同时使第三台电动机自行启动，运行 15s 后，电动机全部停止。

第二篇

S7-1200系列 PLC应用技术

第2章

S7-1200 PLC 的系统组成

【本章重点】

① PLC 工作原理；

② S7-1200 PLC 的硬件设计。

2.1 PLC 基础

2.1.1 什么是 PLC

可编程控制器英文简称 PLC，是一种工业控制装置。PLC 是在电气控制技术和计算机技术的基础上开发出来的，并逐渐发展成为以微处理器为核心，并将计算机技术、自动控制技术和通信技术融为一体的新型工业控制装置，其功能日益强大，性价比越来越高，已经成为工业控制领域的主流设备，并与 CAD/CAM（计算机辅助设计/计算机辅助制造）、机器人技术一起被誉为当代工业自动化的三大支柱，广泛应用在电气控制、网络通信、数据采集等多个领域。

国际电工委员会（IEC）在 1987 年颁布的 PLC 标准草案第 3 稿中，对 PLC 做了以下定义：可编程控制器是一种数字运算操作的电子系统，专为在工业环境下应用而设计。它采用可编程序的存储器，用来在内部存储执行逻辑运算、顺序控制、定时、计数和算术运算等操作的指令，并通过数字式和模拟式的输入和输出，控制各种类型的机械或生产过程。可编程控制器及其有关外围设备，都应按易于与工业系统形成一个整体、易于扩充其功能的原则设计。

2.1.2 PLC 的产生

在 PLC 诞生之前，工业控制领域中的过程控制主要采用具有硬接线特征的继电器控制系统。当生产系统进行升级改造时，需要对整个继电器控制装置进行重新设计和安装，导致费时、费工、费料，甚至阻碍了更新周期的缩短。在 20 世纪 60 年代，美国通用汽车（GM）公司发布了一个旨在替代继电器系统的提议，也就是美国著名的 GM10 条：

① 编程简单，可在现场修改程序；

② 维护方便，采用插件式结构；

③ 可靠性高于继电器控制柜；

④ 体积小于继电器控制柜；

⑤ 成本可与继电器控制柜竞争；

⑥ 可将数据直接送入计算机；

⑦ 可直接使用115V交流输入电压；

⑧ 输出采用115V交流电压，能直接驱动电磁阀、交流接触器等；

⑨ 通用性强，扩展方便；

⑩ 能存储程序，存储器容量可以扩展到4KB。

1969年，美国数字设备（DEC）公司研制出的第一台可编程控制器，型号为PDP-14，并安装在GM公司的汽车装配线上，替代了传统的继电器控制盘。它的开创性意义在于引入了编程的思想，为计算机技术在工业控制领域的应用开辟了空间。

2.1.3   PLC的发展

20世纪70年代初期：仅有逻辑运算、定时、计数等顺序控制功能，只是用来取代传统的继电器控制，通常称为可编程逻辑控制器（programmable logic controller）。

20世纪70年代中期：微处理器技术应用到PLC中，使PLC不仅具有逻辑控制功能，还增加了算术运算、数据传送和数据处理等功能。

20世纪80年代以后：随着大规模、超大规模集成电路等微电子技术的迅速发展，16位和32位微处理器应用于PLC中，使PLC得到迅速发展。PLC不仅控制功能增强，同时可靠性提高，功耗、体积减小，成本降低，编程和故障检测更加灵活方便，而且具有通信和联网、数据处理和图像显示等功能。

自从第一台PLC出现以后，日本、德国、法国等也相继开始研制PLC，PLC得到了迅速的发展。目前，世界上有200多家PLC厂商，400多种PLC产品，按地域可分成美国、欧洲和日本等三个流派产品，各流派PLC产品都各具特色，如日本主要发展中小型PLC，其小型PLC性能先进、结构紧凑、价格便宜，在世界市场上占有重要地位。著名的PLC生产厂家主要有美国的A-B公司、GE公司，日本的三菱电机公司、欧姆龙公司，德国的AEG公司、西门子公司，法国的TE公司等。

我国的PLC研制、生产和应用也发展很快，尤其在应用方面更为突出。在20世纪70年代末和80年代初，我国随国外成套设备、专用设备引进了不少国外的PLC。此后，在传统设备改造和新设备设计中，PLC的应用逐年增多，并取得显著的经济效益，PLC在我国的应用越来越广泛，对提高我国工业自动化水平起到了巨大的作用。目前，我国不少科研单位和工厂在研制和生产PLC，如辽宁无线电二厂、无锡华光电子公司、上海香岛电机制造公司等。

从近年的统计数据看，在世界范围内PLC产品的产量、销量、用量高居工业控制装置榜首，而且市场需求量一直以每年15％的比率上升。PLC已成为工业自动化控制领域中占主导地位的通用工业控制装置。

2.1.4   PLC的分类及功能

PLC产品种类繁多，其规格和性能也各不相同。可以根据功能、I/O点数、结构进行分类。

1）PLC的分类

（1）按I/O点数和功能分类

① 小型机。小型PLC的I/O点数一般在256点以下，内存容量在4KB以下，主要功能

为开关量控制。小型机的特点是体积小、价格低，适合单机控制。典型的小型机有西门子公司的 S7-200、欧姆龙公司的 CPM2A 系列、三菱公司的 F-40 系列、迪莫康德 PC-085 系列等整体式 PLC 产品。I/O 点数为 64 点以内，称为超小型机。

② 中型机。中型 PLC 的 I/O 点数一般在 256～2048 点之间，内存容量为 3.6～13KB，具有开关量和模拟量控制功能、强大的数字计算功能以及通信联网功能，适用于复杂的逻辑控制。典型的中型机有西门子公司的 S7-300、欧姆龙公司的 C200H 系列、A-B 公司的 SLC500 系列等模块式产品。

③ 大型机。大型 PLC 的 I/O 点数一般在 2048 点以上，内存容量为 13KB 以上，具有计算、控制、调节功能以及强大的通信联网功能，适用于设备自动化控制、过程自动化控制。典型的大型机有西门子公司的 S7-400、欧姆龙公司的 CS1 系列、A-B 公司的 SLC5/05 系列等产品。

在实际中，一般 PLC 功能的强弱与其 I/O 点数是相互关联的。即 PLC 的功能越强，其可配置的 I/O 点数越多。因此，通常所说的小型、中型、大型 PLC，同时也表示其对应的功能为低档、中档、高档。

（2）按结构形式分类

根据 PLC 结构形式的不同，PLC 主要可分为整体式和模块式。

① 整体式结构。整体式结构是将 PLC 的各个基本部件紧凑地安装在一个标准的机壳内，组成 PLC 的一个基本单元或扩展单元。基本单元可以通过扩展接口与扩展单元相连，构成不同配置，完成不同功能。小型机一般采用整体式结构。

整体式结构的特点是：结构紧凑、体积小、价格低。

② 模块式结构。模块式结构是将 PLC 各组成部分分别做成单独的模块单元，将这些模块安装在框架或基板上即可。通常中型或大型 PLC 常采用这种结构。用户可根据需要灵活方便地将 I/O 扩展单元、A/D 和 D/A 单元、各种智能单元、特殊功能单元、连接单元等模块插入机架底板的插槽中，以组合成不同功能的控制系统。

模块式结构的特点是：配置灵活、装配方便。

2）PLC 的功能

① 定时控制；

② 计数控制；

③ 步进（顺序）控制；

④ PID 控制；

⑤ 数据控制；

⑥ 逻辑控制；

⑦ 通信和联网。

PLC 还有许多特殊功能模块，适用于各种特殊控制的要求，如：定位控制模块，高速计数模块等。

2.1.5 PLC 的特点及应用领域

1）PLC 的主要特点

PLC 技术的迅速发展，除了工业控制领域的需要外，相比较其他各种控制方式，具有一系列深受广大用户欢迎的特点是其主要原因。工业控制领域的安全、可靠、灵活、经济等要求可以得到满足。

① 编程简单，使用方便。目前，PLC 广泛采用的编程语言是梯形图，一种面向用户的编程语言。梯形图语言源自电气控制线路图，具有形象、直观、易操作、方便使用的特点。

这也是 PLC 获得普及和推广的重要因素。

②控制灵活，程序可变，具有很好的柔性。PLC 的控制系统主要应用软件实现，当控制要求发生改变时，只需要少量更改硬件，主要修改软件部分即可实现控制功能的改变，程序可读可写，控制灵活，具有很好的柔性。

③功能强，扩充方便，性能价格比高。PLC 内有成百上千个可供用户使用的编程元件，可以实现非常复杂的控制功能。与相同功能的继电器控制系统相比，具有很高的性价比。PLC 有较强的接口能力，可以通信联网，易于扩充。

④控制系统设计及施工的工作量少，维修方便。PLC 的硬件部分相对于继电器控制系统大大减少，其安装和施工比较容易，便于维护。PLC 的故障率很低，并具有完善的故障诊断能力，便于用户了解运行情况和查找故障。

⑤可靠性高，抗干扰能力强。PLC 用软件程序代替了传统继电器控制系统中大量的中间继电器和时间继电器，硬件接线少，大大减少了由器件老化、触点抖动、接触不良等现象引发的故障，可靠性得以提高。

PLC 为了在工业环境下可靠地工作，采用了一系列硬件和软件的抗干扰措施。PLC 的 I/O 接口电路均采用光电隔离，实现工业现场外电路与 PLC 内部电路的电气隔离；各模块均采用屏蔽措施，以防止辐射干扰；S7-300/400 具有极强的故障诊断能力。

⑥体积小、重量轻、能耗低，是机电一体化特有的产品。对于复杂的 PLC 控制系统，由于减少了大量的继电器，开关柜的体积比继电器控制系统的小得多，而且重量轻、能耗低，是机电一体化重要的控制设备。

2）可编程控制器的应用

目前，PLC 在国内外已经广泛应用于工控领域，还在钢铁、石油、化工、电力、机械制造、交通运输及文化娱乐等行业迅猛发展。其应用范围不断扩大，从应用类型看主要有以下几个方面。

①逻辑控制。PLC 最基本的应用是替代继电器，利用 PLC 逻辑运算、定时器、计数器等指令功能完成开关量逻辑控制，广泛应用于单机控制、多机群控和自动生产线控制等方面，如注塑机、印刷机、组合机床、磨床、包装生产线、电镀流水线等。

②运动控制。大多数 PLC 都有拖动步进电动机或伺服电动机单轴或多轴位置控制模块，将运动控制和顺序控制有机结合，可广泛用于各种机械制造领域，如金属切削机床、装配机械、机器人、电梯等。

③过程控制。过程控制是指对温度、压力、流量等连续变化的模拟量的闭环控制。其中 PID 调节是闭环控制中用得较多的调节方法。大中型 PLC 都具有多路模拟模块和 PID 控制功能。过程控制在冶金、化工、电力、热处理、锅炉控制、建材等行业有着广泛应用。

④数据处理。现代 PLC 都具有数学运算、数据传送、转换、查表等功能，可完成数据的采集、分析和处理，同时可通过通信接口将这些数据传送给其他智能装置进行处理。数据处理一般应用于大型控制系统，如无人控制的柔性制造系统。

⑤构建网络控制。PLC 的通信包括 PLC 与 PLC、PLC 与上位机、PLC 与其他智能设备间的通信。近几年生产的 PLC 都具有通信接口，可实现集中管理、分散控制的多级分布控制系统，满足工业自动化发展的需要。

2.1.6　PLC 系统组成和工作原理

1）PLC 系统组成

PLC 硬件主要由中央处理器（CPU）、存储器、输入单元、输出单元、电源等部分组成。其中，CPU是系统的核心，输入单元与输出单元是连接现场I/O设备与CPU之间的接口电路。

按结构分，PLC可分为整体式和模块式。对于整体式PLC，就是把所有部件都安装在同一机壳内，其组成框图如图2-1所示；对于模块式PLC，就是把各部件独立封装成模块，各模块通过总线连接，安装在机架或导轨上。尽管二者结构不一样，但各部分的功能是相同的。

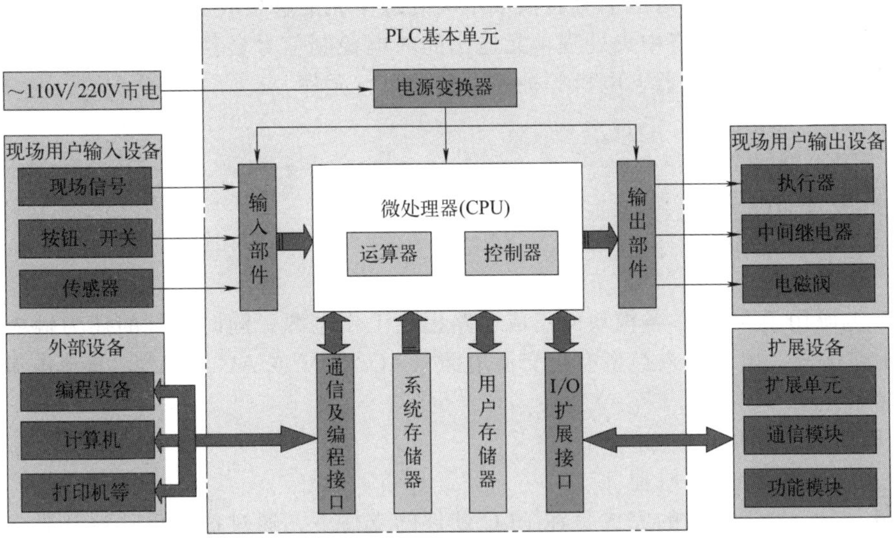

图2-1　PLC系统结构图

（1）中央处理器（CPU）

CPU是PLC的核心，起神经中枢的作用，每套PLC至少有一个CPU，它按PLC的系统程序赋予的功能接收并存储用户程序和数据，用扫描的方式采集由现场输入装置送来的状态或数据，并存入规定的寄存器中，同时，诊断电源和PLC内部电路的工作状态和编程过程中的语法错误等。进入运行后，从用户程序存储器中逐条读取指令，经分析后再按指令规定的任务产生相应的控制信号，去指挥有关的控制电路。

CPU主要由运算器、控制器、寄存器及实现它们之间联系的数据、控制及状态总线构成，CPU单元还包括外围芯片、总线接口及有关电路。内存主要用于存储程序及数据，是PLC不可缺少的组成单元。

CPU的控制器控制CPU工作，由它读取指令、解释指令及执行指令。但工作节奏由振荡信号控制。运算器用于进行数字或逻辑运算，在控制器指挥下工作。寄存器参与运算，并存储运算的中间结果，它也在控制器指挥下工作。

CPU速度和内存容量是PLC的重要参数，它们决定着PLC的工作速度、I/O数量及软件容量等，因此限制着控制规模。

（2）存储器

PLC中，存储器主要用于存储系统程序、用户程序。存储器的类型：

① 可读/写操作的随机存储器RAM；

② 只读存储器ROM、可编程只读存储器PROM、可擦可编程只读存储器EPROM、电擦除可编程只读存储器EEPROM。

（3）输入/输出接口（I/O模块）

输入/输出接口通常也称I/O单元或I/O模块，是PLC与工业生产现场之间的连接通道。I/O 模块集成了 PLC 的 I/O 电路，其输入暂存器反映输入信号状态，输出点反映输出锁存器状态。输入模块将电信号变换成数字信号送入 PLC 系统，输出模块相反。I/O 分为开关量输入（DI）、开关量输出（DQ）、模拟量输入（AI）、模拟量输出（AO）等模块。

① PLC 输入接口。用户设备需输入 PLC 的各种控制信号，如限位开关、操作按钮、选择开关、行程开关以及其他一些传感器输出的开关量或模拟量（要通过模数变换进入机内）等，通过输入接口电路将这些信号转换成中央处理单元能够接收和处理的信号。

② PLC 输出接口。将中央处理单元送出的弱电控制信号转换成现场需要的强电信号输出，以驱动电磁阀、接触器、电机等被控设备的执行元件。

PLC 输出电路类型：

a）继电器输出型；

b）晶体管输出型；

c）晶闸管输出型。

（4）电源

PLC 电源用于为 PLC 各模块的集成电路提供工作电源。同时，有的还为输入电路提供24V 的工作电源。电源输入类型有：交流电源（AC 220V 或 AC 110V），直流电源（常用的为 DC 24V）。

2）PLC 工作原理

（1）工作原理

控制任务的完成是在 PLC 硬件的支持下，通过执行反映控制要求的用户程序来实现的。这一点和计算机的工作原理一致。因此 PLC 工作的基本原理是建立在计算机工作原理基础上的。由于早期的 PLC 是从继电器控制系统发展而来，当时主要完成的任务是开关量的顺序控制，对被控对象控制的实现是有逻辑关系的，并不一定有时间上的先后，因此，单纯像计算机那样工作，把用户程序从头到尾顺序执行，并不能完全体现控制要求。究其原因，原来的继电器系统工作，各被控继电器是并行关系，而改为程序方式控制，各被控继电器的动作一律成为时间上的串行。

在上面的分析中，不难发现，矛盾主要是出在对被控对象控制条件的满足时间与程序顺序执行的不协调上。因此简单地像计算机那样按照程序计数器形成的程序号顺序执行是达不到目的的。在计算机程序中有一种叫作查询方式的结构，是专门查看某一变量条件的满足情况的，并据此决定下一步的操作。现在要查看的已不是某一个变量的条件，而是多个变量的条件，像查询一个变量的条件那样等待查询已不能满足要求，因此 PLC 采用对整个程序巡回执行的工作方式，也称巡回扫描。这就是说用户程序的执行不是从头到尾只执行一遍，而是执行完一次之后，又返回去执行第二次、第三次……直到停机。如果程序的每一条指令执行得足够快，整个程序的长度又有限，使得执行一次程序所占用的时间足够短，这个时间短到足以保证变量条件不变，那么即使在前一次执行程序时对某一变量的状态没有捕捉到，也能保证在第二次执行时该条件依然存在。

（2）工作过程

PLC 工作过程分为三个阶段：输入刷新阶段、执行程序阶段和输出刷新阶段。这三个阶段构成一个扫描周期。在 PLC 运行期间，CPU 以一定的扫描速度重复执行上述三个阶段。

① 输入采样阶段。

在输入采样阶段，PLC 以扫描方式读入该可编程控制器所有输入端子的输入状态和数据，并将它们存入输入映像区的相应单元内。在本工作周期的执行和输出过程中，输入映像区内的内容还会随实际信号的变化而变化。

由此可见，一般输入映像区中的内容只有在输入采样阶段才会被刷新，但在有些 PLC 中（例如 FX1S-20MR/MT），这个区内的内容在程序执行过程中也允许每隔一定的时间（如 2ms）定时被刷新一次，以取得更为实时的数据。

PLC 在输入采样阶段中一般都以固定的顺序（例如从最小号到最大号）进行扫描，但在一些 PLC 中可由用户确定可变的扫描顺序。例如在一个具有大量输入端口的可编程控制器系统中，可将输入端口分成若干组，每次扫描仅输入其中一组或几组端口的信号，以减少用户程序的执行时间（即减少扫描周期），这样做的不良后果是输入信号的实时性较差。

② 执行程序阶段。

在执行用户程序的扫描过程中，PLC 对用户以梯形图方式（或其他方式）编写的程序按从上到下、从左至右的顺序逐一扫描各指令，然后从输入映像区取出相应的原始数据或从输出映像区读取有关数据，然后做由程序确定的逻辑运算或其他数学运算，随后将运算结果存入确定的输出映像区有关单元，但这个结果在整个程序未执行完毕前不会送到输出端口上。

③ 输出刷新阶段。

在执行完用户所有程序后，PLC 将输出映像区中的内容同时送入输出锁存器（称输出刷新），然后由锁存器经功率放大后去驱动继电器的线圈，最终使输出端子上的信号变为本次工作周期运行结果的实际输出。

2.2 S7-1200 PLC 的硬件配置

S7-1200 是西门子公司的新一代小型 PLC，它具有集成的 PROFINET 接口和强大的集成工艺功能、灵活的可扩展性等特点，为各种工艺任务提供了简单的通信和有效的解决方案，能满足完全不同的自动化需求。

S7-1200 主要由 CPU 模块、信号板、信号模块、通信模块和编程软件组成，各种模块安装在标准导轨上。S7-1200 的硬件组成具有高度的机敏性，用户可以依据自身需求确定 PLC 的结构，系统扩展格外便利。

2.2.1 CPU 模块

S7-1200 现在有 5 种型号的 CPU 模块，如表 2-1 所示。

表 2-1 S7-1200 CPU 技术规范

特性	CPU 1211C	CPU 1212C	CPU 1214C	CPU 1215C	CPU 1217C
本机数字量 I/O 点数	6 入/4 出	8 入/6 出	14 入/10 出	14 入/10 出	14 入/10 出
本机模拟量 I/O 点数	2 入	2 入	2 入	2 入/2 出	2 入/2 出
工作存储器/装载存储器	50KB/1MB	75KB/1MB	100KB/4MB	125KB/4MB	150KB/4MB
信号模块扩展个数	无	2	8	8	8
最大本地数字量 I/O 点数	14	82	284	284	284
最大本地模拟量 I/O 点数	13	19	67	69	69
高速计数器点数	3 点	5 点	6 点		6 点
单相	3 点/100kHz	3 点/100kHz，1 点/30kHz	3 点/100kHz，3 点/30kHz		4 点/1MHz，2 点/100kHz

续表

特性	CPU 1211C	CPU 1212C	CPU 1214C	CPU 1215C	CPU 1217C
正交相位	3点/80kHz	3点/80kHz, 1点/20kHz	3点/80kHz, 3点/20kHz		3点/1MHz, 3点/100kHz
脉冲输出(最多4点)	100kHz	100kHz 或 20kHz	100kHz 或 20kHz		1MHz 或 100kHz
上升沿/下降沿中断点数	6/6	8/8	12/12	14/14	14/14
脉冲捕获输入点数	6	8	14	14	14
传感器电源输出电流/mA	300	300	400	400	400
外形尺寸/mm	90×100×75	90×100×75	110×100×75	130×100×75	150×100×75

如图 2-2 所示，1 是电源接口，2 是可拆卸用户接线连接器（保护盖下面），3 是板载 I/O 的状态 LED，4 是 PROFINET 以太网接口的 RJ45 连接器（CPU 的底部）。

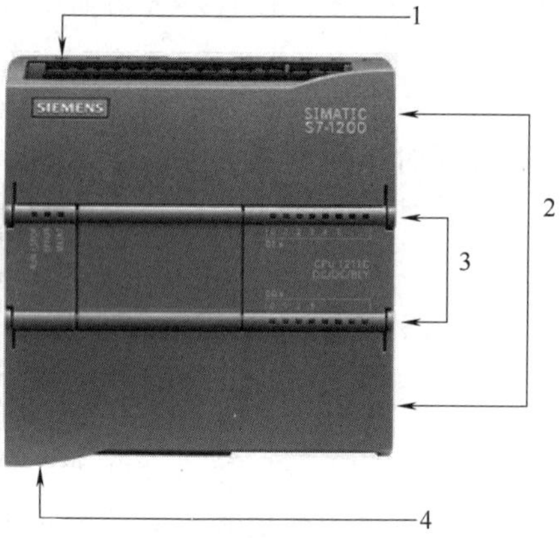

图 2-2　CPU 模块

1）CPU 的共性

① 集成的 24V 传感器/负载电源可供传感器和编码器使用，也可以用作输入回路的电源。

② 集成的 2 点模拟量输入（0～10V），输入电阻 100kΩ，10bit 分辨率。

③ 2 点脉冲列输出（PTO）或脉宽调制（PWM）输出，最高频率为 100kHz。

④ 每条位运算、字运算和浮点数数学运算指令的执行时间分别为 0.1μs、12μs 和 18μs。

⑤ S7-1200 集成了最大容量为 150KB 的工作存储器、最大容量为 4MB 的装载存储器和 10KB 的保持性存储器。

⑥ 过程映像输入、过程映像输出各 1024B。数字量输入电路的电压额定值为 DC 24V，输入电流为 4mA。1 状态允许的最小电压/电流为 DC 15V/2.5mA，0 状态允许的最大电压电流为 DC 5V/1mA，可组态输入延时时间（0.2～12.8ms）和脉冲捕获功能。在过程输入信号的上升沿或下降沿可以产生快速响应的中断输入。

继电器的电压输出的电压范围为 DC 5～30V 或 AC 5～250V。最大电流为 2A，白炽灯负载为 DC 30W 或 AC 200W。

DC/DC/DC 型 MOSFET（金属-氧化物-半导体场效应晶体管）的 1 状态最小输出电压为 DC 20V，输出电流为 0.5A，0 状态最大输出电压为 DC 0.1V，最大白炽灯负载为 5W。

⑦ 可以扩展 3 块通信模块和一块信号板，CPU 可以用信号板扩展 1 路模拟量输出成数字量输入/输出（2DI/2DQ）

⑧ 4 个时间延迟与循环中断，分辨率为 1ms。

⑨ CPU 1215C 和 CPU 1217C 有两个带隔离的 PROFINET 以太网端口，其他 CPU 只有一个，传输速率为 10Mbit/s/100Mbit/s。

⑩ 可以使用梯形图（LAD）、功能块图（FBD）和结构化控制语言（SCL）这 3 种编程语言。

⑪ 可以用 SIMATIC 存储卡扩展存储器。

⑫ 有 16 个参数自整定的 PID 控制器。

⑬ 可选的仿真器（小开发板）数字量输入点提供输入信号来测试输入程序。

2）CPU 的技术规范

每种 CPU 有 3 种具有不同电源电压和输入、输出电压的版本（见表 2-2）。

表 2-2　S7-1200 CPU 电源的 3 种版本

版本	电源电压	DI 输入电压	DQ 输出电压	DQ 输出电流
DC/DC/DC	DC 24V	DC 24V	DC 24V	0.5 A，MOSFET
DC/DC/Relay	DC 24V	DC 24V	DC 5～30V，AC 5～250V	2A，DC 30W/AC 200W
AC/DC/Relay	AC 85～264V	DC 24V	DC 5～30V，AC 5～250V	2A，DC 30W/AC 200W

图 2-3 是 CPU 1214C AC/DC/继电器（Relay）型的外部接线图，输入回路一般使用 CPU 内置的 DC 24V 电源，此时需要去除图 2-3 中的外接 DC 电源，将输入回路的 1M 端子与 24V 电源的 M 端子连接起来，将 24V 电源的 L＋端子接到外接触点的公共端。

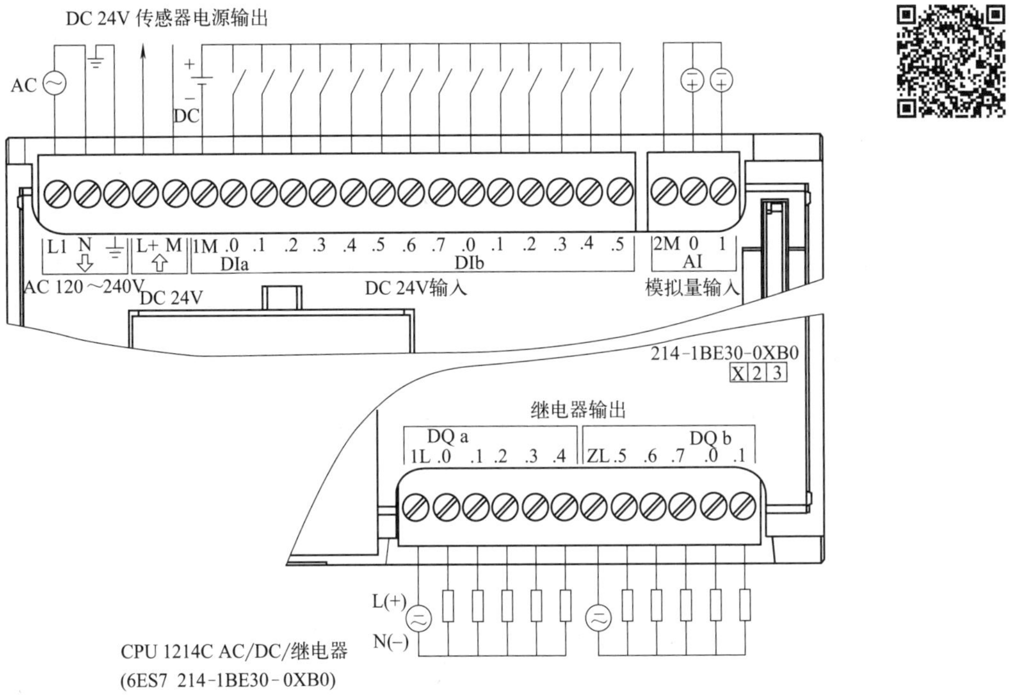

CPU 1214C AC/DC/继电器
(6ES7 214-1BE30-0XB0)

图 2-3　CPU 1214C AC/DC/继电器的外部接线

CPU 1214C DC/DC/Relay 的接线图与图 2-3 的区别在于前者的电源电压为 DC 24V。

CPU 1214C DC/DC/DC 的接线图见图 2-4，其电源电压、输入回路电压和输出回路电压均为 DC 24V，输入回路也可以使用内置的 DC 24V 电源。

3）CPU 集成的工艺功能

S7-1200 集成了高速计数与频率测量、高速脉冲输出、PWM 控制、运动控制和 PID 控制。CPU 1217C 有 4 点最高频率为 1MHz 的高速计数器。其他 CPU 有最高频率为 100kHz（单相）/80kHz（互差 90°的正交相位）或 30kHz（单相）/20kHz（正交相位）的高速计数器。信号板的最高计数频率为 200kHz（单相）/160kHz（正交相位）。

CPU 1217C 支持最高 1MHz 的脉冲输出，其他 DC 输出的 CPU 本机最高 100kHz，信号板 200kHz。

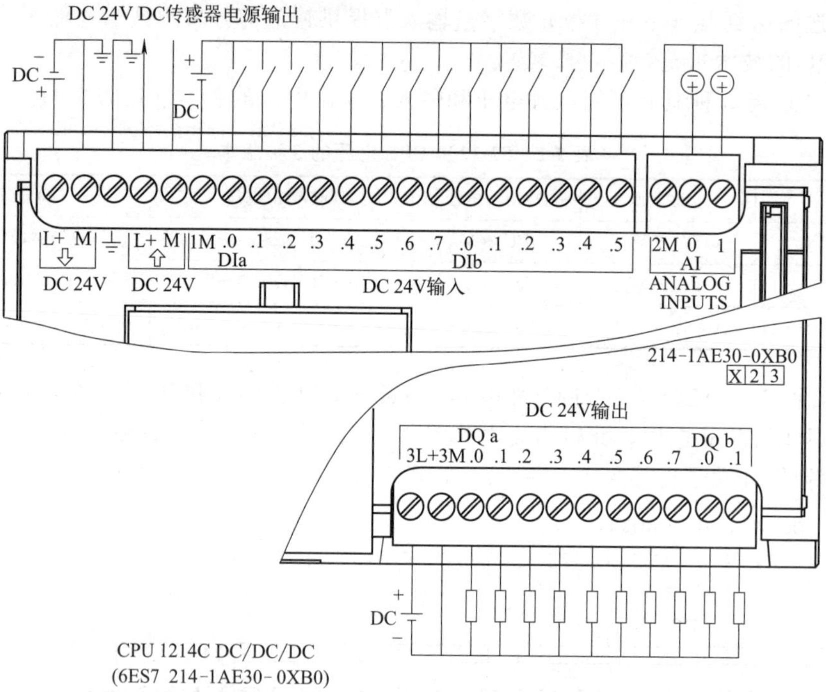

图 2-4　CPU 1214C DC/DC/DC 的外部接线

CPU 的高速输出可以用于步进电机或伺服电机的速度和位置控制。PID 功能用于对最多 16 个回路进行控制，支持 PID 参数自整定。

2.2.2　I/O 模块

各种 CPU 的正面都可以增加一块信号板，信号模块连接到 CPU 的右侧，以扩展其数字量或模拟量输入/输出的点数。CPU 1211C 不能扩展信号模块，CPU 1212C 只能连接两个信号模块，其他 CPU 可以连接 8 个信号模块，所有的 S7-1200 CPU 都可以在 CPU 的左侧安装最多 3 个通信模块。

1）信号板

S7-1200 所有的 CPU 模块的正面都可以安装一块信号板，并且不会增加安装的空间。有时添加一块信号板，就可以增加需要的功能，例如数字量输出信号板使继电器输出的 CPU 具有高速输出的功能。

安装时首先取下端子盖板，然后将信号板直接插入 S7-1200 CPU 正面的槽内（见图 2-2）。信号板有可拆卸的端子，因此可以很容易地更换信号板，有下列信号板和电池板。

① SB 1221 数字量输入信号板，4 点输入的最高计数频率为 200kHz，数字量输入、数字量输出信号板的额定电压有 DC 24V 和 DC 5V 两种。

② SB 1222 数字量输出信号板，4 点固态 MOSFET 输出的最高计数频率为 200kHz。

③ SB 1223 数字量输入/输出信号板，2 点输入和 2 点输出的最高频率均为 200kHz。

④ SB 1231 热电偶信号板和 RTD（热电阻）信号板，它们可选多种量程的传感器，分辨率为 0.1℃/0.1 ℉，15 位＋符号位。

⑤ SB 1231 模拟量输入信号板，有一路 12 位的输入，可测量电压和电流。

⑥ SB 1232 模拟量输出信号板，一路输出，可输出分辨率为 12 位的电压和 11 位的电流。

⑦ CB 1241 RS-485 信号板，提供一个 RS-485 接口。

⑧ BB 1297 电池板，适用于实时时钟的长期备份。

各种 CPU 信号板和信号模块的技术规范见 S7-1200 产品样本和 S7-1200 系统手册。

2）数字量 I/O 模块

数字量输入/数字量输出（DI/DQ）模块和模拟量输入/模拟量输出（AI/AQ）模块统称为信号模块，可以选用 8 点、16 点和 32 点的数字量输入/数字量输出模块（见表 2-3），来满足不同的控制需要。继电器输出（双态）的 DQ 模块的每一点，可以通过有公共端子的一个常闭点和一个常开点，在输出值为"0"和"1"时，分别控制两个负载。

表 2-3　数字量输入/输出模块

型号	型号
SM 1221,8 输入 DC 24V	SM 1223,8 输入 DC 24V/8 继电器输出,2A
SM 1221,16 输入 DC 24V	SM 1223,16 输入 DC 24V/16 继电器输出,2A
SM 1222,8 继电器输出,2A	SM 1223,8 输入 DC 24V/8 输出 DC 24V,0.5A
SM 1222,16 继电器输出,2A	SM 1223,16 输入 DC 24V/16 输出 DC 24V,0.5A
SM 1222,8 输出 DC 24V,0.5A	SM 1223,8 输入 AC 230V/8 继电器输出,2A
SM 1222,16 输出 DC 24V,0.5A	

3）模拟量 I/O 模块

工业控制中，某些输入量（例如压力、温度、流量、转速等）是模拟量，某些执行机构（例如电动调节阀和变频器等）要求 PLC 输出模拟量信号，而 PLC 的 CPU 只能处理数字量。模拟量首先被传感器和变送器转换为标准量程的电流或电压，例如 $4\sim20mA$ 和 $0\sim10V$ 或 $-10V\sim10V$，PLC 用模拟量输入模块的 A/D 转换器将它们转换成数字量。带正负号的电流或电压在 A/D 转换后用二进制补码来表示，模拟量输出模块的 D/A 转换器将 PLC 中的数字量转换为模拟量电压或电流，再去控制执行机构，模拟量 I/O 模块的主要任务就是实现 A/D 转换（模拟量输入）和 D/A 转换（模拟量输出）。

A/D 转换器和 D/A 转换器二进制的位数反映了它们的分辨率，位数越多，分辨率越高。模拟量输入/模拟量输出模块的另一个重要指标是转换时间。

（1）SM 1231 模拟量输入模块

该模块有 4 路、8 路的 13 位模块和 4 路的 16 位模块。模拟量输入可选 $\pm10V$、$\pm5V$ 和 $0\sim20mA$、$4\sim20mA$ 等多种量程，电压输入的输入电阻大于等于 $9M\Omega$，电流输入的输入电阻为 280Ω。双极性模拟量满量程转换后对应的数字为 $-27648\sim+27648$，单极性模拟量为 $0\sim27648$。

（2）SM 1231 热电偶和热电阻模拟量输入模块

该模块有 4 路、8 路的热电偶（TC）模块和 4 路、8 路的热电阻（RTD）模块。可选多种量程的传感器，分辨率为 $0.1℃/0.1\,℉$，15 位＋符号位。

（3）SM 1232 模拟量输出模块

该模块有 2 路和 4 路的模拟量输出模块，$-10\sim+10V$ 电压输出为 14 位，最小负载阻抗为 1000Ω。$0\sim20mA$、$4\sim20mA$ 的电流输出为 13 位，最大负载阻抗为 600Ω。$-27648\sim27648$ 对应满量程电压，$0\sim27648$ 对应满量程电流。

电压输出负载为电阻时转换时间 $300\mu s$，负载为 $1\mu F$ 电容时转换时间为 $750\mu s$。

电流输出负载为 1mH 电感时转换时间 $600\mu s$，负载为 10mH 电感时为 2ms。

（4）SM 1234 4 路模拟量输入/2 路模拟量输出模块

SM 1234 模块的模拟量输入和模拟量输出通道的性能指标分别与 SM 1231 4AI 13bit 模块和 SM 123 2AQ 14bit 模块的相同，相当于这两种模块的组合。

2.2.3　其他模块

除以上功能外，S7-1200 还具有强大的通信功能。

1）集成的 PROFINET 接口

实时工业以太网是现场总线发展的趋势，PROFINET 是基于工业以太网的现场总线（IEC 61158 现场总线标准的类型 10），是开放式的工业以太网标准，它使工业以太网的应用扩展到了控制网络最底层的现场设备。

S7-1200 CPU 集成的 PROFINET 接口可以与下列设备通信：计算机（如图 2-5 所示）、其他 CPU、PROFIBUS（现场总线）、远距离设备（例如 ET200 远程 I/O 和 SINAMICS 驱动器），以及使用标准的 TCP（传输控制协议）通信协议设备。它支持 TCP/IP（传输控制协议/互联网络协议）、ISO-on-TCP（使用 REC 1006 的协议扩展）、UPD（用户数据报协议）和 S7 通信协议。

该接口使用具有自动交叉网线（auto across over）功能的 RJ45 连接器，用直通网线或者交叉网线都可以连接 CPU 和其他的以太网设备或交换机，数据传输速率为 10Mbit/s/100Mbit/s。支持最多 23 个以太网连接，其中 3 个连接用于与 HMI（人机界面）通信；1 个连接用于与编程设备（PG）通信；8 个连接用于开放式用户通信；3 个连接用于使用 GET/PUT 指令的通信客户端。

如图 2-6 所示，CSM 1277 是紧凑型交换机模块，有 4 个具有自检测和交叉自适应功能的 RJ45 连接器，能以线形、树形或星形拓扑结构将 S7-1200 连接到工业以太网。它安装在 S7-1200 的安装导轨上，不需要组态。

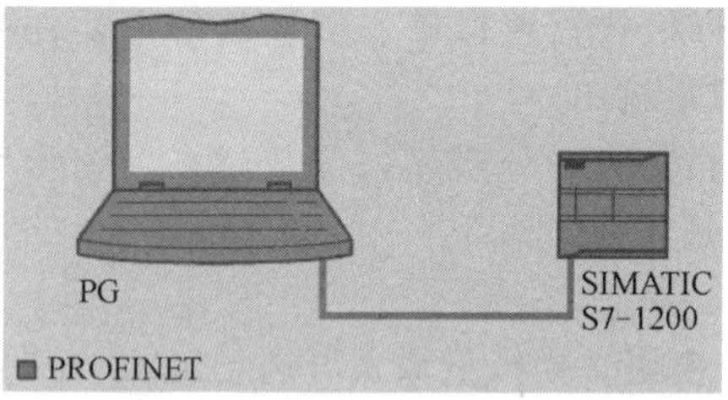

图 2-5　S7-1200 与计算机的通信

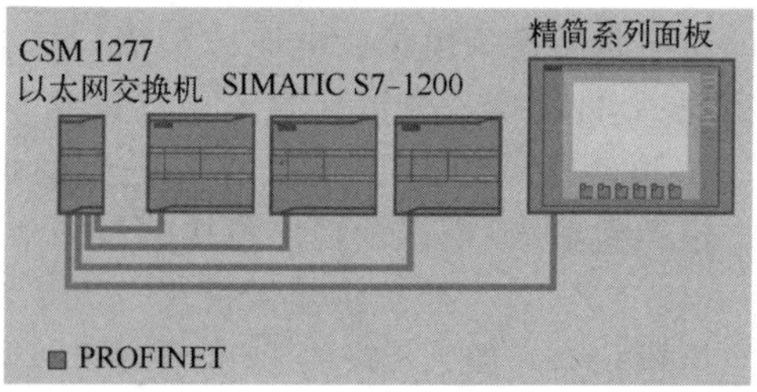

图 2-6　S7-1200 与 HMI 的通信

2）PROFIBUS 通信与通信模块

S7-1200 最多可以增加 3 个通信模块，它们安装在 CPU 模块的左边。

PROFIBUS 是目前国际上通用的现场总线标准之一，已被纳入现场总线的国际标准 IEC 61158，S7-1200 CPU 从固态版本 V2.0 开始，组态软件 STEP 7 从版本 V11.0 开始，支持 PROFIBUS DP 通信。

通过使用 PROFIBUS DP 主站模块 CM 1243-5，S7-1200 可以和其他 CPU、编程设备、人机界面和 PROFIBUS DP 从站设备（例如 ET200 远程 I/O 和 SINAMICS 驱动器）通信。CM 1243-5 可以作为 S7 通信的客户机或服务器。

通过使用 PROFIBUS DP 从站模块 CM 1242-5，S7-1200 可以作为一个智能 DP 从站设备与 PROFIBUS DP 主站通信。

3）点对点（PP）通信与通信模块

通过点对点通信，S7-1200 可以直接发送信息到外部设备，例如打印机；可从其他设备接收信息，例如条形码阅读器、RFID（射频识别）读写器和视觉系统；可以与 GPS 装置、无线电调制解调器以及其他类型的设备交换信息。

CM 1241 是点对点高速串行通信模块，可执行的协议有 ASCII（美国信息交换标准代码）、USS 驱动协议（通用串行接口协议）、Modbus RTU（远程终端通信设备上的 Modbus 协议）主站协议和从站协议，可以装载其他协议。三种模块分别有 RS-232、RS-422/485 通信接口。

CM 1241 RS-485 通信模块或者 CB 1241 RS-485 通信板，可以与支持 Modbus RTU 协议和 USS 协议的设备进行通信。S7-1200 可以作为 Modbus 的主站或从站。

4）AS-i 通信与通信模块

AS-i 是执行器传感器接口（actuator sensor interface）的缩写，它用于现场自动化设备的双向数据通信网络，位于工厂自动化网络的最底层。AS-i 已被列入 IEC 62026 标准。

AS-i 是主单站主从式网络，支持总线供电，即两根电缆同时作信号线和电源线。

S7-1200 的 AS-i 主站模块为 CM 1243-2，其主站协议版本为 V3.0，可配置 31 个标准开关量/模拟量从站或 62 个 A/B 类开关量/模拟量从站。

5）远程控制通信与通信模块

通过使用 GPRS（通用分组无线业务）通信处理器 CP 1242-7，S7-1200 CPU 可以与下列设备进行无线通信：中央控制站、其他远程站、移动设备（SM 短消息）、编程设备（远程服务）和使用开放式用户通信（UDP）的其他通信设备。通过 GPRS 可以实现简单的远程控监控。

6）IO-Link 主站模块

IO-Link 是 IEC 61131-9 中定义的用于传感器/执行器领域的点对点通信接口，使用非屏蔽的 3 线制标准电缆。IO-Link 主站模块 SM 1278 用于连接 S7-1200 CPU 和 IO-Link 设备，它有 4 个 IO-Link 端口，同时具有信号模块功能和通信模块功能。

2.3 S7-1200 PLC 的硬件设计步骤

在现代化的工业生产设备中，有大量的数字量及模拟量的控制装置，例如电机的启停、电磁阀的开闭，产品的计数，温度、压力、流量的设定与控制等，工业现场中的这些自动控制问题，采用可编程控制器（PLC）可以轻松解决，PLC 已成为解决自动控制问题的工具之一，越来越广泛地应用于工业控制领域中。首先了解 PLC 应用系统的设计步骤。

1）PLC 应用系统设计与调试的主要步骤

（1）深入了解和分析被控对象的工艺条件和控制要求

这是整个系统设计的基础，以后的选型、编程、调试都是以此为目标的。

a. 被控对象就是所要控制的机械、电气设备、生产线或生产过程。

b. 控制要求主要指控制的基本方式、应完成的动作、自动工作循环的组成、必要的保护和联锁等。对较复杂的控制系统，还可将控制任务分成几个独立部分，这样可化繁为简，有利于编程和调试。

（2）确定 I/O 设备

根据被控对象的功能要求，确定系统所需的输入、输出设备。常用的输入设备有按钮、选择开关、行程开关、传感器、编码器等，常用的输出设备有继电器、接触器、指示灯、电磁阀、变频器、伺服系统、步进系统等。

（3）选择合适的 PLC 类型

根据已确定的用户 I/O 设备，统计所需的输入信号和输出信号的点数，选择合适的 PLC 类型，包括机型的选择、I/O 模块的选择、特殊模块的选择、电源模块的选择等。

（4）分配 I/O 点

分配 PLC 的输入输出点，编制出输入/输出分配表或者画出输入/输出端子的接线图。接着就可以进行 PLC 程序设计，同时可进行控制柜或操作台的设计和现场施工。

（5）编写梯形图程序

根据工作功能图表或状态流程图等设计出梯形图即编程。这一步是整个应用系统设计的核心工作，也是比较困难的一步，要设计好梯形图，首先要十分熟悉控制要求，同时还要有一定的电气设计的实践经验。

（6）进行软件测试

将程序下载到 PLC 后，应先进行测试工作。因为在程序设计过程中，难免会有疏漏的地方，因此在将 PLC 连接到现场设备上之前，必须进行软件测试，以排除程序中的错误，同时也为整体调试打好基础，缩短整体调试的周期。

（7）应用系统整体调试

在 PLC 软硬件设计和控制柜及现场施工完成后，就可以进行整个系统的联机调试，如果控制系统是由多个部分组成，则应先做局部调试，然后再进行整体调试；如果控制程序的步序较多，则可先进行分段调试，然后再连接起来总调。调试中发现的问题，要逐一排除，直至调试成功。

（8）编制技术文件

系统技术文件包括说明书、电气原理图、电气布置图、电器元件明细表、PLC 梯形图等。

在 PLC 系统设计时，确定控制方案后，下一步工作就是 PLC 的选型工作。应详细分析工艺过程的特点、控制要求，明确控制任务和范围，确定所需的操作和动作，然后根据控制要求，估算输入输出点数，确定 PLC 的功能、外部设备特性等，最后选择有较高性能价格比的 PLC 和设计相应的控制系统。下面结合 S7-1200 PLC 具体说明一下选型步骤及系统设计时的注意事项。

2）PLC 型号的选择

（1）通信功能选择

根据系统的工艺要求，首先应确定系统用 PLC 单机控制，还是用 PLC 形成网络，以及是否和其他设备有通信，如触摸屏、变频器、检测控制设备等。这样就可以根据通信接口数量、类型及通信协议，规划 PLC 类型和通信模块。

（2）控制功能选择

根据系统的工艺要求，应确定系统是否有 A/D 转换、D/A 转换、温度采集控制、比例阀控制等工艺要求，选择 S7-1200 系列相应的特殊模块，同时根据特殊模块数量选择 S7-1200 系列相应的主机。

（3）高速计数及高速脉冲输出选择

根据系统的工艺要求，确认系统是否有高速计数或高速脉冲输出，根据相应的点数和频率，来选择相应型号的主机。

S7-1200 系列 CPU 集成了最多 6 点高速计数器（与型号有关），CPU 1217C 有 4 点最高频率为 1MHz 的高速计数器。其他 CPU 中，有的有 3 点最高频率为 100kHz（单相）或

80kHz（互差90°的正交相位信号）的高速计数器，有的有最高频率为30kHz（单相）或20kHz（正交相位）的高速计数器。如果使用信号板，还可以测量频率高达200kHz的单相脉冲信号或最高160kHz的正交相位信号。

该系列各种型号的CPU最多支持4点高速脉冲输出（包括信号板的DQ输出）。CPU本体100kHz，信号板200kHz，CPU 1217C最多支持1MHz的高速脉冲输出。

（4）I/O点数及输入输出形式选择

要先弄清楚控制系统的I/O总点数，再按实际所需总点数的10%～20%留出备用量（为系统的改造等留有余地）后确定所需PLC的点数。然后根据系统的外部电路选择合适的输入输出形式。

3）输入回路的设计

（1）电源回路

PLC供电电源一般为AC 85～240V（也有DC 24V），适应电源范围较宽，但为了抗干扰，应加装电源净化元件（如电源滤波器、1:1隔离变压器等）。

（2）PLC上DC 24V电源的使用

各公司PLC产品上一般都有DC 24V电源，但该电源容量小，为几十毫安至几百毫安，用其带负载时要注意容量，同时做好防短路措施（因为该电源的过载或短路都将影响PLC的运行）。

（3）外部DC 24V电源

若输入回路有DC 24V供电的接近开关、光电开关等，而PLC上DC 24V电源容量不够时，要从外部提供DC 24V电源。

4）输出回路的设计

（1）各种输出方式之间的比较

继电器输出：优点是不同公共点之间可带不同的交、直流负载，且电压也可不同，带负载电流可达2A/点；但继电器输出方式不适用于高频动作的负载，这是由继电器的寿命及响应时间决定的。其寿命随带负载电流的增加而减少，一般在10万次以上，响应时间为10ms。

晶体管输出：最大优点是适应于高频动作，响应时间短，OFF→ON，20μs以下，ON→OFF，100μs以下，但它只能带DC 5～30V的负载，最大输出负载电流为0.5A/点，但共COM（公共端）的4点最大输出负载电流不得大于0.8A。

（2）抗干扰与外部互锁

若PLC输出带感性负载，负载断电时会对PLC的输出造成浪涌冲击，为此，对直流感性负载应在其旁边并接续流二极管，对交流感性负载应并接浪涌吸收电路，可有效保护PLC。

用于正反转的接触器同时合上是十分危险的事情，除在PLC内部已进行软件互锁外，在PLC的外部也应进行互锁，以加强系统的可靠性。

（3）COM点的选择

不同的PLC产品，其COM点的数量是不一样的，有的一个COM点带4个输出点，有的带1个输出点。当负载的种类多，且电流大时，采用一个COM点带1个输出点的PLC产品；当负载数量多而种类少时，采用一个COM点带4个输出点的PLC产品，这样会给电路设计带来很多方便。每个COM点处加一熔丝，以继电器输出为例，1个输出时加2～3A的熔丝，4点输出时加5～10A的熔丝，因为PLC内部一般没有熔丝，为避免负载短路而烧毁基板，应在外部安装保险丝。

（4）PLC外部驱动电路

PLC输出不能直接带动负载的情况下，必须在外部采用驱动电路：可以用三极管驱动，也可以用固态继电器或晶闸管电路驱动。同时应采用保护电路和浪涌吸收电路，且每路有显示二极管（LED）指示。印制板应做成插拔式，易于维修。

根据上述介绍，选择好CPU型号后，可进行系统设计。

思考与练习

1. 简述可编程控制器的定义。

2. 可编程控制器有哪些主要特点？

3. 可编程控制器可以用在哪些领域？

4. S7-1200 PLC的硬件系统主要由哪些部分组成？

5. 常用的S7-1200的扩展模块有哪些？各适用于什么场合？

第3章

S7-1200 PLC
控制软件设计

SIMATIC S7-1200 是西门子推出的一款新型模块化紧凑型控制器，适用于中小型自动化项目的设计与实现。TIA 博途（是全集成自动化软件 TIA portal 的简称）是西门子自动化的全新工程设计平台，将所有自动化软件工具集成在统一的开发环境中。TIA 博途通过统一的控制、显示和驱动机制，实现高效的组态、编程和公共数据存储，极大地简化了工程过程中所有组态阶段。TIA 博途有基本版和专业版，WinCC 有基本版、精简版、高级版和专业版 4 个版本。

【本章重点】

① STEP 7 软件的安装；
② STEP 7 的项目创建与硬件组态正反转控制线路；
③ S7-PLCSIM 仿真软件的使用。

3.1 STEP 7 设计软件

3.1.1 STEP 7 软件的安装

为了确保 STEP 7 软件正常、稳定地运行，不同版本、型号对硬件、软件安装环境有不同的要求。下面以 STEP 7 V15 为例进行说明。在安装的过程中，必须严格按照要求进行安装；此外，STEP 7 软件在安装的过程中还需要进行一系列的设置，比如通信接口的设置等。

TIA 博途 V15 SP1 要求的计算机操作系统为非家用版的 64 位的 Windows 7 SP1，或非家用版的 64 位的 Windows 10，以及某些 Windows 服务器。

（1）STEP 7 V15 的安装

TIA 博途软件安装文件可以到西门子官网下载，百度搜索"西门子工业支持中心"，找到西门子自动化官网，进入全球技术资源库，搜索"Portal V15"，进行软件下载。如图 3-1 所示。为了保证成功地安装 TIA 博途，建议在安装前卸载杀毒软件和 360 卫士之类的软件。

具体安装过程：首先将压缩包解压到"TIA_Portal_STEP_7_V15（64bit）"，打开解压后的文件夹，双击打开"TIA_Portal_STEP_7_V15"文件夹。右击"TIA_Portal_STEP_7_Pro_WINCC_Pro_V15"，选择"以管理员身份运行"。

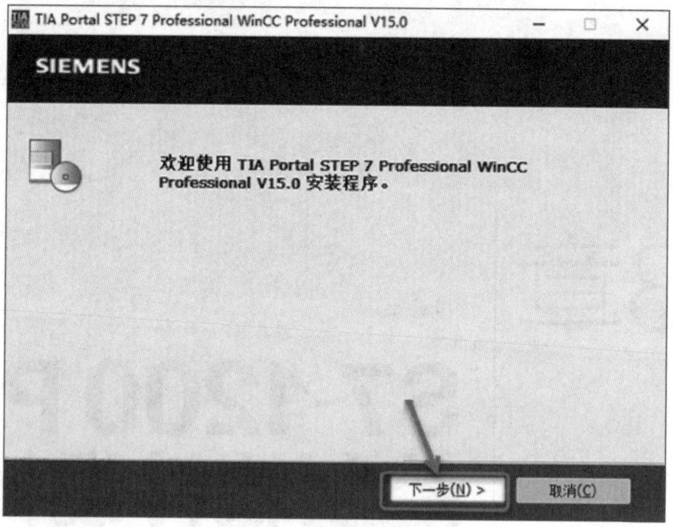

图 3-1　STEP 7 V15 安装

　　解压结束后，开始初始化。在"安装语言"对话框，采用默认的安装语言（简体中文）。在"产品语言"对话框，采用默认的英文或中文。在"产品设置"对话框，建议采用默认的典型配置和默认的目标文件夹。单击"浏览"按钮，可以设置安装软件的目标文件夹。在"许可证条款"对话框（如图 3-2 所示）中，单击窗口下面的两个小正方形复选框，使方框中出现"√"，接受列出的许可证协议的条款。

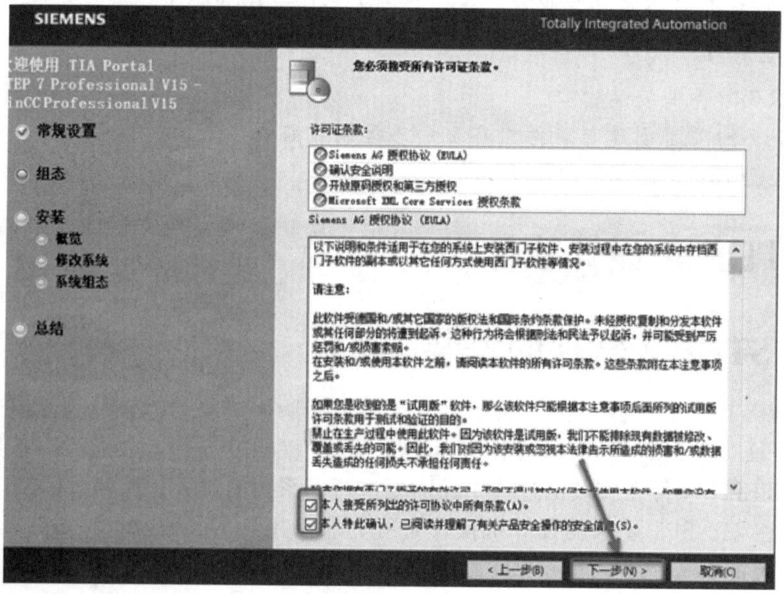

图 3-2　"许可证条款"对话框

　　在"安全控制"对话框，勾选复选框"我接受此计算机上的安全和权限设置"，单击"安装"按钮，开始安装软件。安装结束后，将出现对话框显示"必须要重新启动计算机，是否重启计算机?"，勾选"否，稍后重启计算机"，点击"关闭"，安装完成。

　　（2）S7-PLCSIM 的安装

　　打开安装包解压后的"TIA_Portal_STEP_7_V15（64bit）"文件夹，双击打开"SI-

MATIC_S7PLCSIM_V15"文件夹。右击"SIMATIC_S7PLCSIM_V15",选择"以管理员身份运行",开始安装,安装过程与安装 STEP 7 V15 基本相同,如图 3-3 所示。

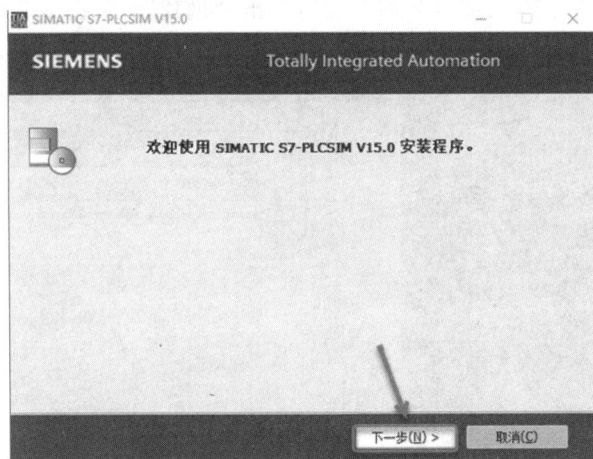

图 3-3　S7-PLCSIM V15 安装

3.1.2　STEP 7 的项目创建与硬件组态

STEP 7 提供了一个用户友好的环境,供用户开发控制器逻辑、组态 HMI 可视化和设置网络通信。为帮助用户提高生产率,STEP 7 提供了两种不同的视图:根据工具功能组织的面向任务的 Portal 视图和项目中各元素组成的面向项目的项目视图。Portal 视图提供的面向任务的视图,类似于导向操作,选择不同的任务入口可实现启动、设备与网络设置、PLC编程、运动控制与技术、可视化以及在线与诊断等各种工程任务功能。

创建一个项目需要执行以下 4 个步骤:进入 Portal 视图;硬件组态和属性配置;组态IP 地址;下载硬件组态。

1)进入 Portal 视图

新建项目文件夹,从 Windows 窗口找到 TIA 博途软件,双击进入 Portal 视图,如图 3-4 所示。

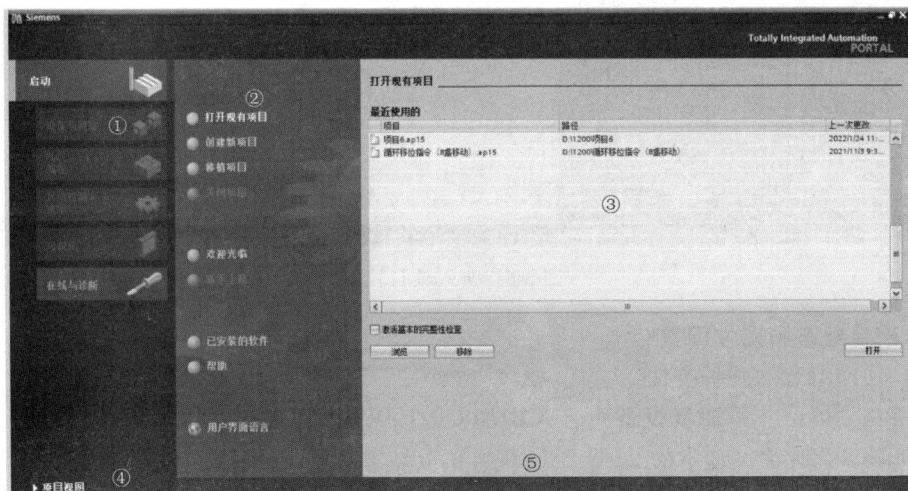

图 3-4　进入 Portal 视图

　　图 3-4 中,①为不同任务的登录选项;②为所选登录选项对应的任务;③为所选操作的选择面板;④为切换到项目视图;⑤为当前打开项目的显示区域。在路径区选中新建项目文件夹,在"项目名称"区输入项目名称,然后单击"创建",如图 3-5 所示。

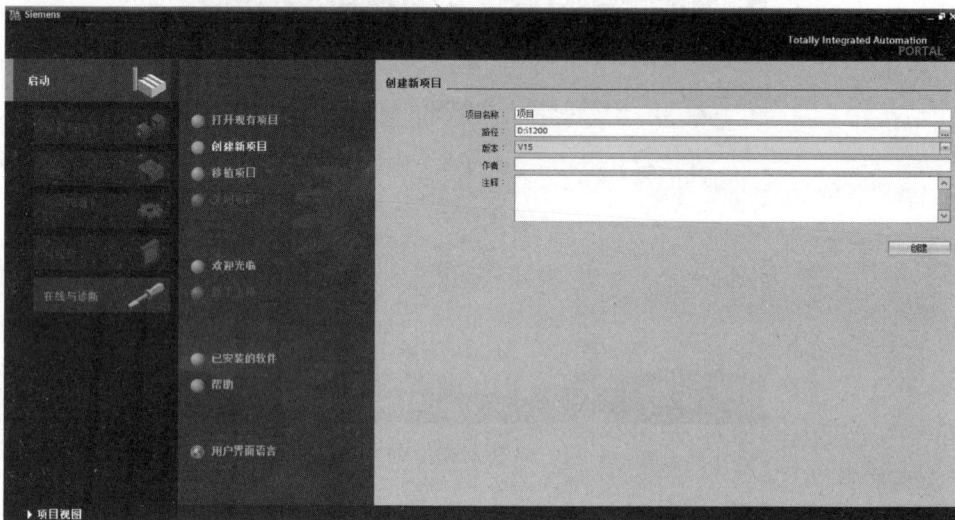

图 3-5　创建新项目

　　进入项目视图后选择组态设备。如果已建项目,下次进入可选择打开现有项目进入项目编辑,如图 3-6 所示。

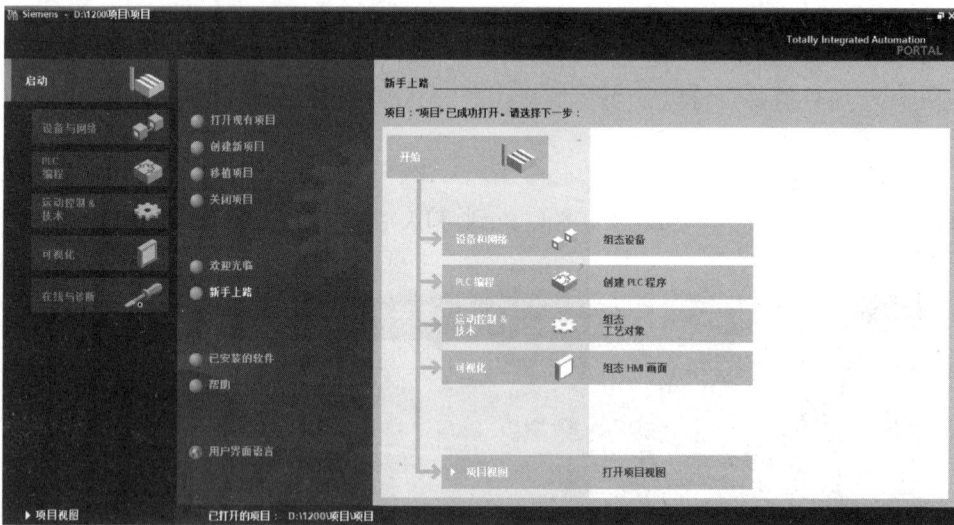

图 3-6　进入项目视图

2) 硬件组态和属性配置

(1) 硬件组态的两种方法

　　方法一:单击"添加新设备"进入添加 CPU 设备画面,选择添加设备,进行 CPU 的选择,如图 3-7 所示。选中的 CPU 会自动插在 1 号槽。

　　方法二:采用启动"设备组态"的方式插入模块。在打开的"项目树"的"PLC_1"文件夹中,双击"设备组态",选择"设备视图",可以看到插在 1 号槽中的 CPU 模块。单

图 3-7　添加 CPU 设备

击工具栏中的"硬件目录"窗口，如图 3-8 所示。"硬件目录"窗口的上部用于选择安装硬件，窗口的下部显示硬件的详细信息以及附加信息。

图 3-8　设备组态

　　从"硬件目录"中选择硬件模块拖入相应的插槽，注意模块的订货号以及插槽位置要与工程项目的实际配置一致。选中模块后，该模块可以安装的插槽以蓝色高亮显示，可将模块拖放到组态表的相应列中；也可以在组态表中选择一个或多个适当的列，并在"硬件目录"窗口中双击所需的模块。如果未选择机架中的任何行，并且在"硬件目录"窗口中双击了一个模块，则该模块将被安装在第一个可用插槽中。

　　（2）组态 CPU 模块参数

　　每个模块（CPU、信号模块和通信模块）出厂时都有其默认属性，例如模拟量输入模块出厂时默认的测量信号的类型和范围。如果用户想改变这些设置，需要对模块的属性重新进行配置。

在"设备视图"界面新插入的 CPU 模块位置，用鼠标单击此模块，则下方出现其属性配置，可以按照需求修改其中的配置，如图 3-9 所示。

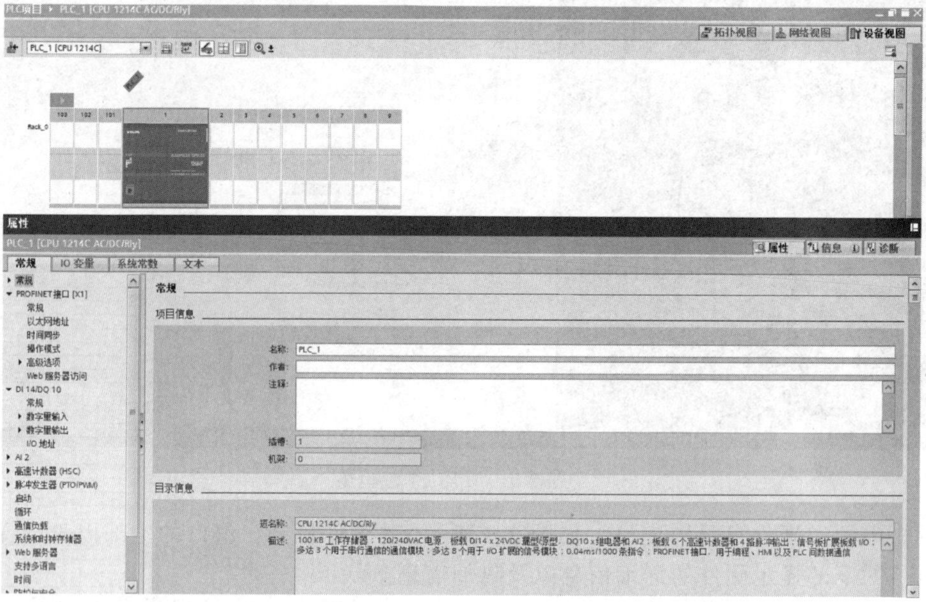

图 3-9　模块属性配置

①"常规"属性："常规"属性提供了有关项目信息和目录信息，显示出当前 CPU 所在的插槽与 CPU 的基本信息。

②"PROFINET 接口"属性："PROFINET 接口"属性中可以对项目进行 PROFINET 网络设置。"以太网地址"项用于设置以太网接口是否联网。如果已在项目中创建了子网，则可以在下拉列表中进行选择。如果未创建子网，则可以单击"添加新子网"按钮，创建新子网。"IP 协议"项用于设置有关子网中 IP 地址、子网掩码和 IP 路由器的信息，如图 3-10 所示。

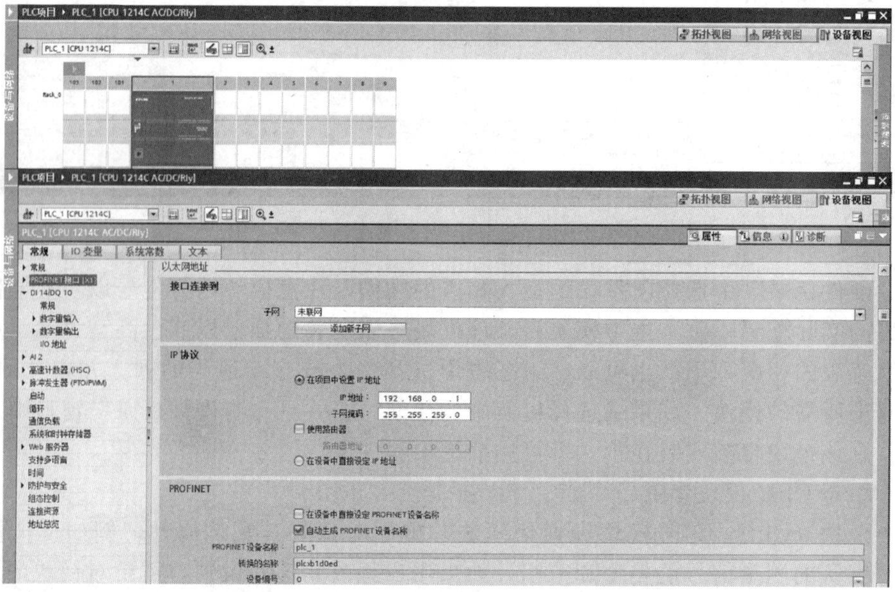

图 3-10　"PROFINET 接口"属性

③ 板载"DI 14/DQ 10"属性：板载"DI 14/DQ 10"属性中可以对数字量输入输出通道、I/O 地址等进行设置。在数字量输入中，可以为数字量输入设置滤波器的时间常数，可以为每个数字量输入启用上升沿检测或下降沿检测，可为该事件分配名称和硬件中断，可以为每个数字量输入启用脉冲捕捉功能，如图 3-11 所示。只有 CPU 集成的数字量输入有脉冲捕捉的功能。

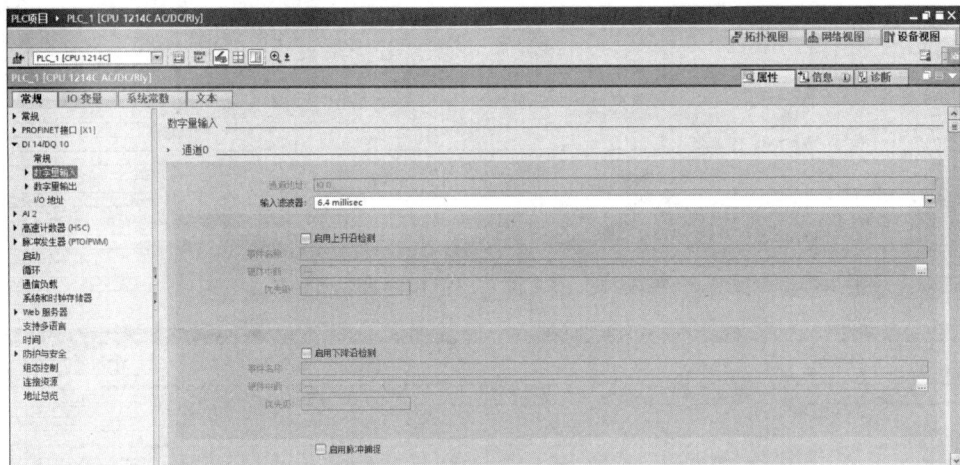

图 3-11 "数字量输入"属性

在数字量输出中，可以设置每个数字量输出在 CPU 进入 STOP 模式的响应，可以将输出状态冻结，相当于保持为上一个值；也可以选择使用替代值，勾选该复选框则表示替代值为 1，否则默认 0 为替代值，如图 3-12 所示。

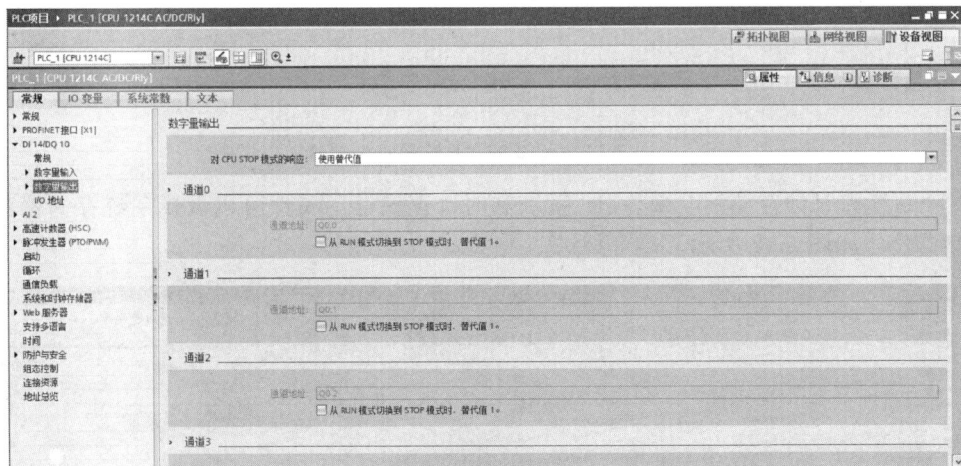

图 3-12 "数字量输出"属性

④ 板载"AI 2"属性：板载"AI 2"属性中可以对模拟量输入通道、I/O 地址等进行设置。在模拟量输入中，可以设置积分时间，指定的积分时间会在降噪时抑制指定频率大小的干扰频率；该 CPU 自带的模拟量输入测量类型为电压，电压范围为"0 到 10V"，无法更改，如图 3-13 所示。

在 I/O 地址中，可以查看模拟量输入的地址，并且可以根据用户需求对其进行修改，如图 3-14 所示。

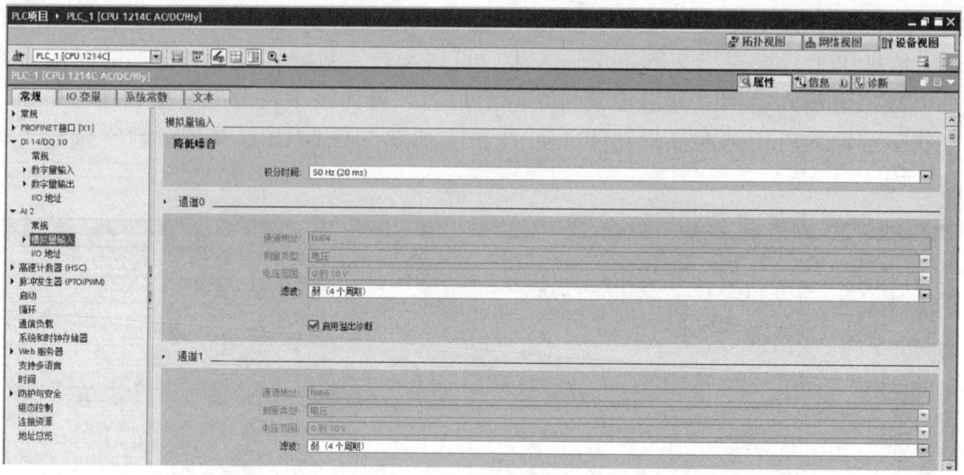

图 3-13 AI 2 的"模拟量输入"属性

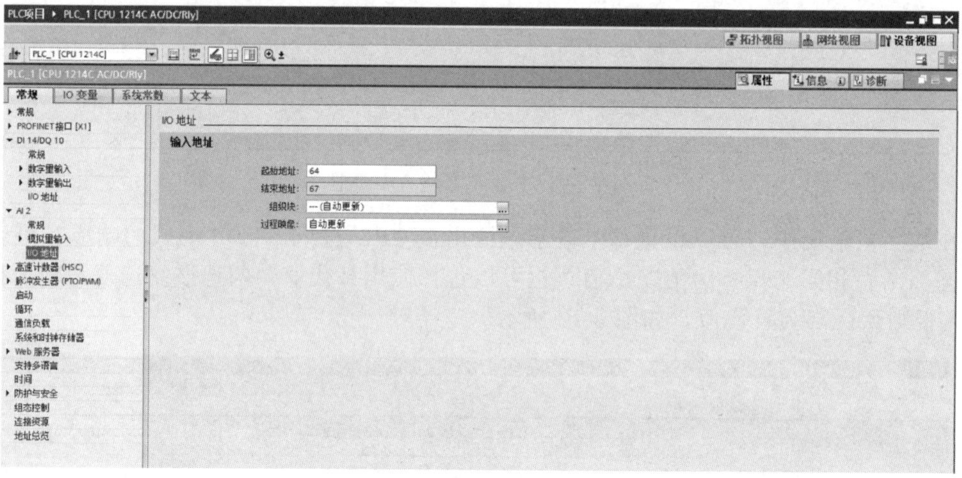

图 3-14 AI 2 的"I/O 地址"属性

⑤ "系统和时钟存储器"属性:"系统和时钟存储器"属性可以设置系统存储器位和时钟存储器位,如图 3-15 所示。

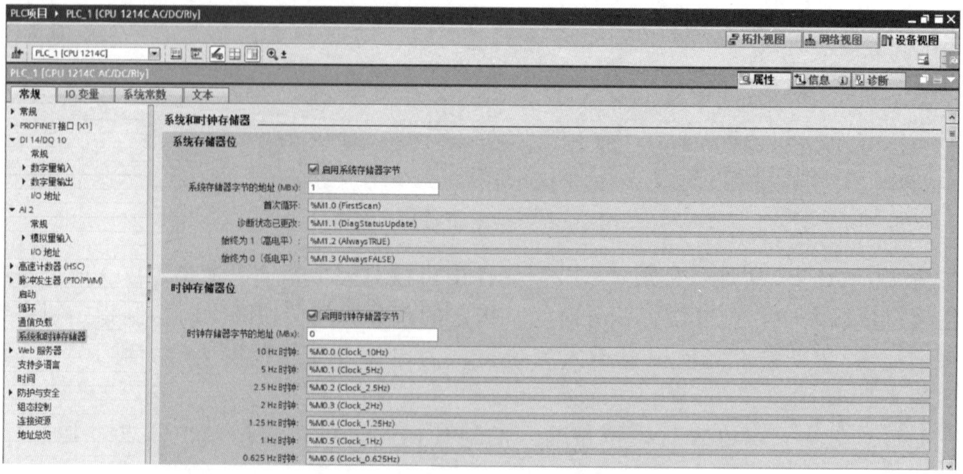

图 3-15 "系统和时钟存储器"属性

在系统存储器位中，勾选“启用系统存储器字节”，采用默认的 MB1 为系统存储器，用户也可以根据需求自己定义。将 MB1 设置为系统存储器字节后，该字节的%M1.0～%M1.3 的意义如表 3-1 所示。

表 3-1　系统存储器地址及功能表

系统存储器地址	功能	具体执行动作
%M1.0	首次循环	在第一个扫描周期为 TRUE 状态
%M1.1	诊断图形已更改	登录诊断事件后，在第一个扫描周期为 TRUE 状态
%M1.2	始终为 1	总是为 TRUE 状态
%M1.3	始终为 0	总是为 FALSE 状态

时钟存储器可向用户提供 8 个不同频率的占空比为 1∶1 的时钟脉冲信号，时钟存储器字节的每一位对应的时钟脉冲的周期与频率见表 3-2。如果要使用时钟脉冲信号，首先要勾选“启用时钟存储器字节”选项，然后设置保存时钟信号的位存储器区字节地址，如图 3-15 所示，将时钟信号保存在 MB0 中，则 M0.5 的时钟频率为 1Hz。

表 3-2　时钟脉冲的周期与频率表

时钟存储器地址	周期/s	频率/Hz	时钟存储器地址	周期/s	频率/Hz
%M0.0	0.1	10	%M0.4	0.8	1.25
%M0.1	0.2	5	%M0.5	1	1
%M0.2	0.4	2.5	%M0.6	1.6	0.625
%M0.3	0.5	2	%M0.7	2	0.5

注意：当指定了系统存储器和时钟存储器字节后，这两个字节不能再用于其他用途，否则会使用户程序运行出错，甚至造成设备损坏或人身伤害。

启用系统存储器字节和启用时钟存储器字节后会在默认变量表自动出现变量分配，如图 3-16 所示。

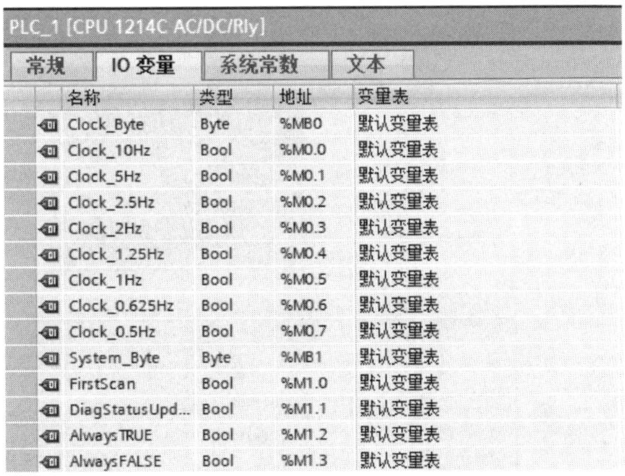

名称	类型	地址	变量表
Clock_Byte	Byte	%MB0	默认变量表
Clock_10Hz	Bool	%M0.0	默认变量表
Clock_5Hz	Bool	%M0.1	默认变量表
Clock_2.5Hz	Bool	%M0.2	默认变量表
Clock_2Hz	Bool	%M0.3	默认变量表
Clock_1.25Hz	Bool	%M0.4	默认变量表
Clock_1Hz	Bool	%M0.5	默认变量表
Clock_0.625Hz	Bool	%M0.6	默认变量表
Clock_0.5Hz	Bool	%M0.7	默认变量表
System_Byte	Byte	%MB1	默认变量表
FirstScan	Bool	%M1.0	默认变量表
DiagStatusUpd...	Bool	%M1.1	默认变量表
AlwaysTRUE	Bool	%M1.2	默认变量表
AlwaysFALSE	Bool	%M1.3	默认变量表

图 3-16　默认变量表中的系统存储器和时钟存储器

还有其他一些属性。“启动”属性可以设置组态通电后 CPU 的启动方式，分别有“不重新启动（保持为 STOP 模式）”“暖启动-RUN”和“暖启动-断电前的操作模式”。在“不重新启动（保持为 STOP 模式）”模式下，CPU 不执行程序，可以下载项目。在“暖启动-RUN”模式下，会重复执行程序循环组织块 OB。在该模式中的任何时刻都可以发生中断事件并对其进行处理。在“暖启动-断电前的操作”模式下，执行一次启动 OB（如果存在）。在该模式下可处理任何中断事件。“周期”属性可以设置循环周期监视时间。循环时间是操作系统刷新过程映像和执行程序循环 OB 的时间，包括所有中断此循环的程序执行时间。每次循环的时间并不相等。“日时间”属性可以设置 CPU 的运行时区等。“保护”属性可以设置读/写访问保护等级与密码。

（3）信号模块添加和属性配置

可根据实际组态添加数字量信号和模拟量信号模块。双击项目树的"PLC_1"文件夹中的"设备组态"，打开 PLC_1 的设备视图。在"设备概览"视图中，可以看到 CPU 集成的 I/O 地址和信号模块的字节地址，如图 3-17 所示。I、Q 地址是自动分配的。CPU 1214C 集成的 14 点数字量输入的字节地址为 0 和 1，10 点数字量输出的字节地址为 0 和 1。从"设备概览"视图还可以看到分配给各插槽的信号模块的输入、输出字节地址。

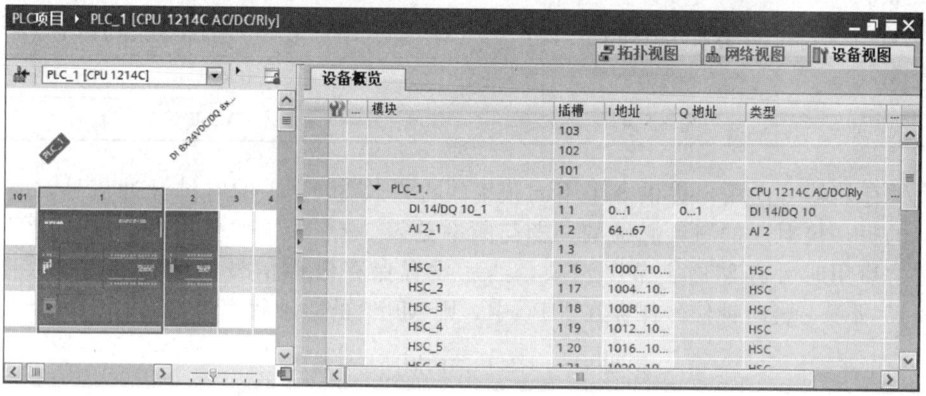

图 3-17　"设备概览"视图

① 数字量 I/O 模块的属性设置。在数字量 I/O 地址中，可以查看数字量输入/输出的地址，并且可以根据用户需求对其进行修改。点击右侧边框上的"硬件目录"，点击"DI/DQ"项，添加数字量混合模块 SM 1223。其 I/O 地址属性如图 3-18 所示。

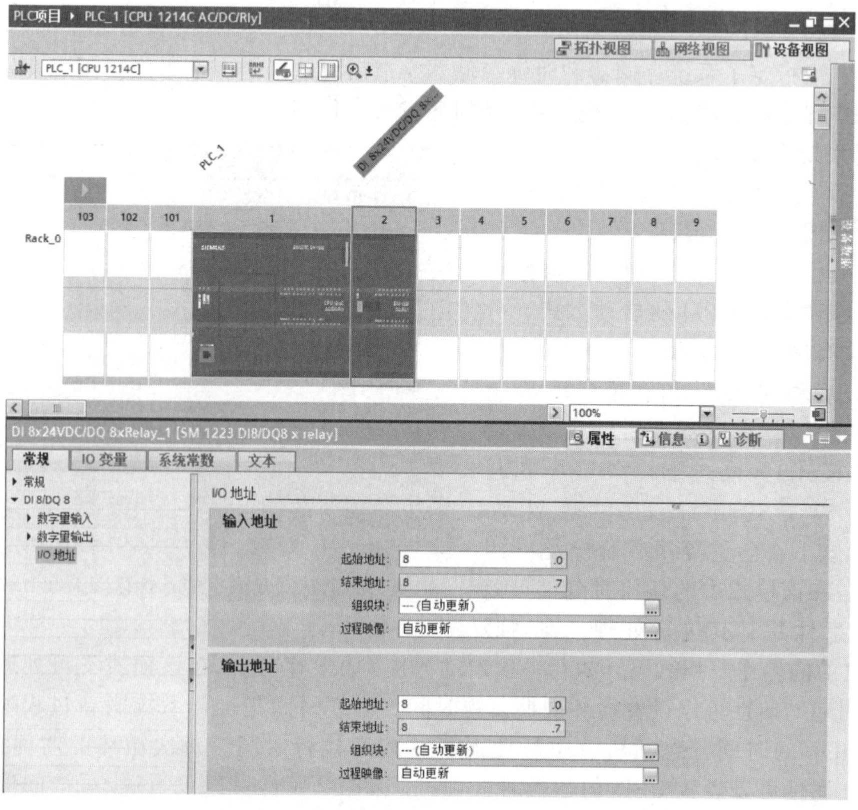

图 3-18　SM 1223 模块的"I/O 地址"属性

② 模拟量 I/O 模块的属性设置。对模拟量的参数设置包括常规和参数设置。点击右侧边框上的"硬件目录",点击"AI/AQ"项,添加模拟量混合模块 SM 1234,如图 3-19 所示。在模拟量 I/O 地址中,可以查看模拟量输入/输出的地址,并且可以根据用户需求对其进行更改,但注意地址不能冲突。模拟量混合模块 SM 1234 的 I/O 地址属性如图 3-20 所示。

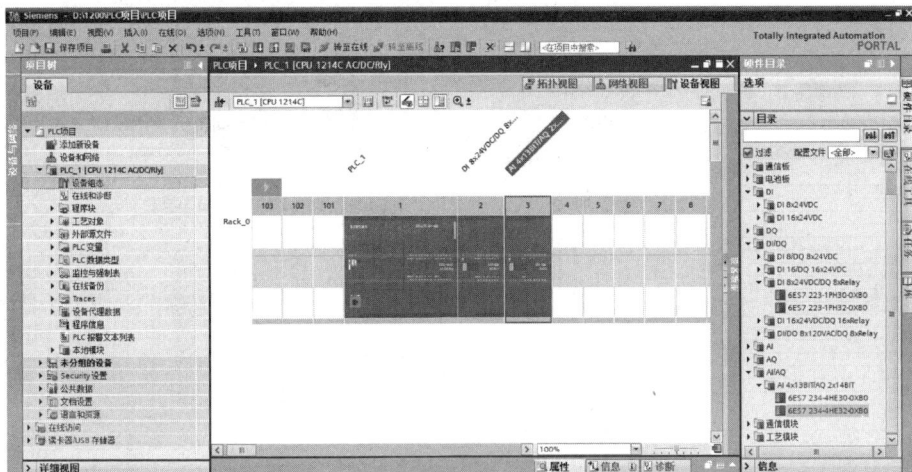

图 3-19　添加模拟量混合模块 SM 1234

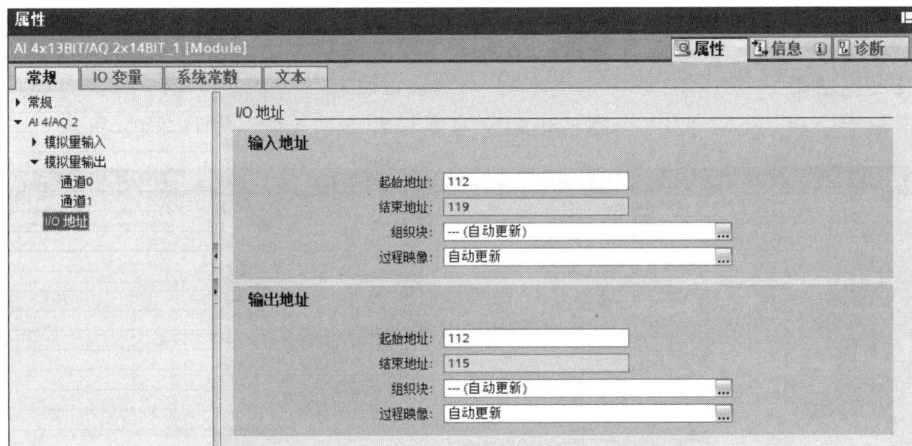

图 3-20　SM 1234 模块的"I/O 地址"属性

常规中显示模拟量所在的通道信息,参数设置主要对通道类型进行设置。模拟量混合模块 SM 1234 中有 4 个模拟量输入通道和 2 个模拟量输出通道。其中模拟量输入需要设置下列参数(如图 3-21 所示)。

a. 积分时间。它与干扰抑制频率成反比,后者可选 400Hz、60Hz、50Hz 和 10Hz。积分时间越长,精度越高,快速性越差。积分时间为 20ms 时,对 50Hz 的工频干扰噪声有很强的抑制作用,一般选择积分时间为 20ms。

b. 测量类型(电压或电流)。

c. 测量范围。

d. 滤波。模拟值的滤波处理可以减轻干扰的影响。滤波处理根据系统规定的转换次数来计算转换后的模拟值的平均值。有无、弱、中、强四个等级。对应的计算平均值的模拟量采样值的周期数分别为 1、4、16 和 32。所选的滤波等级越高,滤波后的模拟值越稳定,但

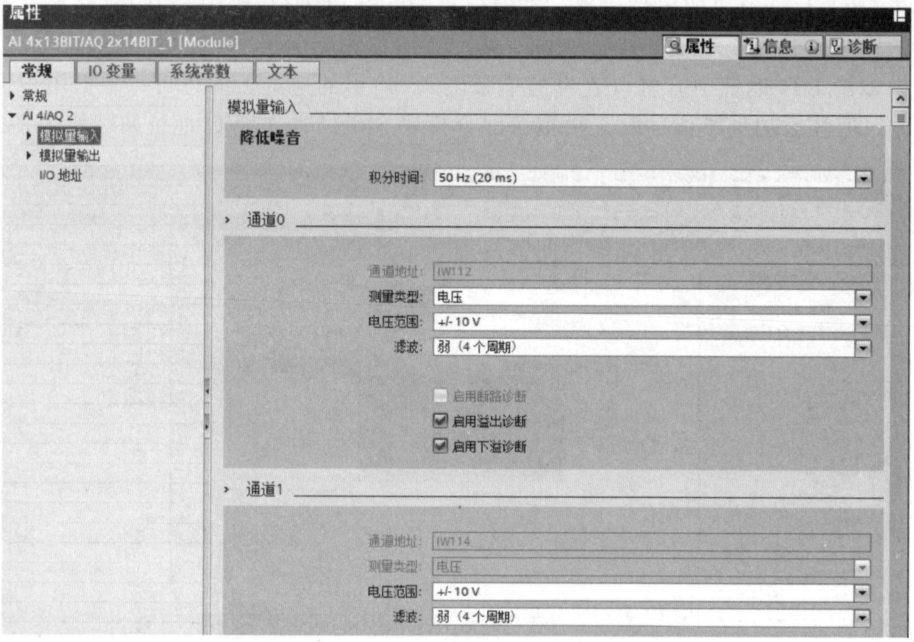

图 3-21　SM 1234 模块的模拟量输入参数设置

是测量的快速性越差。

　　e. 设置诊断功能。可以选择是否启用断路和溢出诊断功能。只有 4～20mA 输入才能检测是否有断路故障。

　　模拟量混合模块 SM 1234 中模拟量输出需要设置下列参数（如图 3-22 所示）。

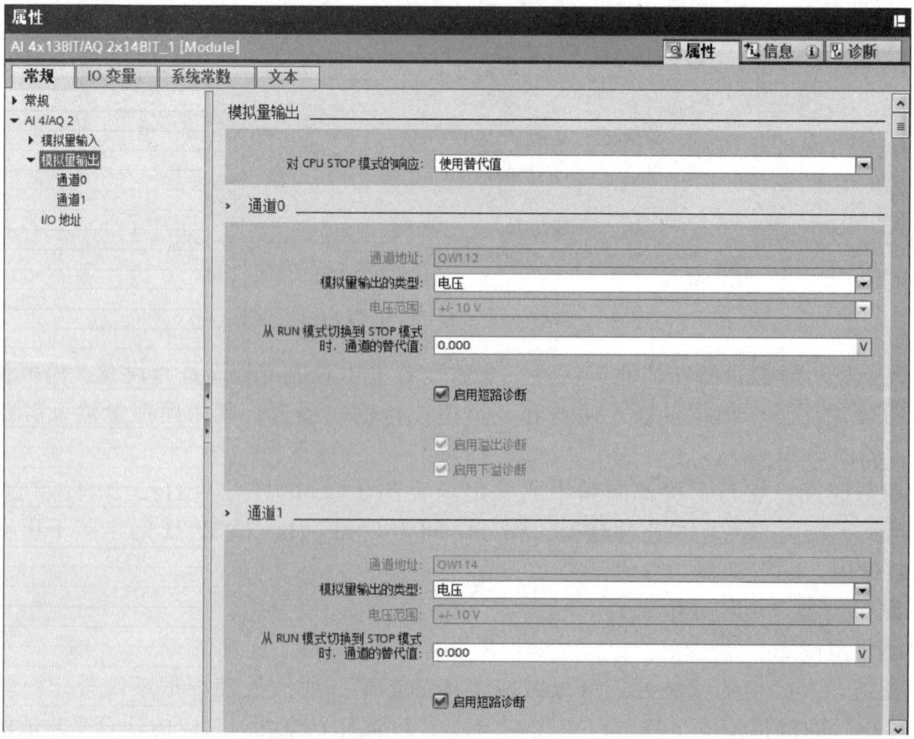

图 3-22　SM 1234 模块的模拟量输出参数设置

　　a. 对 CPU STOP 模式的响应。可以设置各模拟量输出点保持上一个值，或使用替代值。选中"使用替代值"，可以设置各点的替代值。

　　b. 模拟量输出类型（电压或电流）。

　　c. 测量范围。

　　d. 设置诊断功能。可以激活电压输出的短路诊断功能、电流输出的断路诊断功能，以及超出上限或低于下限的溢出诊断功能。

　　3）组态 IP 地址

　　选择"网络视图"，出现 PLC 的 CPU 模块，点击模块左下角小方块（如图 3-23 所示），在属性中选择"以太网地址"，添加子网，出现"PN/IE_1"子网（如图 3-24 所示）。

图 3-23　网络视图

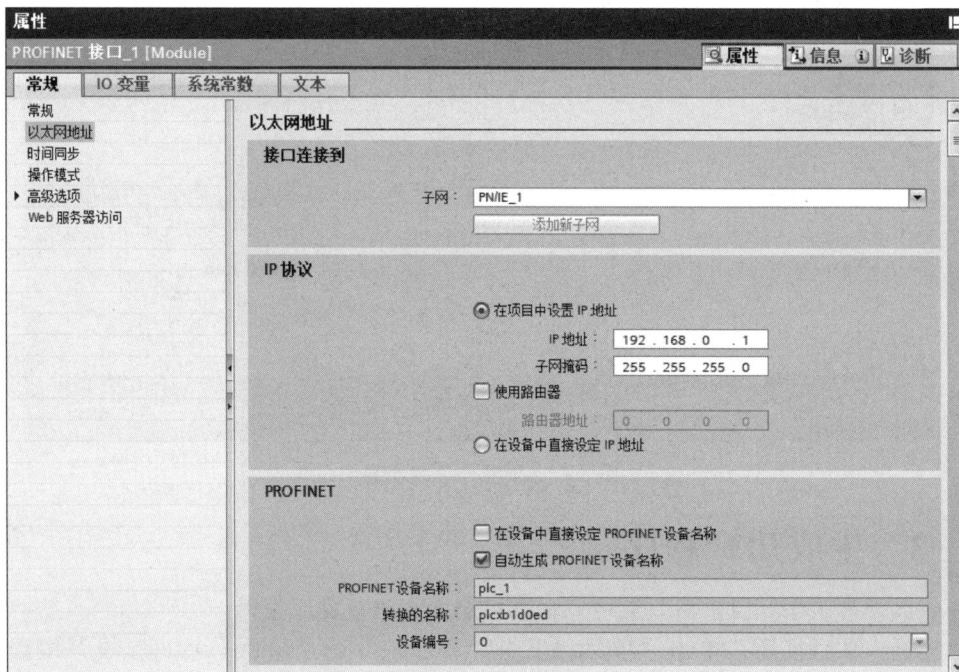

图 3-24　添加子网

　　在项目中设置 IP 地址过程如下。

① IP 地址：每个设备必须有一个 Internet 协议（IP）地址。每个 IP 地址分为四段，每段占 8 位，并以点分十进制表示。IP 地址的第一部分用于表示网络 ID，第二部分表示主机 ID。IP 地址 192.168.x.y 是一个标准名称，视为未在网络上路由的专用网的一部分。

② 子网掩码：子网是已连接的网络设备的逻辑分组。在局域网中，子网的节点往往是彼此之间相对接近的物理位置。掩码定义子网的边界。子网掩码 253.253.255.0 通常适用于小型本地网络。网络中的所有 IP 地址的前三个八位位组是相同的，各个设备由最后一个八位位组来标识。例如在小型本地网络中，为设备分配子网掩码 255.255.255.0 和 IP 地址 192.168.0.1，如图 3-24 所示。

4）下载硬件组态

保存上述设置并编译，单击"下载"。会出现图 3-25 所示的界面。PG/PC 接口类型选"PN/IE"，PG/PC 为网卡名称（如果仿真显示 PLCSIM），接口/子网的连接为"PN/IE_1"（与 CPU 连接的子网一致）。单击"开始搜索"按钮，通信成功，指示在线连接。单击"下载"可进行硬件组态的下载工作。

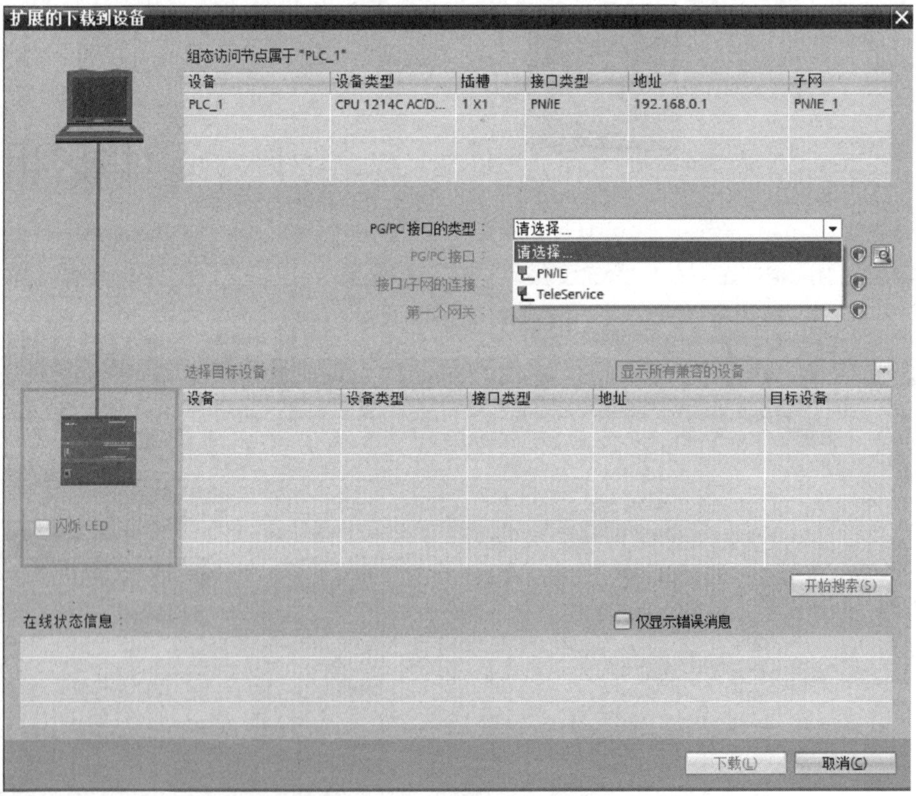

图 3-25　下载硬件组态界面

3.1.3　生成用户程序

当完成硬件组态和设置后，就可以根据控制内容进行程序编辑。

首先进入项目视图，单击"项目树"→"程序块"→"Main［OB1］"展开编程窗口。编程界面如图 3-26 所示。

图 3-26 中，①为菜单和工具栏；②为项目树；③为工作区；④为任务卡；⑤为巡视窗口；⑥为切换到门户视图。

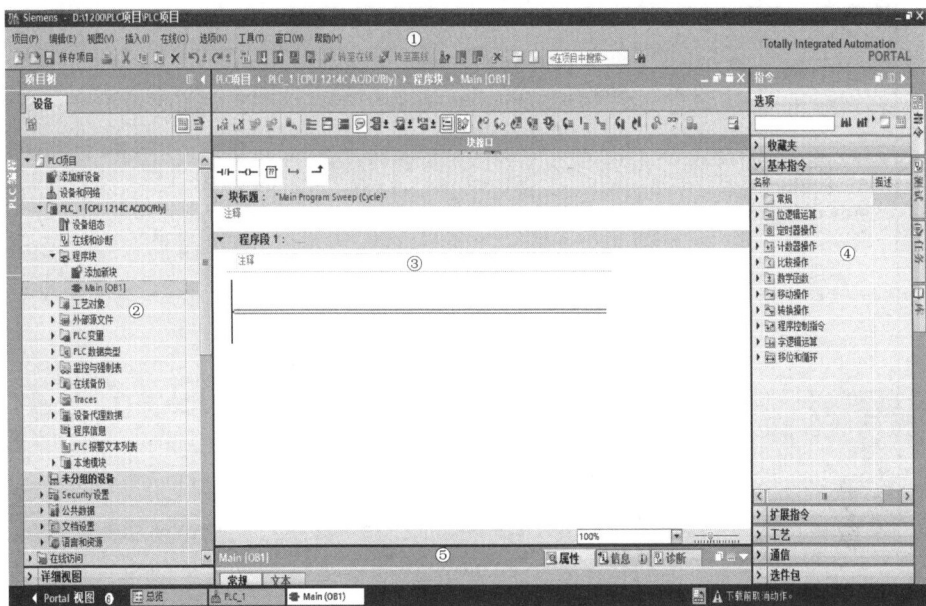

图 3-26　"项目视图"中的编程界面

其次，进行 PLC 变量设置。点击"项目树"→"PLC 变量"→"添加新变量表"，重命名为"电梯启动"。双击"电梯启动"变量表，在窗口进行变量设置，如图 3-27 所示。

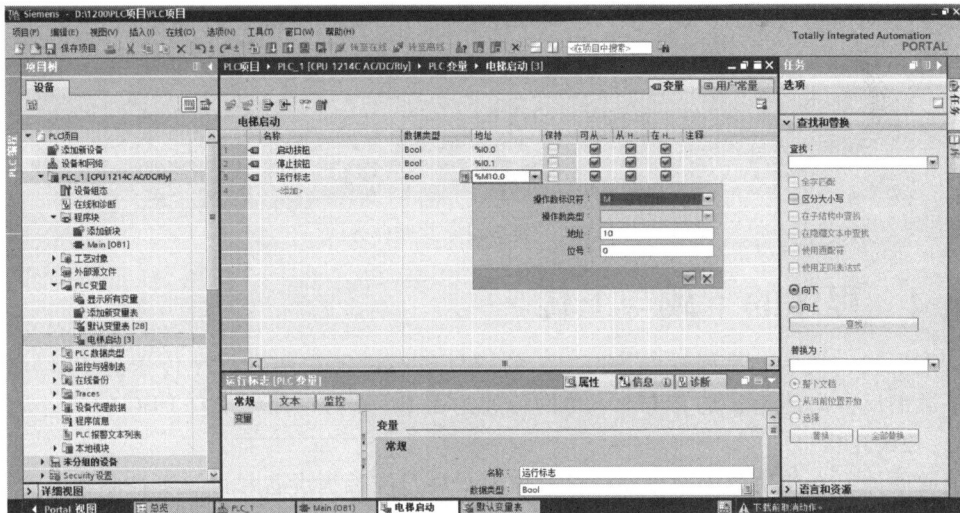

图 3-27　添加"电梯启动"变量表

然后点击进入"Main[OB1]"，开始编辑程序。如图 3-28 所示，在工作区上方的②为程序编辑区。右侧任务区中③是指令收藏夹，用于快速访问常用的指令，可将常用的指令拖拽到收藏夹，也可以右键单击删除。④是基本指令列表，所有指令都可以在列表中找到，可直接拖拽到指定位置或者在编辑区单击位置后，双击指令添加。

图 3-28 所示示例为电梯控制系统的基本启动程序。设置最基本的启保停电路时，分别选择常开触点 I0.0 作为启动按钮，常闭触点 I0.1 作为停止按钮，线圈 M10.0 作为运行标志。具体编辑过程如下。选中程序段 1 中的水平线，拖拽 ⊣⊢、⊣⁄⊢、⊣ ⊢ 指令符号，然后单击元件上面红色的地址域 <???> 输入元件的地址，也可以按照变量表设置的名称点击确

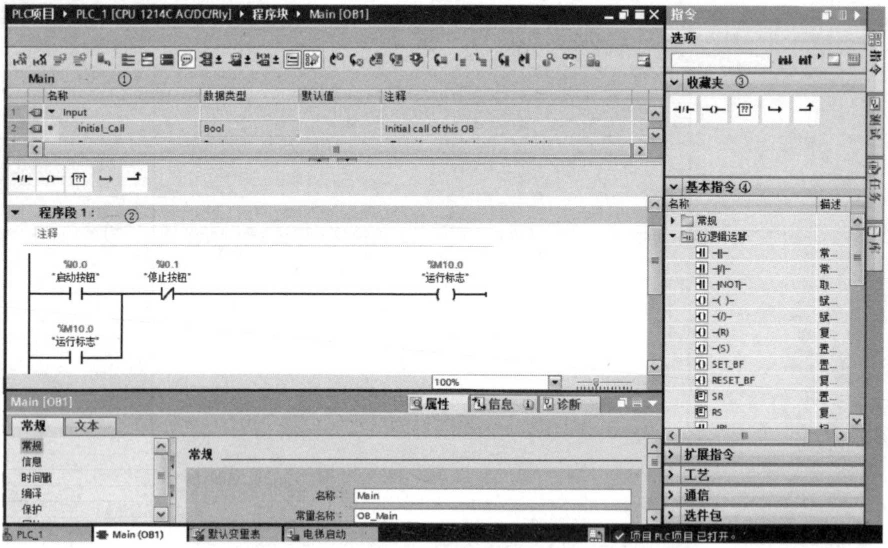

图 3-28 程序编辑界面

认。接着选中最左边垂直电源线,依次添加 →、—| |—、—↑，生成与上面的常开触点并联的 M10.0 的常开触点，起到自保持的作用。

当有新的程序需要编辑时，可以右键点击程序段 1 的位置，插入新的程序段，也可以自动进入下一个程序段。需要说明，S7-1200 的梯形图允许在一个程序段内生成多个独立电路。

最后点击标题栏中的"编译"，检查程序是否有错误（如图 3-29 所示），然后点击"保存项目"，程序生成。

图 3-29 程序编译及保存界面

3.1.4 程序的下载与上传

所谓下载，就是把编程软件 STEP 7 的硬件组态设置和用户程序传送到 PLC 的过程。数据下载的反方向传输就是上传，上传的目的是在 PC 硬盘中保存来自 PLC 的信息。

1）在线连接

下载硬件组态和用户程序以及调试程序的前提是在编程设备和可编程控制器之间建立合适的连接，如多点接口 MPI（消息传递接口）。需要特别注意的是，在第一次下载硬件组态时必须通过 MPI 接口和编程电缆，根据实际需要，以后的在线连接可通过 PROFIBUS 接口或者通信处理模块等完成。

下载硬件组态后，最希望看到的是 CPU 模块上的两个绿灯（一个是 DC 5V 指示灯，另一个是 RUN 指示灯）亮起，因为这代表硬件组态正确和通信正常，此时在 SIMATIC 管理器中，用户可通过"可访问的节点"窗口建立在线连接。这种访问方式使用户能快速访问所有正在使用的且与编程设备连接的 PLC，可在线测试网络是否通畅。

2）下载

（1）下载的条件

① CPU 必须在允许下载的工作模式（STOP 或 RUN-P）下。在"RUN-P"工作模式

下，程序一次只能下载一个块。

② 编程设备和 CPU 之间必须有连接，最常用的连接是编程电缆。要使用户能有效访问到 PLC，不仅需要实际的物理连接，还需要设置好控制面板中的"Setting the PG/PC Interface"。

③ 用户已经编译好将要下载的程序和硬件组态。最好在编译好后及时保存，再下载到 PLC 中。

（2）下载的方法

在 SIMATIC 管理器窗口、硬件组态窗口和编程窗口的工具栏上，都有下载工具 ⬇，而且这些窗口的菜单项中也含有下载选项"下载到设备"，为用户提供了便捷，用户最好先下载硬件组态，然后再下载程序。在下载新的全部用户程序之前，应该执行一次 CPU 存储器的复位。

① 在 SIMATIC 管理器中，首先在左侧"项目树"中选中要下载的对象，包括项目、PLC 站、程序块等，然后点击右键选择"下载到设备"。

② 使用菜单命令下载，选中项目名，执行菜单命令"在线"→"下载到设备"。

③ 在编程窗口中，单击工具栏中的按钮 ⬇，下载的是当前窗口中编译好的程序。

（3）上传的条件和方法

上传的条件与下载条件中的第一条和第二条相同。上传的方法主要有以下三种。

① 在 SIMATIC 管理器窗口中，通过菜单"PLC"→"上传到 PG"，将一个 PLC 站的内容上传到编程设备中，上传的内容包括这个 PLC 站的硬件组态和用户程序。

② 在硬件组态窗口中，执行菜单"PLC"→"上传"或者点击工具栏中的上传按钮 ⬆ 上传数据。这种方式会在项目中插入一个站，但是只包括这个 PLC 站的硬件组态，不包括用户程序。

③ 在线状态下，可有选择地上传用户程序。在 SIMATIC 管理器中，通过菜单"视图"→"在线"或者单击工具栏上的在线按钮打开在线窗口，选中要上传的程序块，通过菜单"PLC"→"上传到 PG"，把选中的程序块上传到编程设备中。

3.2 S7-PLCSIM 仿真软件

仿真软件 S7-PLCSIM 集成在 STEP 7 中，在 STEP 7 环境下，不用连接任何 S7 系列的 PLC（CPU 或 I/O 模板），而是通过仿真的方法来模拟 PLC 的 CPU 中用户程序的执行过程和测试用户的应用程序。可在开发阶段发现和排除错误，提高用户程序的质量和降低试车的费用。

S7-PLCSIM 提供了简单的界面，可用编程的方法（如改变输入的通/断状态、输入值的变化）来监控和修改不同的参数，也可使用变量表（VAT）进行监控和修改变量。

3.2.1 S7-PLCSIM 的主要功能

S7-PLCSIM 可在计算机上对 S7-1200 PLC 的用户程序进行离线仿真与调试，因为 S7-PLCSIM 与 STEP 7 是集成在一起的，仿真时计算机不需要连接任何 PLC 的硬件。

S7-PLCSIM 提供了用于监视和修改程序中使用的各种参数的简单接口，例如，使输入变量为 TRUE 或 FALSE。与实际 PLC 一样，在运行仿真 PLC 时可使用变量表和程序状态等方法来监视和修改变量。

S7-PLCSIM 可模拟 PLC 的输入/输出，通过在仿真窗口改变输入变量的 TRUE/FALSE 状态，来控制程序的运行，通过观察有关输出变量的状态来监视程序运行的结果。

　　S7-PLCSIM 可实现定时器和计数器的监视和修改，通过程序使定时器自动运行，或者手动对定时器复位。

　　S7-PLCSIM 还可对下列地址的读/写操作进行模拟：位存储器（M）、外设输入（PI）变量区和外设输出（PQ）变量区及存储数据的数据块。

　　除了可对数字量控制程序仿真外，还可对大部分组织块（OB）、系统功能块（SFB）和系统功能（SFC）仿真，包括对许多中断事件和错误事件仿真。可对语句表、梯形图、功能块图和 S7 Graph、S7 HiGraph、S7-SCL 和 CFC 等语言编写的程序仿真。

3.2.2　S7-PLCSIM 的使用方法

图 3-30　S7-PLCSIM
的精简视图

　　S7-PLCSIM 提供了一个简便的操作界面，可监视或者修改程序中的参数，例如直接进行只存数字量的输入操作。当 PLC 程序在仿真 PLC 上运行时，可继续使用 STEP 7 软件中的各种功能，例如，在变量表中进行监视或者修改变量。S7-PLCSIM 的使用步骤如下。

1) 启动 S7-PLCSIM 仿真

　　选中"项目树"中的"PLC_1"，单击工具栏上的 ▣，开启"仿真"功能。单击"仿真"按钮，打开 S7-PLCSIM 软件，出现 S7-PLCSIM 的精简视图，如图 3-30 所示。打开仿真软件后，出现图 3-31 所示的对话框，将"接口/子网的连接"设置为"PN/IE_1"，用以太网接口下载程序。

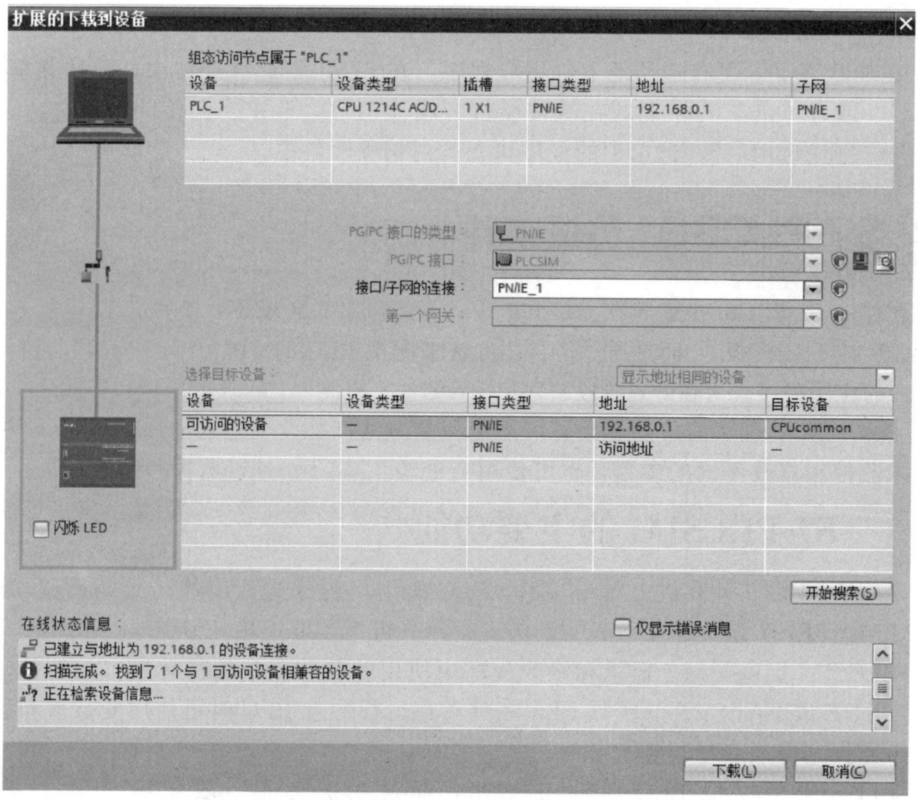

图 3-31　"扩展下载到设备"视图

　　单击"开始搜索"按钮，选择"目标设备"列表中显示出的搜索到的仿真CPU的以太网接口的IP地址。

　　单击"下载"按钮，出现"下载预览"对话框（如图3-32所示），要更改仿真CPU中已下载的程序，勾选"全部覆盖"复选框，单击"装载"按钮，将程序下载到PLC。

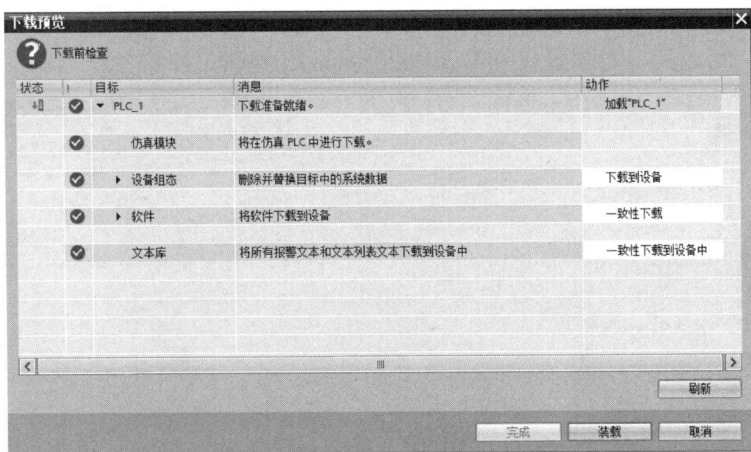

图 3-32　"下载预览"对话框

　　下载结束后，出现"下载结果"对话框。用下拉式列表将"无动作"改为"启动模块"，单击"完成"按钮，仿真PLC被切换到RUN模式，如图3-33所示。

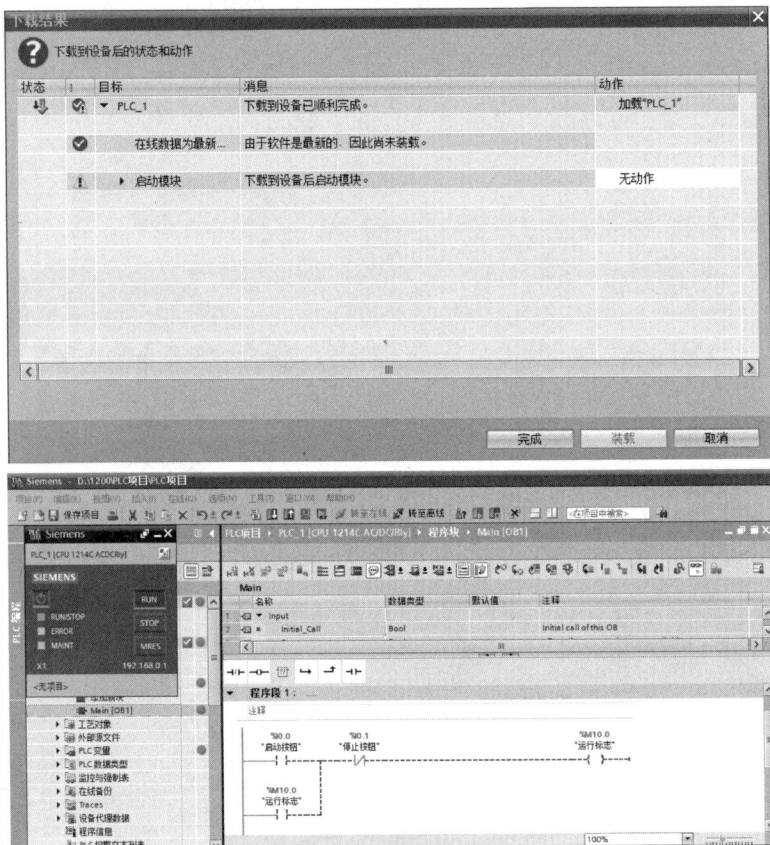

图 3-33　"下载结果"对话框

2）仿真表调试程序

（1）生成仿真表

单击精简视图右上角的▦，切换到项目视图（如图3-34所示）。单击工具栏最左边的
▦，创建一个S7-PLCSIM的新项目。双击"项目树"中"SIM表格"文件夹中的"SIM表
格_1"，打开该仿真表。在右边窗口的"地址"列输入I0.0、I0.1和M10.0，如果在SIM
表中生成IB0，可以用一行来设置和显示I0.0～I0.7的状态。

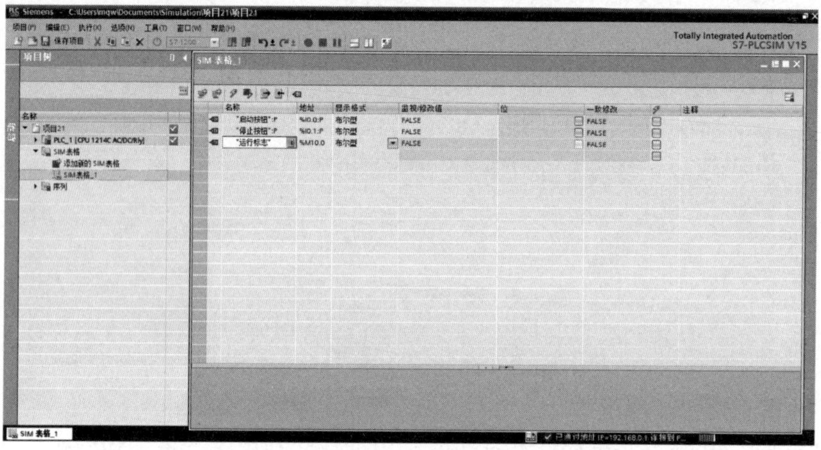

图3-34　S7-PLCSIM生成仿真表

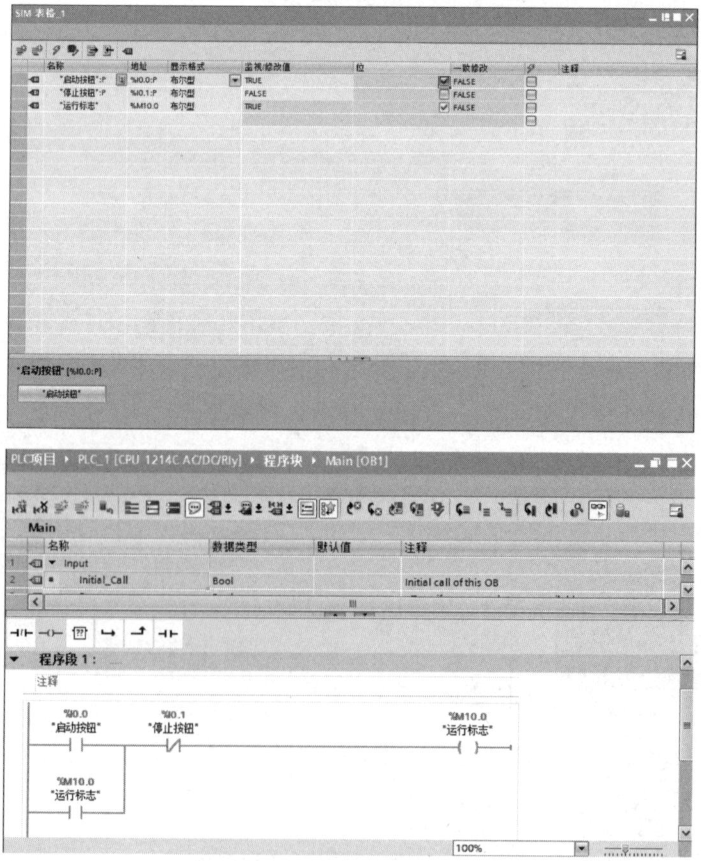

图3-35　"启动按钮"调试

（2）调试程序

单击图 3-35 中的第一行"位"列中的小方框，方框中出现"√"，I0.0 变为 TRUE，再单击一次，又变为 FALSE，模拟按下和松开启动按钮，梯形图中 I0.0 的常开触点闭合后又断开。由于 OB1 中程序的作用，M10.0（运行标志）变为 TRUE，梯形图中线圈通电，SIM 表中 M10.0（运行标志）对应的小方框出现"√"。

单击图 3-36 中的第二行"位"列中的小方框，方框中出现"√"，I0.1 变为 TRUE，再单击一次，又变为 FALSE，模拟按下和松开停止按钮，梯形图中 I0.1 的常闭触点断开后又闭合。由于 OB1 中程序的作用，M10.0（运行标志）变为 FALSE，梯形图中线圈断电，SIM 表中 M10.0（运行标志）对应的小方框中的"√"消失。

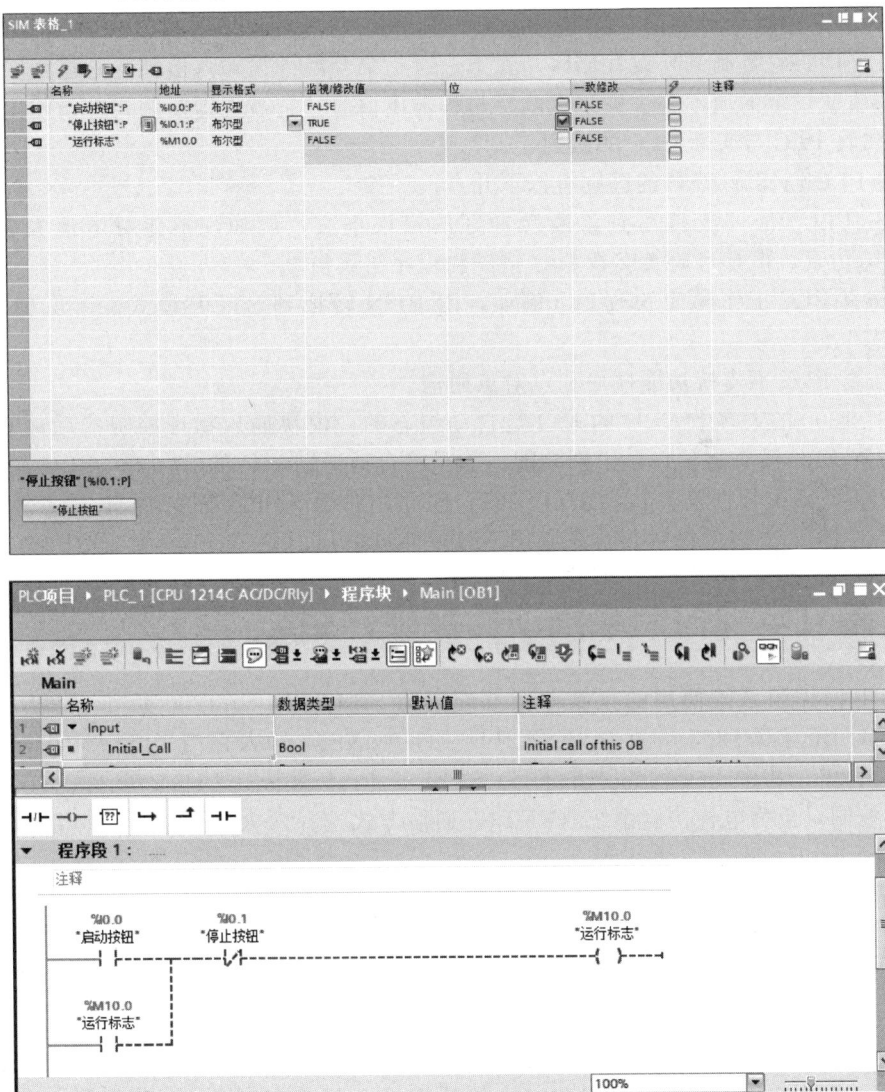

图 3-36 "停止按钮"调试

3.2.3　仿真 PLC 与真实 PLC 的区别

1）仿真 PLC 特有的功能

仿真 PLC 有下述实际 PLC 没有的功能。

① 可立即暂时停止执行用户程序，对程序状态不会有什么影响。

② 由 RUN 模式进入 STOP 模式不会改变输出的状态。

③ 在视图对象中的变动可立即使对应的存储区中的内容发生相应的改变，而实际 CPU 要等到扫描结束时才会修改存储区。

④ 可选择单次扫描或连续扫描，而实际 PLC 只能连续扫描。

⑤ 可使定时器自动运行或手动运行，可手动复位全部定时器或复位指定的定时器。

⑥ 可手动触发下列中断组织块：OB40～OB47（硬件中断）、OB70（I/O 冗余错误）、OB72（CPU 冗余错误）、OB73（通信冗余错误）、OB80（时间错误）、OB82（诊断中断）、OB83（插入/拔出中断）、OB85（程序顺序错误）与 OB86（机架故障）。

⑦ 对映像存储器与外设存储器的处理。如果在视图对象中改变了过程输入的值，S7-PLCSIM 立即将它复制到外设存储区。在下一次扫描开始外设输入值被写到过程映像寄存器时，希望改变设定的值不会丢失，在改变过程输出值时，它被立即复制到外设输出存储区。

2）仿真 PLC 与实际 PLC 的区别

仿真 PLC 与实际 PLC 的区别有以下几点。

① S7-PLCSIM 不支持写到诊断缓冲区的错误报文，例如，不能对电池失电和 EEPROM 故障仿真，但是可对大多数 I/O 错误和程序错误仿真。

② 仿真 PLC 工作模式的改变（例如，由 RUN 转换到 STOP 模式）不会使 I/O 进入"安全状态"。

③ 仿真 PLC 不支持功能模块和点对点通信。

④ S7-1200 的大多数 CPU 的 I/O 是自动组态的，模块插入物理控制器后被 CPU 自动识别。仿真 PLC 没有这种自动识别功能。如果将自动识别 I/O 的 S7-1200 CPU 的程序下载到仿真 PLC，系统数据没有包括 I/O 组态。因此，在用 S7-PLCSIM 仿真 S7-1200 程序时，如果想定义 CPU 支持的模块，首先必须下载硬件组态。

3.3 建立电梯控制系统项目及硬件组态

本次电梯控制系统使用的控制器标准配置为 SIMATIC S7-1200 系列 PLC，其型号为 CPU 1214C DC/DC/DC，订货号 6ES7 214-1AG40-0XB0，以及西门子 TIA Portal（TIA 博途）软件系统。其中，工程组态软件为 STEP 7 Professional，HMI 软件为 WinCC Advanced。控制对象为电梯仿真系统（EET），通信方式选择以太网通信。整体组态拓扑结构如图 3-37 所示。

1）硬件组态

主控制器选择 S7-1200 CPU（1214C）与 PC 系统（WinCC Advanced），其中主控制器 CPU 1214C（DC/DC/DC）与 PC 机之间采用以太网连接的方式连接，以太网通信模块选择常规 IE，该通信协议采用 TCP/IP 协议。

2）地址选择

在 TIA 博途软件上将 PC 机名称与本机计算机全名统一（例如本机名称：DESKTOP-HV62MKA）。

将 PROFINET Interface 中以太网 IP 地址与本机以太网 Internet 协议版本 4 的 IP 地址统一（例如 IP 地址：192.168.0.8）。可以通过网络视图中的监视功能检查地址选择是否出现错误。

对本机电脑 PG/PC 端口进行设置，将应用程序访问点设置为 CP-TCPIP，并且对未使

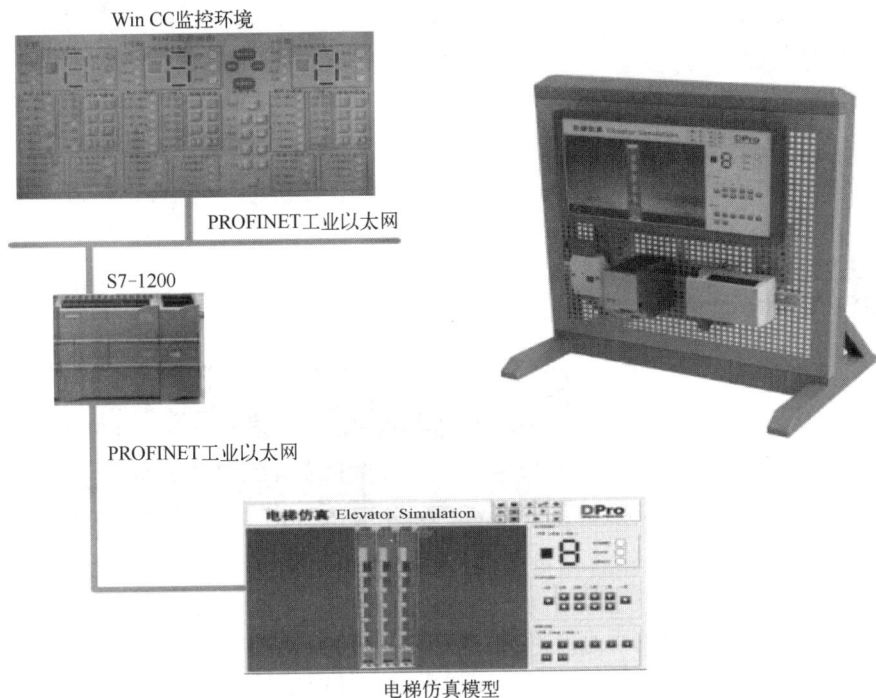

图 3-37 电梯控制系统硬件配置

用的接口分配参数，并进行修改。（若用电脑仿真，则将 PG/PC 接口参数修改为 PLCSIM. TCPIP. 1；若连接 EET，则将 PG/PC 接口修改为 Realtek PCle GbE Family Controller. TCPIP. 1。）

思考与练习

1. TIA 博途软件编程界面分为哪些区域？各功能是什么？

2. 怎样设置时钟存储器字节？时钟存储器字节哪一位的时钟脉冲周期为 500ms？

3. 计算机与 S7-1200 通信时，怎样设置网卡的 IP 地址和子网掩码？

4. 怎样打开 S7-PLCSIM 和下载程序到 S7-PLCSIM？

5. 程序状态监控有什么优点？

第4章

电梯控制系统的 PLC程序设计

电梯是以电动机为动力的垂直升降机，装有箱状吊舱，可用于多层建筑乘人或载运货物的一种机械设备。电梯控制系统硬件由轿厢操纵盘、厅门信号、PLC、变频器、调速系统等构成，变频器只完成调速功能，而逻辑控制部分是由 PLC 完成的。本章重点介绍 PLC 控制系统的程序设计，包括 S7-1200 系列 PLC 基本指令应用以及电梯控制系统部分的程序设计。

【本章重点】

① S7-1200 PLC 编程基础；
② 电梯控制系统中数字量的处理；
③ 电梯控制系统中时间控制的设计；
④ 电梯控制系统中计数功能的设计；
⑤ 电梯控制系统中数据处理的设计；
⑥ 电梯控制系统中数学运算的设计；
⑦ 电梯控制系统中模拟量的处理；
⑧ 顺序控制编程方法。

4.1 S7-1200 PLC 编程基础知识

4.1.1 S7-1200 PLC 编程语言

① PLC 编程语言的国际标准。IEC（国际电工委员会）5 种编程语言的表达方式为顺序功能图（sequential function chart，SFC）、梯形图（ladder diagram，LAD）、功能块图（function block diagram，FBD）、指令表（instruction list）和结构文本（structured text，ST）。

STEP 7 标准软件包配置了梯形图 LAD、语句表（即 IEC 61131-3 中的指令表）STL 和功能块图 FBD 三种基本编程语言。

STEP 7 还有多种编程语言包作为可选包，如 CFC、SCL（西门子中的结构文本）、S7-Graph 和 S7-HiGraph。这些编程语言中，LAD、FBD 和 S7-Graph 为图形语言，STL、SCL 和 S7-HiGraph 为文字语言，CFC 则是一种结构块控制程序流程图。

② 梯形图。梯形图由触点、线圈和用方框表示的指令框组成，可以为程序段添加标题和注释。利用能流这一概念，可以借用继电器电路的术语和分析方法，帮助我们更好地理解和分析梯形图。能流只能从左往右流动。图4-1所示为电动机控制电路梯形图。

③ 功能块图。功能块图（FBD）使用类似于数字电路的图形逻辑符号来表示控制逻辑，国内很少有人使用。用鼠标右键单击"项目树"中的某个代码块，选中快捷菜单中的"切换编程语言"，LAD和FBD语言可以相互切换。图4-2所示为电机启动功能块图语言。

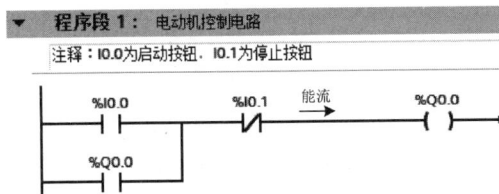

图 4-1 梯形图语言

图 4-2 功能块图语言

④ 结构化控制语言。结构化控制语言SCL是一种基于PASCAL的高级编程语言。SCL特别适用于数据管理、过程优化、配方管理和数学计算、统计任务。

4.1.2 S7-1200 PLC 的存储区及寻址

1）S7-1200 PLC 的存储区

S7-1200 PLC的存储区由装载存储器、工作存储器和系统存储器组成。下面分别介绍三种存储器。

表 4-1 S7-1200 PLC 的存储区

装载存储器	动态装载存储器 RAM（随机存取存储器）
	可保持装载存储器 EEPROM
工作存储器 RAM	用户程序，如逻辑块、数据块
系统存储器 RAM	过程映像 I/O 表
	位存储器
	局域数据堆栈、块堆栈
	中断堆栈、中断缓冲区

（1）装载存储器

装载存储器是非易失性的存储器，用于保存用户程序、数据和组态信息。项目下载到CPU时，保存在装载存储器中。在PLC上电时，CPU把装载存储器中的可执行的部分复制到工作存储器。而PLC断电时，需要保存的数据自动保存在装载存储器中。

（2）工作存储器

工作存储器是易失性存储器，用于在执行用户程序时存储用户项目的某些内容。CPU会将一些项目内容从装载存储器复制到工作存储器中。该易失性存储器中的数据将在断电后丢失，而在恢复供电时由CPU恢复。

（3）系统存储器

系统存储器是CPU为用户程序提供的存储器组件，被划分为若干个地址区域。使用指令可以在相应的地址区内对数据直接进行寻址。系统存储器用于存放用户程序的操作数据，例如过程映像输入/输出数据、位存储器数据、数据块、局部数据、I/O输入输出区域数据和诊断缓冲区数据等。存储区及功能见表 4-2。

表 4-2　S7-1200 PLC 的系统存储区

存储区	说明
过程映像输入(I)	在扫描周期开始时从物理输入区复制
物理输入(L:P)	立即读取 CPU、信号板 SB 和信号模块 SM 上的物理输入点
过程映像输出(Q)	在扫描周期开始时复制到物理输出区
物理输出(Q:P)	立即写入 CPU、SB 和 SM 的物理输出点
位存储器(M)	用于存储用户程序的中间运算结果或标志位
临时存储器(L)	存储块的临时数据,这些数据仅在该块的本地范围内有效
数据块(DB)	数据存储器,同时也是 FB 的参数存储器

① 过程映像输入区（I）。过程映像输入区与输入端相连，它是专门用来接收 PLC 外部开关信号的。在每个扫描周期的开始，CPU 对物理输入点进行采样，并将采样值写入过程映像输入区。可以按位、字节、字或双字来存取数据。

② 过程映像输出区（Q）。过程映像输出区的作用是将 PLC 内部信号输出传送给外部负载（用户输出设备）。过程映像输出区线圈由 PLC 内部程序的指令驱动，其线圈状态传送给输出单元，再由输出单元对应的硬触点来驱动外部负载。在每次扫描周期的结尾，CPU 将过程映像输出区中的数值复制到物理输出点上。可以按位、字节、字或双字来存取数据。

③ 位存储区（M）。位存储区是 PLC 中数量较多的一种存储区，一般的标识位存储区与继电器控制系统中的中间继电器相似。标识位存储区不能直接驱动外部负载，负载只能由过程映像输出区的外部触点驱动。位存储区的常开与常闭触点在 PLC 内部编程时，可无限次使用。

位存储区的数量根据不同型号的 PLC 而不同。可以用位存储区来存储中间操作状态和控制信息，并且可以按位、字节、字或双字来存取。

④ 数据块存储区（DB）。数据块存储区符号为"DB"。数据块的大小与 CPU 的型号相关。数据块默认为掉电保持，不需要额外设置。

⑤ 临时数据区（L）。临时数据区位于 CPU 的系统存储器中，其地址标识符为"L"。包括功能、功能块的临时变量、组织块中的开始信息、参数传递信息以及梯形图的内部结果。在程序中访问临时数据区的表示法与访问过程映像输入区的方法相同。临时数据区的数量与 CPU 的型号有关。

临时数据区和标识位存储区很相似，但只有一个区别：标识位存储区是全局有效的，而临时数据区只在局部有效。全局是指同一个存储区可以被任何程序存取（包括主程序、子程序和中断服务程序），局部是指存储区只与特定的程序相关联。

⑥ 物理输入区。物理输入区位于 CPU 的系统存储器中，其地址标识符为"：P"，加在过程映像输入区地址的后面。与过程映像输入区功能不同，数据不经过过程映像输出区的扫描，程序访问物理区时，直接将输入模块的信息读入，并作为逻辑运算的条件。

⑦ 物理输出区。物理输出区位于 CPU 的系统存储器中，其地址标识符为"：P"，加在过程映像区地址的后面。与过程映像区功能相反，不经过过程映像区的扫描，程序访问物理区时，直接将逻辑运算的结果（写出信息）写出到输出模块。

2）S7-1200 PLC 的寻址方式

每个存储单元都有唯一的地址。用户程序利用这些地址访问存储单元中的信息。

（1）按位寻址

位存储单元的地址由字节地址和位地址组成，如I1.2，其中，区域标识符"I"表示过程映像输入区，字节地址为1，位地址为2，这种存取方式称为"字节.位"寻址方式，如图4-3所示。

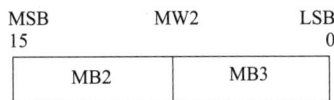

图4-3　字节.位寻址示意图

（2）按字节寻址

对字节的寻址，如QB2，其中，区域标识符"Q"表示过程映像输出区，2表示寻址单元的起始字节地址为2，B表示寻址长度为1个字节，即寻址位于存储区第2个字节，如图4-4所示。

（3）按字寻址

对字的寻址，如MW2，其中，区域标识符"M"表示位存储区，2表示寻址单元的起始字节地址为2，W表示寻址长度为1个字，即2个字节，即寻址位于存储区第2个字节开始的一个字，即字节2和字节3，如图4-5所示。

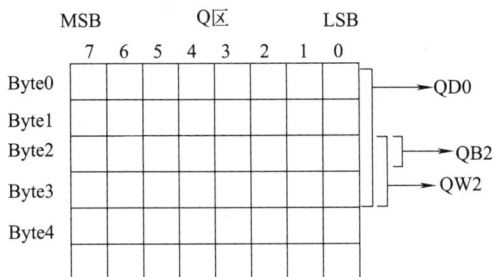

图4-4　字节寻址示意图

图4-5　字寻址示意图

（4）按双字寻址

对双字的寻址，如MD0，其中，区域标识符"M"表示位存储区，0表示寻址单元的起始字节地址为0，D表示寻址长度为1个双字，即2个字，4个字节，即寻址位于存储区第0个字节开始的一个双字，即字节0、字节1、字节2和字节3，如图4-6所示。

图4-6　双字寻址示意图

4.1.3　数据类型

数据是程序处理和控制的对象，在程序运行过程中，数据是通过变量来存储和传递的。变量有两个要素：名称和数据类型。对程序块或者数据块的变量声明时，都要包括这两个要素。

数据的类型决定了数据的属性，例如数据长度和取值范围等。TIA 博途软件中的数据类型分为三大类：基本数据类型、复合数据类型和其他数据类型。本书只介绍前两种数据类型。

1）基本数据类型

基本数据类型是根据 IEC 61131-3（国际电工委员会指定的 PLC 编程语言标准）来定义的，每个基本数据类型具有固定的长度且不超过 64 位。

基本数据类型最为常用，分为位数据类型、整数和浮点数数据类型、字符数据类型、定时器数据类型及日期和时间数据类型。每一种数据类型都具备关键字、数据长度、取值范围和常数表等格式属性。下面分别介绍。

（1）位数据类型

位数据类型包括布尔型（Bool）、字节型（Byte）、字型（Word）和双字型（DWord）。

（2）整数和浮点数数据类型

整数数据类型包括有符号整数和无符号整数。有符号整数包括：短整数型（SInt）、整数型（Int）和双整数型（DInt）。无符号整数包括：无符号短整数型（USInt）、无符号整数型（UInt）和无符号双整数型（UDInt）。整数没有小数点。浮点数包括 32 位浮点数（Real）和 64 位浮点数（LReal），浮点数是带小数点的数，如 6.2。LReal 用于高精度的场合。

（3）字符数据类型

字符数据类型有 Char 和 WChar，数据类型 Char 的操作数长度为 8 位，在存储器中占用 1 个字节。Char 数据类型以 ASCII 格式存储单个字符。数据类型 WChar（宽字符）的操作数长度为 16 位，在存储器中占用 2 个字节，可以存储汉字和中文的标点符号。

（4）定时器数据类型

定时器数据类型主要包括时间（Time）和长时间（LTime）数据类型。S7-1200 仅支持时间（Time）数据类型，S7-1500 支持以上两种数据类型。时间数据类型（Time）的操作数内容以毫秒表示，用于数据长度为 32 位的 IEC（国际电工委员会）定时器。表示信息包括天（d）、小时（h）、分钟（m）、秒（s）和毫秒（ms）。

（5）日期和时间数据类型

日期和时间数据类型包括：日期（Date）、日时间（TOD）和日期时间（Date_And_Time），下面分别介绍。

① 日期（Date）。Date 数据类型将日期作为无符号整数保存。表示法中包括年、月和日。数据类型 Date 的操作数为十六进制形式，对应于自 1990 年 1 月 1 日以后的日期值。

② 日时间（TOD）。TOD（time of day）数据类型占用一个双字，存储从当天 0:00 开始的毫秒数，为无符号整数。

③ 日期时间（date and time）。数据类型 DT（date and time）存储日期和时间信息，格式为 BCD。

TIA 博途软件的数据类型见表 4-3。

表 4-3　基本数据类型

数据类型	长度/位	范围	常量输入举例
Bool	1	0 到 1	TRUE，FALSE，0，1
Byte	8	16#00 到 16#FF	16#12，16#AB
Word	16	16#0000 到 16#FFFF	16#ABCD，16#0001

数据类型	长度/位	范围	常量输入举例
DWord	32	16#00000000 到 16#FFFFFFFF	16#02468ACE
Char	8	16#00 到 16#FF	'A','t','@'
SInt	8	−128 到 127	123, −123
Int	16	−32768 到 32767	123, −123
DInt	32	−2147483648 到 2147483647	123, −123
USInt	8	0 到 255	123
UInt	16	0 到 65535	123
UDInt	32	0 到 4294967295	123
Real	32	$−3.40\times10^{38}$ 到 $−1.18\times10^{38}$, ±0, $+1.18\times10^{-38}$ 到 $+3.40\times10^{38}$	123.456, −3.4, −1.2E+12
LReal	64	$−1.79\times10^{308}$ 到 $−2.23\times10^{-308}$, ±0, $+2.23\times10^{-308}$ 到 $+1.79\times10^{308}$	12345.123456789, −1.2E+40
Time	32	T#-24d_20h_31m_23s_648ms 到 T#24d_20h_31m_23s_647ms 存储形式：−2147483648 到 2147483647ms	T#5m_30s, T#-2d, T#1d_2h_15m_30s_45ms
BCD16	16	−999 到 999	−123, 123
BCD32	32	−9999999 到 9999999	1234567, −1234567

2）复合数据类型

复合数据类型是一种由其他数据类型组合而成的，或者长度超过32位的数据类型，TIA博途软件中的复合数据类型包含：字符串（String）、宽字符串（WString）、数组类型（Array）、结构类型（Struct）和PLC数据类型（UDT）。复合数据类型相对较难理解和掌握，下面分别介绍。

（1）字符串和宽字符串

① 字符串（String）。其长度最多有254个字符（数据类型Char）。为字符串保留的标准区域是256个字节。这是保存254个字符和2个字节的标题所需要的空间。可以通过定义即将存储在字符串中的字符数目来减少字符串所需要的存储空间，例如：String [10] 占用10个字符空间。

② 宽字符串（WString）。数据类型为宽字符串（WString）的操作数，存储多个数据类型为WChar的Unicode字符（长度为16位的宽字符，包括汉字）。如果不指定长度，则字符串的长度为预置的254个字符。在字符串中，可使用所有Unicode格式的字符。这意味着也可在字符串中使用中文字符。

（2）数组类型（Array）

数组类型（Array）表示一个由固定数目的同一种数据类型元素组成的数据结构。所有基本数据类型的元素都可以组合在Array变量中。Array元素的范围信息显示在关键字Array后面的方括号中。范围的下限值必须小于或等于上限值。一个数组最多可以包含6维，使用逗号隔开维度限值。

（3）结构类型（Struct）

该类型的数据是由不同数据类型组成的复合型数据，通常用来定义一组相关数据。不同的结构元素可具有不同的数据类型。但是Struct变量中不能嵌套。

（4）PLC数据类型（UDT）

UDT是由不同数据类型组成的复合型数据类型，与Struct不同的是，UDT是一个模板，可以用来定义其他的变量，UDT 在经典 STEP 7 中称为自定义数据类型。

使用 PLC 数据类型给编程带来较大的便利，较为重要。

4.1.4　全局变量与区域变量

① 全局变量。全局变量可以在 CPU 的整个范围内被所有的程序块调用，例如，在 OB（组织块）、FC（功能）和 FB（功能块）中使用，在某一个程序块中赋值后，在其他的程序块中可以读出，没有使用限制。全局变量包括 I、Q、M、DB、I_:P 和 Q_:P 等数据区。

例如 "Start" 的地址是 I0.0，"Start" 在同一台 S7-1200 的组织块 OB1、函数 FC1 等中，"Start" 都代表同一地址 I0.0。全局变量用双引号引用。

② 区域变量。区域变量也称为局部变量。区域变量只能在所属块（OB、FC 和 FB）范围内调用。在程序块中调用有效时，若程序块调用完成后被释放，则不能被其他程序块调用，临时数据区（L）中的变量为区域变量，例如每个程序块中的临时变量都属于区域变量。这个概念和计算机高级语言 VB、C 语言中的局部变量概念相同。

例如，♯Start 的地址是 L10.0，♯Start 在同一台 S7-1200 的组织块 OB1 和函数 FC1 中不是同一地址。区域变量前面加井号 "♯"。

4.1.5　程序结构

S7-1200 编程采用块（block）的概念，即将程序分解为独立的、自成体系的各个部件，块类似子程序的功能，但类型更多、功能更强大。在工业控制中，程序往往是非常庞大和复杂的，采用块的概念便于大规模程序的设计和理解，可以设计标准化的块程序进行重复调用，程序结构清晰明了，修改方便，调试简单。采用块结构显著地增加了 PLC 程序的组织透明性、可理解性和易维护性。S7-1200 PLC 程序提供了多种不同类型的块，见表 4-4。

表 4-4　S7-1200 PLC 程序块

块（block）	简要描述
组织块（OB）	操作系统与用户程序的接口，决定用户程序的结构
功能块（FB）	用户编写的包含经常使用的功能的子程序，有存储区
功能（FC）	用户编写的包含经常使用的功能的子程序，无存储区
数据块（DB）	存储用户数据的数据区域

① 组织块（OB）。组织块是操作系统和用户程序之间的接口。组织块只能由操作系统来启动。各种组织块由不同的事件启动，且具有不同的优先级，而循环执行的主程序则在组织块 OB1 中。

② 功能块（FB）。功能块是通过数据块参数而调用的。它们有一个放在数据块中的变量存储区，而数据块是与其功能块相关联的，称为背景数据块。特点：每一个功能块可以有不同的数据块。这些数据块虽然具有相同的数据结构，但具体数值可以不同。

③ 功能（FC）。功能没有指定的数据块，因而不能存储信息。功能常常用于编制重复发生且复杂的自动化过程。

④ 数据块（DB）。数据块中包含程序所使用的数据。

4.2　电梯控制系统中数字量的处理

电梯控制系统中，所需处理的信号大多属于数字量信号，需要用到 S7-1200 PLC 指令系统中的逻辑指令。本节重点介绍 S7-1200 PLC 的基本逻辑指令，包括触点指令、线圈指令、置位复位指令和边沿指令等。

4.2.1　触点和线圈指令

触点和线圈是 PLC 梯形图编程语言中最基本的元素，触点的闭合与断开、线圈的得电与失电都可以表示数字逻辑信号。

触点分成两种类型：常开触点和常闭触点，也分别称为动合触点和动断触点。触点只能作为输入信号，只能读取状态信号，不能写数据。

① 常开触点：其状态取决于操作数 bit 对应的映像寄存器状态。当映像寄存器的值为"1"（TRUE）时，常开触点闭合；为"0"（FALSE）时，常开触点断开。

② 常闭触点：其状态取决于操作数 bit 对应的映像寄存器状态。当映像寄存器的值为"1"（TRUE）时，常闭触点断开；为"0"（FALSE）时，常闭触点闭合。

③ 线圈：其状态取决于线圈输入端的逻辑运算结果。如果输入的逻辑运算结果（RLO）为"1"，则线圈通电，对应映像寄存器的值写入 1；如果输入的逻辑运算结果（RLO）为"0"，则线圈失电，对应映像寄存器的值写入 0。该指令不具有保持性。

触点与线圈指令具体参数见表 4-5。

表 4-5　触点与线圈指令参数表

指令名称	图形符号	数据类型
常开触点	bit —| |—	Bool
常闭触点	bit —|/|—	Bool
输出线圈	bit —( )—	Bool

注意：在输入过程映像寄存器 I 地址后面加 "：P"（如 I0.0:P），可以跳过输入过程映像寄存器（不更新），立即直接读取外部物理设备的输入状态；在输出过程映像寄存器 Q 地址后面加 "：P"（如 Q0.0:P），系统将运算结果立即输出到外部物理地址，同时更新输出过程映像寄存器。

4.2.2　触点的串并联

两个或多个触点在梯形图中进行串并联，相当于对多个触点的状态进行逻辑运算。

（1）触点串联

两个或多个触点串联时，将逐位进行"与"运算。所有触点都闭合后才产生信号流。仿真实例如图 4-7 所示。绿色实线表示有能流流过，蓝色虚线表示没有能流流过，本章的仿真过程都遵循这个规律，后面不再赘述。

仿真过程分析：当 I0.0＝1 且 I0.1＝1 时，Q0.0＝1，线圈通电 [图 4-7（a）]；否则，Q0.0＝0，线圈失电 [图 4-7（b）]。

（2）触点并联

两个或多个触点并联时，将逐位进行"或"运算。有一个触点闭合就会产生信号流，如图 4-8 所示。

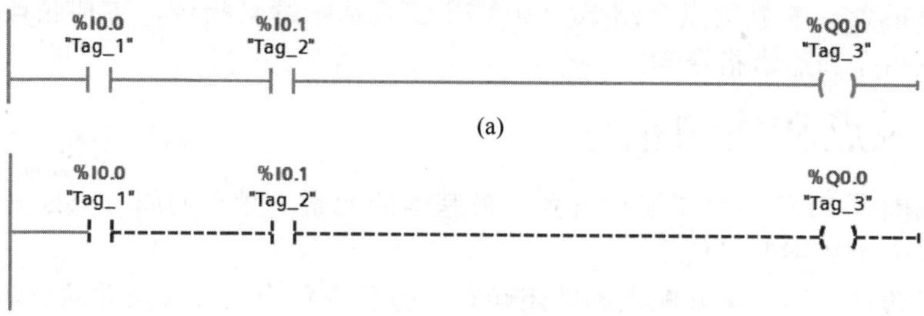

(a)

(b)

图 4-7 逻辑"与"运算梯形图

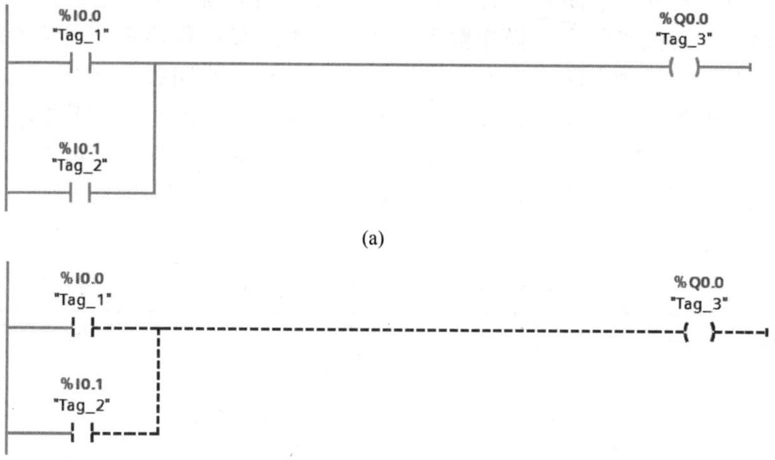

(a)

(b)

图 4-8 逻辑"或"运算梯形图

仿真过程分析：当 I0.0＝1 或 I0.1＝1 时，Q0.0＝1，线圈通电［图 4-8(a)］；当 I0.0＝0 且 I0.1＝0 时，Q0.0＝0，线圈失电［图 4-8(b)］。

（3）取反指令

取反指令，即对逻辑运算结果（RLO）的信号状态进行取反，如图 4-9 所示。

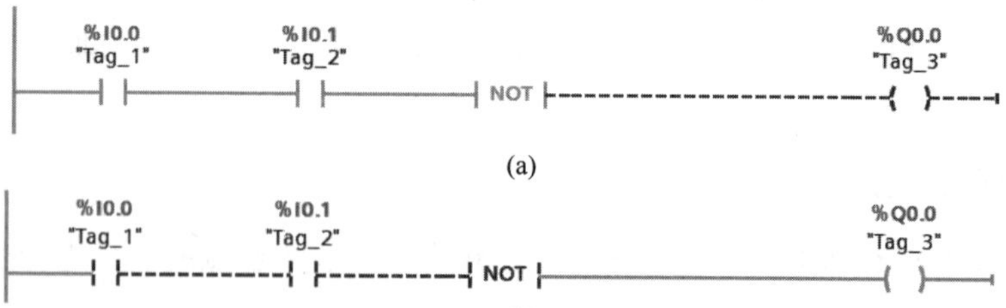

(a)

(b)

图 4-9 逻辑取反运算梯形图

仿真过程分析：当 I0.0＝1 且 I0.1＝1 时，Q0.0＝0，线圈失电［图 4-9(a)］；否则，Q0.0＝1，线圈通电［图 4-9(b)］。

4.2.3　置位和复位指令

实际工业控制中，应用的按钮多为不带自锁的点动信号，为了使输出线圈具有保持性，可以生成带自锁的电路，也可以运用具有保持功能的置位、复位指令。S7-1200 指令提供了三种置位、复位功能指令。

1）置位、复位指令

S（set，置位输出）指令将指定的位操作数置位（变为1状态并保持）。

R（reset，复位输出）指令将指定的位操作数复位（变为0状态并保持）。

置位和复位指令最主要的特点是具有记忆和保持功能。具体格式和参数见表4-6。

表 4-6　置位、复位指令格式及参数表

指令名称	指令格式	参数数据类型	备注
置位指令 S	`<OUT>` —(S)—	`<OUT>`：Bool	`<OUT>`：位地址
复位指令 R	`<OUT>` —(R)—		

（1）S（置位指令）

置位指令只有在前一指令的 RLO 为"1"时（能流流经线圈），才能执行。如果 RLO 为"1"，元素指定的位地址"`<OUT>`"将被置为"1"。RLO＝0，则没有任何动作，并且元素指定地址的状态保持不变。

（2）R（复位指令）

复位指令只有在前一指令的 RLO 为"1"时（能流流经线圈），才能执行。如果有电流流过线圈（RLO 为"1"），元素指定的位地址"`<OUT>`"则被复位为"0"。RLO 为"0"时（没有能流流过线圈），没有任何动作，并且元素指定地址的状态保持不变。仿真梯形图如图 4-10 所示。

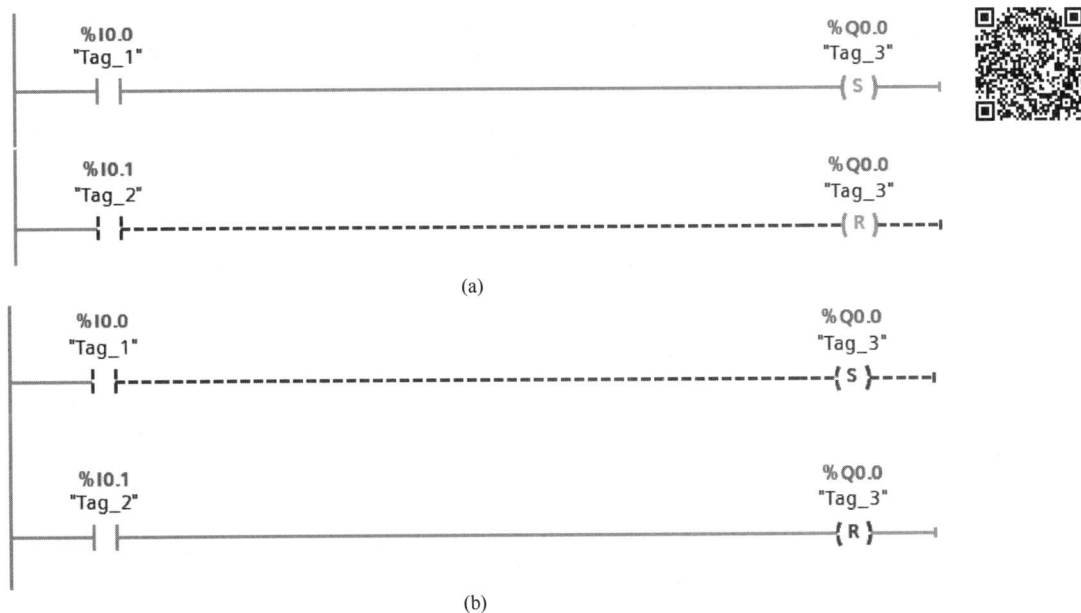

图 4-10　置位、复位程序梯形图

仿真过程分析：当 I0.0＝1 时，对应常开触点闭合，Q0.0 被置为 1，线圈通电，如图 4-10(a) 所示；当 I0.1＝1 时，对应常开触点闭合，Q0.0 被复位，数据为"0"，线圈失电，如图 4-10(b) 所示。

2) 置位位域、复位位域指令

置位位域指令 SET_BF：将指定的地址开始的连续的若干个位地址置位（变为 1 状态并保持）。

复位位域指令 RESET_BF：将指定的地址开始的连续的若干个位地址复位（变为 0 状态并保持）。

具体格式和参数见表 4-7。

表 4-7 置位位域、复位位域指令格式及参数表

指令功能	指令格式	参数数据类型	备注
置位位域指令 SET_BF	`<OUT>` —(SET_BF)— n	〈OUT〉：Bool n：常数（UInt）	〈OUT〉：位域的起始地址 n：位地址的个数
复位位域指令 RESET_BF	`<OUT>` —(RESET_BF)— n		

3) 置位/复位、复位/置位触发器指令

（1）SR 触发器

SR 触发器对指定位进行置位或复位操作，如果置位输入信号 S 和复位输入信号 R1 都为"0"，则不执行该指令；如果置位输入信号 S 和复位输入信号 R1 只有一个为"1"，则执行有效输入信号对应的操作；如果置位输入信号 S 和复位输入信号 R1 同时为"1"，则优先执行复位操作。

（2）RS 触发器

RS 触发器对指定位进行置位或复位操作，如果置位输入信号 S1 和复位输入信号 R 都为"0"，则不执行该指令；如果置位输入信号 S1 和复位输入信号 R 只有一个为"1"，则执行有效输入信号对应的操作；如果置位输入信号 S1 和复位输入信号 R 同时为"1"，则优先执行置位操作。

置位/复位、复位/置位触发器指令的格式见表 4-8，功能见表 4-9。

表 4-8 置位/复位、复位/置位触发器格式及参数表

指令功能	指令格式	参数数据类型	备注
置位/复位触发器（SR）	`<OUT>` **SR** —S Q— —R1	〈OUT〉：Bool	〈OUT〉：位地址
复位/置位触发器（RS）	`<OUT>` **RS** —R Q— —S1		

表 4-9 置位/复位、复位/置位触发器功能表

置位/复位 SR 触发器			复位/置位 RS 触发器		
S	R1	输出位	S1	R	输出位
0	0	保持前一状态	0	0	保持前一状态
0	1	0	0	1	0
1	0	1	1	0	1
1	1	0	1	1	1

4.2.4 边沿检测指令

在控制领域里，为了保证信号采集的实时性与数据采集的准确性，往往需要检测信号状态的变化时刻。数字信号状态变化是发生在数据由 "0" 变为 "1" 或者由 "1" 变为 "0" 的时刻，分别称为上升沿和下降沿。信号状态变化如图 4-11 所示。

1) 扫描操作数的边沿指令

扫描操作数的信号上升沿指令，可以确定所指定操作数的信号状态是否从 "0" 变为 "1"。该指令将比较〈操作数1〉的当前信号状态与上一次扫描的信号状态，上一次扫描的信号状态保存在边沿存储位（〈操作数2〉）中。如果该指令检测到逻

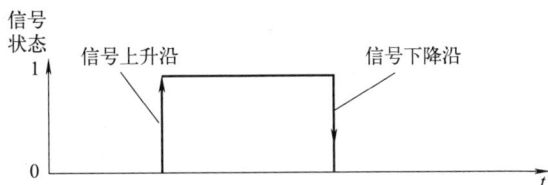

图 4-11 信号状态变化示意图

辑运算结果（RLO）从 "0" 变为 "1"，则说明出现了一个上升沿。每次执行指令时，都会查询信号上升沿。检测到信号上升沿时，〈操作数1〉的信号状态将在一个程序周期内保持置位为 "1"。在其他任何情况下，〈操作数1〉的信号状态均为 "0"。

扫描操作数的信号下降沿指令，可以确定所指定操作数的信号状态是否从 "1" 变为 "0"。该指令将比较〈操作数1〉的当前信号状态与上一次扫描的信号状态，上一次扫描的信号状态保存在边沿存储器位（〈操作数2〉）中。如果该指令检测到逻辑运算结果（RLO）从 "1" 变为 "0"，则说明出现了一个下降沿。每次执行指令时，都会查询信号下降沿。检测到信号下降沿时，〈操作数1〉的信号状态将在一个程序周期内保持置位为 "1"。在其他任何情况下，〈操作数1〉的信号状态均为 "0"。

扫描操作数的边沿指令格式见表 4-10。

表 4-10 扫描操作数的边沿指令格式及说明

指令功能	指令格式	指令说明
扫描操作数的上升沿指令	<操作数1> —│P│— <操作数2>	〈操作数1〉：检测信号 〈操作数2〉：存储〈操作数1〉在上一个扫描周期的状态的边沿存储位
扫描操作数的下降沿指令	<操作数1> —│N│— <操作数2>	〈操作数1〉：检测信号 〈操作数2〉：存储〈操作数1〉在上一个扫描周期的状态的边沿存储位

指令使用注意事项如下。

① 扫描操作数的边沿指令，以触点形式出现，不能放置在梯形图结束位置。

② 边沿存储位的存储区域必须位于 DB（FB 静态区域）或位存储区 M 中。并且边沿存

储位的地址在程序中最多只能使用一次，否则会出现错误。

2）信号边沿置位操作数指令

信号上升沿置位操作数指令在逻辑运算结果（RLO）从"0"变为"1"时，置位指定操作数（〈操作数1〉）。该指令将当前RLO与保存在边沿存储位中（〈操作数2〉）上次查询的RLO进行比较。如果该指令检测到RLO从"0"变为"1"，则说明出现了一个信号上升沿。每次执行指令时，都会查询信号上升沿。检测到信号上升沿时，〈操作数1〉的信号状态将在一个程序周期内保持置位为"1"。在其他任何情况下，〈操作数1〉的信号状态均为"0"。

信号下降沿置位操作数指令在逻辑运算结果（RLO）从"1"变为"0"时，置位指定操作数（〈操作数1〉）。该指令将当前RLO与保存在边沿存储位中（〈操作数2〉）上次查询的RLO进行比较。如果该指令检测到RLO从"1"变为"0"，则说明出现了一个信号下降沿。每次执行指令时，都会查询信号下降沿。检测到信号下降沿时，〈操作数1〉的信号状态将在一个程序周期内保持置位为"1"。在其他任何情况下，〈操作数1〉的信号状态均为"0"。

信号边沿置位操作数指令格式见表4-11。

表4-11　信号边沿置位操作数指令格式及说明

指令功能	指令格式	指令说明
信号上升沿置位操作数指令	〈操作数1〉 —(P)— 〈操作数2〉	〈操作数1〉：上升沿置位的操作数 〈操作数2〉：存储〈操作数1〉在上一个扫描周期的状态的边沿存储位
信号下降沿置位操作数指令	〈操作数1〉 —(N)— 〈操作数2〉	〈操作数1〉：下降沿置位的操作数 〈操作数2〉：存储〈操作数1〉在上一个扫描周期的状态的边沿存储位

指令使用注意事项如下。

① 扫描操作数的边沿指令，以线圈形式出现，不能放置在梯形图开始位置。

② 边沿存储位的存储区域必须位于DB（FB静态区域）或位存储区M中。并且边沿存储位的地址在程序中最多只能使用一次，否则会出现错误。

3）扫描RLO的信号边沿指令

扫描RLO的信号上升沿指令，可查询逻辑运算结果（RLO）的信号状态从"0"到"1"的更改。该指令将比较RLO的当前信号状态与保存在边沿存储位（〈操作数〉）中上一次查询的信号状态。如果该指令检测到RLO从"0"变为"1"，则说明出现了一个信号上升沿。每次执行指令时，都会查询信号上升沿。检测到信号上升沿时，该指令输出Q将立即返回信号状态"1"。在其他任何情况下，该输出返回的信号状态均为"0"。

扫描RLO的信号下降沿指令，可查询逻辑运算结果（RLO）的信号状态从"1"到"0"的更改。该指令将比较RLO的当前信号状态与保存在边沿存储位（〈操作数〉）中上一次查询的信号状态。如果该指令检测到RLO从"1"变为"0"，则说明出现了一个信号下降沿。每次执行指令时，都会查询信号下降沿。检测到信号下降沿时，该指令输出Q将立即返回信号状态"1"。在其他任何情况下，该指令输出的信号状态均为"0"。

扫描RLO的信号边沿指令格式见表4-12。

指令使用注意事项如下。

① 扫描RLO的信号边沿指令，以功能块的形式出现，不能放置在梯形图开始和结束的位置。

② 边沿存储位的存储区域必须位于DB（FB静态区域）或位存储区M中。并且边沿存储位的地址在程序中最多只能使用一次，否则会出现错误。

表 4-12 扫描 RLO 的信号边沿指令格式及说明

指令功能	指令格式	指令说明
扫描 RLO 的信号上升沿指令	P_TRIG CLK Q <操作数>	CLK:当前 RLO <操作数>:保存上一次查询的 RLO 的边沿存储位 Q:边沿检测的结果
扫描 RLO 的信号下降沿指令	N_TRIG CLK Q <操作数>	CLK:当前 RLO <操作数>:保存上一次查询的 RLO 的边沿存储位 Q:边沿检测的结果

4) 检测信号边沿指令

检测信号上升沿指令,可以检测输入 CLK 从"0"到"1"的状态变化。该指令将输入 CLK 的当前值与保存在指定实例(边沿存储位)中的上次查询的状态进行比较。如果该指令检测到输入 CLK 的状态从"0"变成了"1",就会在输出 Q 中生成一个信号上升沿,输出的值将在一个循环周期内为"TRUE"或"1"。在其他任何情况下,该指令输出的信号状态均为"0"。

检测信号下降沿指令,可以检测输入 CLK 从"1"到"0"的状态变化。该指令将输入 CLK 的当前值与保存在指定实例(边沿存储位)中的上次查询的状态进行比较。如果该指令检测到输入 CLK 的状态从"1"变成了"0",就会在输出 Q 中生成一个信号下降沿,输出的值将在一个循环周期内为"TRUE"或"1"。在其他任何情况下,该指令输出的信号状态均为"0"。

检测信号边沿指令格式见表 4-13。

表 4-13 检测信号边沿指令格式及说明

指令功能	指令格式	参数说明
检测信号上升沿指令	%DB1 "R_TRIG_DB" R_TRIG EN ENO CLK Q	EN:使能输入 ENO:使能输出 CLK:到达信号,将查询该信号的边沿 Q:边沿检测的结果 R_TRIG_DB:存储输入 CLK 中变量的上一个状态
检测信号下降沿指令	%DB2 "F_TRIG_DB" F_TRIG EN ENO CLK Q	EN:使能输入 ENO:使能输出 CLK:到达信号,将查询该信号的边沿 Q:边沿检测的结果 F_TRIG_DB:存储输入 CLK 中变量的上一个状态

指令使用注意事项如下。

① 检测信号边沿指令本质为功能块 FB,调用该指令时会自动生成背景数据块。

② 使能输入端可以设置信号,也可以直接连接到梯形图的开始位置,设置为一直启用边沿检测功能。

4.2.5 电梯控制系统中位逻辑指令应用

本次设计以 10 层电梯为设计对象,在电梯开始运行前无法确定电梯当前所处位置,需要在首次运行前找到电梯的基准层,这一过程称为电梯初始化。

电梯初始化的具体过程如下:电梯接到运行信号后先进行初始化操作,初始化过程中电梯不得接收任何来自电梯内部和外部的信号，电梯首先向上或向下运行直到触碰到上端站第一限位或下端站第一限位，此时楼层计数器记 11 或者 0，然后开始返回，每经过一个平层，计数器加 1 或者减 1，到达预设基层后初始化完毕。为保证安全，全部电梯都使用低速运行。到达基准层后，电梯指示灯显示电梯基准楼层，并发出自动运行信号，初始化过程结束，电梯开始正常运行。此过程在设计时须做到可随意调控电梯初始化方向和初始化楼层。

为满足随意调整初始化方向的设计要求，使用两个 FC 块分别执行上下行初始化，FC块的外侧设置可调整楼层的模拟量接口。如图 4-12 所示。

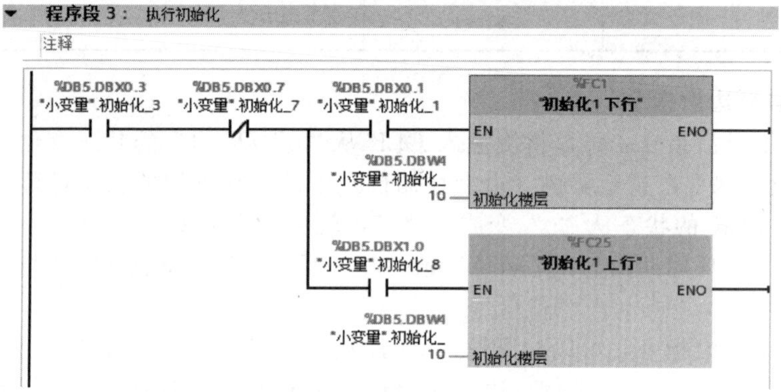

图 4-12   初始化程序

通过修改"初始化 _ 10"的数值就可以改变初始化楼层，导通"初始化 _ 1"和"初始化 _ 8"中的其中一个就可以选择初始化方向。设置好相关条件后，电梯执行初始化程序。

为确保电梯初始化后程序的有序运行，在初始化完成时将轿厢储存、上行储存、下行储存信号清零，来保证电梯的正常运行，程序如图 4-13 所示。

程序采用了一个下降沿来判断电梯是否初始化完成。当初始化开始时电机运行，此时程序并未导通，当初始化完成后电机停止运行，此时程序得到一个脉冲信号，将不需要的数据清空。此时整个初始化程序结束，电梯进入自动运行状态，可正常运行。

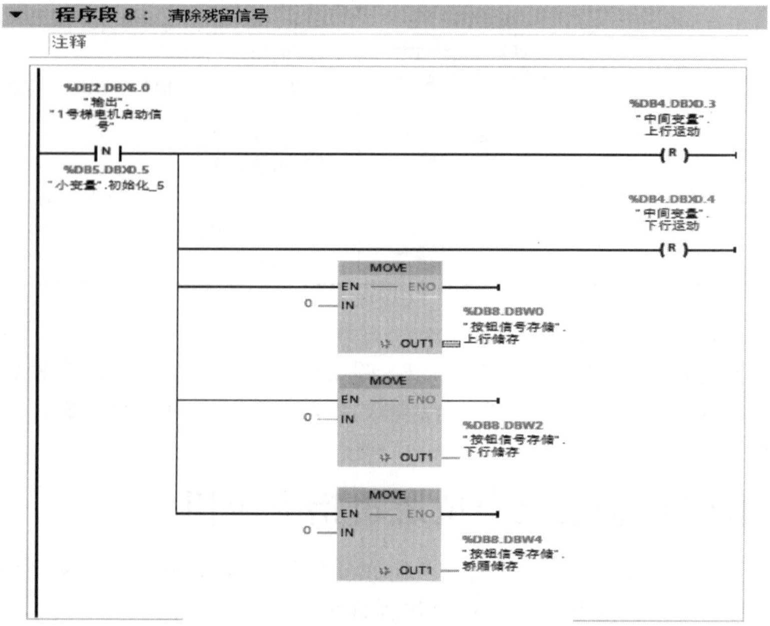

图 4-13   清除残留信号

4.3 电梯控制系统中时间控制的设计

电梯控制系统中，电梯运行、平层、开关门等都需要时间控制。在 S7-1200 PLC 中的定时器指令即可以实现控制过程的时间控制设计。软件中的定时器就相当于电气控制中的时间继电器。

S7-1200 PLC 使用的是 IEC 61131-3 标准的 IEC 定时器，其功能更完善，使用更加灵活。IEC 定时器本质为功能块，使用时需要为其分配背景数据块或数据类型为 IEC_TIMER 的数据块变量（相当于定时器的名字）。IEC 定时器采用不同背景数据块或数据块变量来区分不同的定时器，使定时器的使用数量大大提高。

S7-1200 PLC 支持 4 种类型的功能块型定时器和对应的线圈型定时器。

4.3.1 S7-1200 定时器指令

1）脉冲定时器 TP

脉冲定时器指令可以将输出 Q 置位预设的一段时间。当输入 IN 的逻辑运算结果（RLO）从"0"变为"1"（信号上升沿）时，启动该指令。指令启动时，预设的时间 PT 即开始计时。无论后续输入信号的状态如何变化，都将输出 Q 置位由 PT 指定的一段时间。PT 持续时间正在计时时，即使检测到新的信号上升沿，输出 Q 的信号状态也不会受到影响。当前时间值 ET 从 T#0s 开始，在达到持续时间值 PT 后结束。如果 PT 时间用完且输入 IN 的信号状态为"0"，则复位输出 ET。指令格式如表 4-14 所示。

表 4-14 脉冲定时器指令格式及说明

指令功能	指令格式	参数说明
脉冲定时器指令	%DB1 "IEC_Timer_0_DB" TP Time —IN Q— —PT ET—	IN:启动输入 Q:脉冲输出 PT:脉冲的持续时间 ET:当前时间值

每次调用脉冲定时器指令，都会为其分配一个 IEC 定时器用于存储指令数据。PLC 系统会默认名称和编号，也可以手动选择。调用示意图如图 4-14 所示。其他定时器指令调用时分配背景数据块方式相同，后面不再叙述。

脉冲定时器时序图如图 4-15 所示。

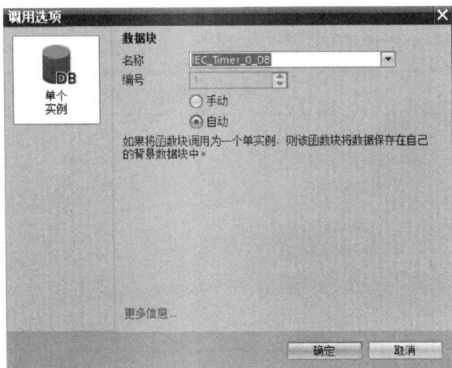

图 4-14 分配 IEC 定时器示意图

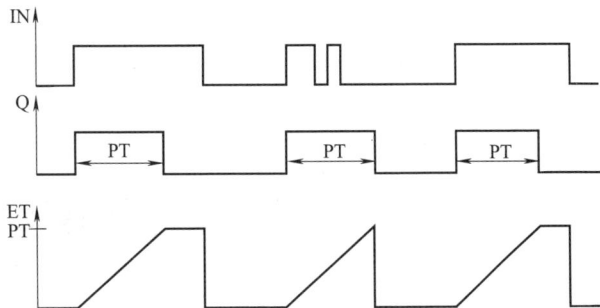

图 4-15 脉冲定时器时序图

TP 定时器指令仿真实例如图 4-16 所示。

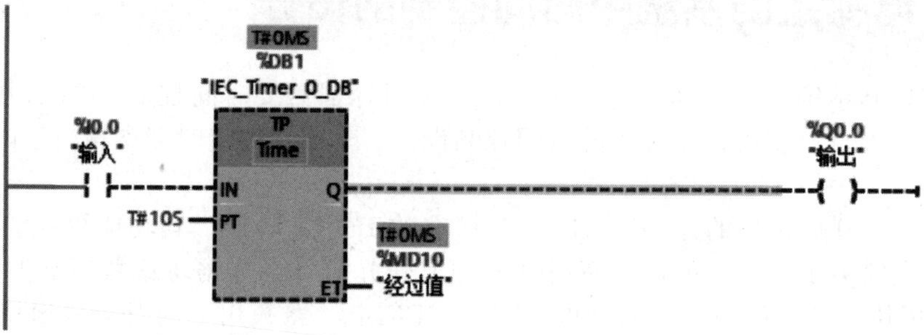

(a)

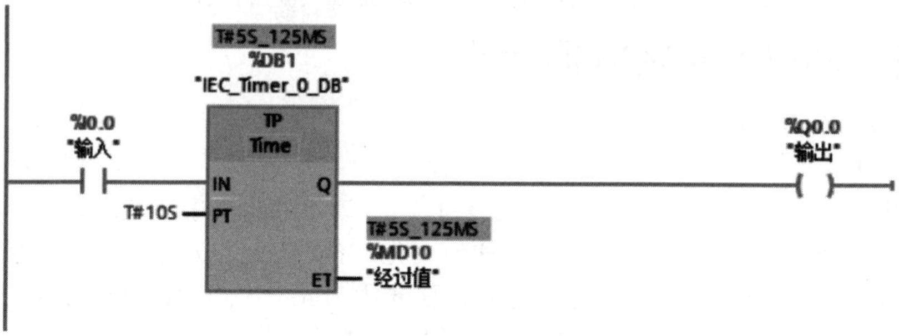

(b)

图 4-16　脉冲定时器指令仿真程序

仿真过程分析:

(a) I0.0＝0, 定时器不工作, ET＝0, 定时器输出 "0", 线圈失电, Q0.0＝0;

(b) 当 I0.0 上升沿到来时, 定时器开始工作, 定时器输出 "1", 线圈通电, Q0.0＝1; 当 ET＝PT＝10s 时, 定时器输出 "0", 线圈失电, Q0.0＝0。

2) 接通延时定时器 TON

接通延时定时器, 将输出 Q 的置位延时设定的时间 PT。当输入 IN 的逻辑运算结果 (RLO) 从 "0" 变为 "1" (信号上升沿) 时, 启动该指令。指令启动时, 预设的时间 PT 即开始计时。当前时间值 ET 从 T♯0s 开始增加, 超出时间 PT 之后, 输出 Q 的信号状态将变为 "1"。只要启动输入仍为 "1", 输出 Q 就保持置位。启动输入的信号状态从 "1" 变为 "0" 时, 将复位输出 Q, ET 同时复位。在启动输入检测到新的信号上升沿时, 该定时器将再次启动。指令格式如表 4-15 所示。

表 4-15　接通延时定时器指令格式及说明

指令功能	指令格式	参数说明
接通延时定时器	%DB2 "IEC_Timer_0_ DB_1"  TON Time IN　　　　Q PT　　　　ET	IN:启动输入 Q:输出 PT:预设时间值 ET:当前时间值

接通延时定时器时序图如图 4-17 所示。

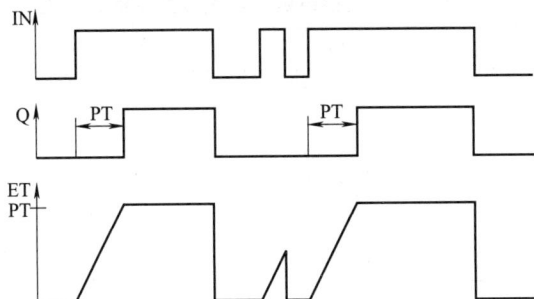

图 4-17　接通延时定时器时序图

TON 定时器指令仿真实例如图 4-18 所示。

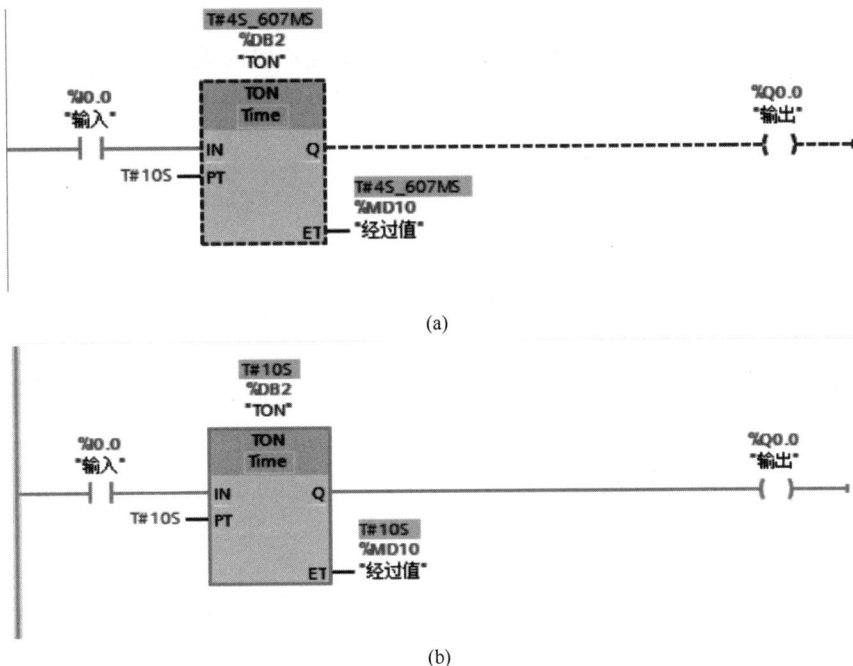

(a)

(b)

图 4-18　TON 定时器指令仿真程序

仿真过程分析：

（a）当 I0.0 上升沿到来并保持接通，定时器开始计时，若 ET＜PT，定时器输出仍然为"0"，线圈失电，Q0.0＝0。

（b）当 ET＝PT＝10s 时，定时器输出为"1"，线圈得电，Q0.0＝1。

3）保持型接通延时定时器 TONR

保持型接通延时定时器也称为时间累加器。输入 IN 的信号状态从"0"变为"1"（信号上升沿）时，将执行该指令，同时时间值 PT 开始计时。正在计时时，加在输入 IN 的信号状态为"1"时记录时间值。累加得到的时间值将写入当前时间值 ET 中。持续时间 PT 计时结束后，输出 Q 的信号状态为"1"。即使 IN 参数的信号状态从"1"变为"0"（信号下降沿），Q 参数仍将保持置位为"1"。无论启动输入的信号状态如何，输入 R 为"1"时，都将复位 ET 和 Q。每次调用时间累加器指令时，必须为其分配一个用于存储指令数据的 IEC 定时器。指令格式如表 4-16 所示。

表 4-16   保持型接通延时定时器指令格式及说明

指令功能	指令格式	参数说明
保持型接通延时定时器	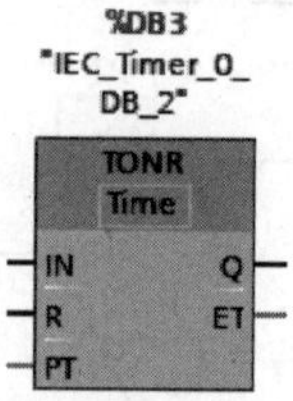 %DB3 "IEC_Timer_0_ DB_2" TONR Time IN Q R ET PT	IN:启动输入 R:复位输入 Q:输出 PT:预设时间值 ET:当前时间值

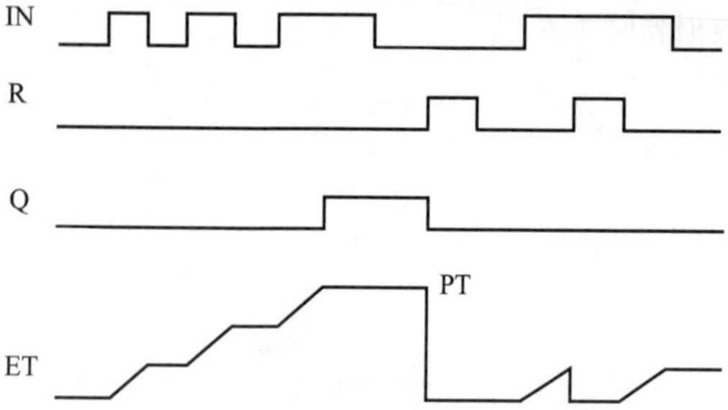

图 4-19   保持型接通延时定时器时序图

输入端 IN 出现上升沿时,启动定时器,当前值 ET 从上次当前值继续增加;当前值达到设定值 PT 时,输出端 Q 接通。输入端 IN 由"1"变为"0"时,定时器停止计时,当前值保持不变;输入端 IN 再次由"0"变为"1"时,当前值继续增加。保持型接通延时定时器时序图如图 4-19 所示。

TONR 定时器指令仿真实例如图 4-20 所示。

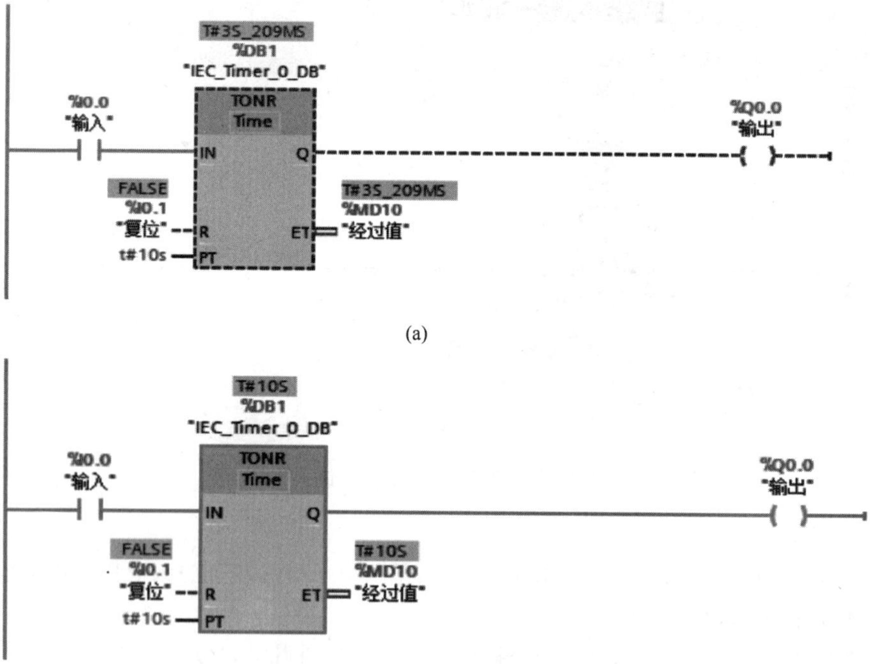

(a)

(b)

图 4-20   TONR 定时器指令仿真程序

仿真过程分析:

(a) 当 I0.0=1 时,定时器工作计时,若 ET<PT,定时器输出"0",线圈失电,Q0.0=0;I0.0=0 时,定时器不工作,ET 保持不变,定时器输出"0",线圈失电,Q0.0=0;

(b) 当 I0.0=1,且 ET=PT=10s 时,定时器输出"1",线圈得电,Q0.0=1。

4)关断延时定时器 TOF

关断延时定时器将输出 Q 的复位延时设定为时间 PT。当输入 IN 的逻辑运算结果

（RLO）从"0"变为"1"（信号上升沿）时，将置位输出 Q。当输入 IN 处的信号状态变回"0"时，预设的时间 PT 开始计时。只要 PT 持续时间仍在计时，输出 Q 就保持置位。持续时间 PT 计时结束后，将复位输出 Q。如果输入 IN 的信号状态在持续时间 PT 计时结束之前变为"1"，则复位定时器，输出 Q 的信号状态仍为"1"。当前的时间值 ET 从 T#0s 开始，在达到持续时间值 PT 后结束。当持续时间 PT 计时结束后，在输入 IN 变回"1"之前，输出 ET 会保持当前值的状态。在持续时间 PT 计时结束之前，如果输入 IN 的信号状态切换为"1"，则将输出 ET 复位为值 T#0s。每次调用关断延时指令，必须为其分配存储指令数据的 IEC 定时器。指令格式如表 4-17 所示。

表 4-17　关断延时定时器指令格式及说明

指令功能	指令格式	参数说明
关断延时定时器	%DB4 "IEC_Timer_0_ DB_3" TOF Time IN　　　　Q PT　　　　ET	IN:启动输入 Q:输出 PT:预设时间值 ET:当前时间值

输入端 IN 由"1"变为"0"时，启动定时器，当前值 ET 由 0 开始增加；当前值达到设定值 PT 时，输出端 Q 断开。输入端 IN 由"0"变为"1"时，定时器复位，当前值清零，输出端 Q 接通。时序图如图 4-21 所示。

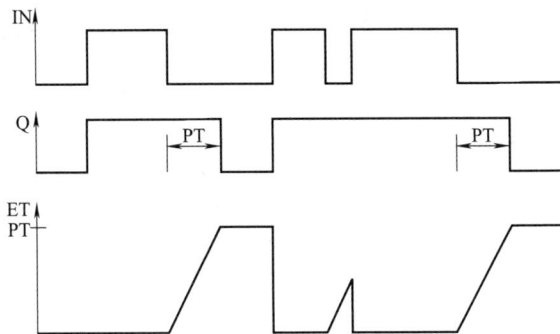

图 4-21　关断延时定时器时序图

TOF 定时器指令仿真实例如图 4-22 所示。

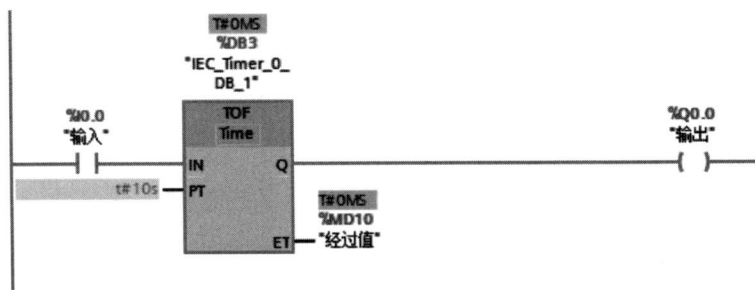

(a)

图 4-22

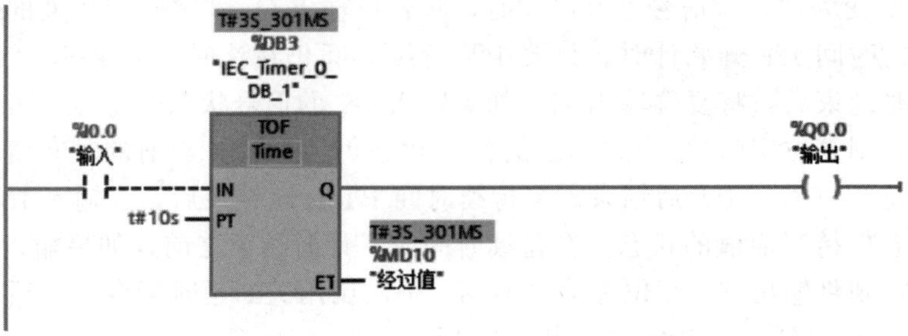

(b)

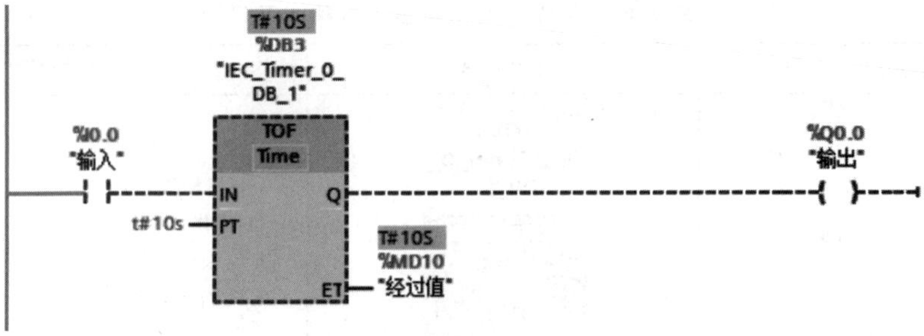

(c)

图 4-22 　TOF 定时器指令仿真程序

仿真过程分析：

（a）当 I0.0=0 时，定时器开始计时，ET＜PT=10s 时，定时器输出仍然保持"1"，线圈得电，Q0.0=1；

（b）当 I0.0=1 时，定时器输出"1"，线圈得电，Q0.0=1，但 ET=0；

（c）当 I0.0=0，ET=PT=10s 时，线圈失电，Q0.0=0。

5）定时器线圈指令

定时器线圈指令格式及参数如表 4-18 所示。

表 4-18 　定时器线圈指令格式及参数说明

指令功能	指令格式	参数说明
启动脉冲定时器	<操作数2> —(TP Time)— <操作数1>	〈操作数 1〉:持续时间 〈操作数 2〉:IEC 定时器
启动接通延时定时器	<操作数2> —(TON Time)— <操作数1>	〈操作数 1〉:持续时间 〈操作数 2〉:IEC 定时器
启动关断延时定时器	<操作数2> —(TOF Time)— <操作数1>	〈操作数 1〉:持续时间 〈操作数 2〉:IEC 定时器
时间累加器	<操作数2> —(TONR Time)— <操作数1>	〈操作数 1〉:持续时间 〈操作数 2〉:IEC 定时器

续表

指令功能	指令格式	参数说明
加载持续时间	<操作数2> —(PT)— <操作数1>	〈操作数1〉:持续时间 〈操作数2〉:IEC 定时器
复位定时器	<操作数> —[RT]—	〈操作数〉:IEC 定时器

4.3.2　电梯控制系统中时间控制的程序设计

以电梯平层停止时间控制为例。

电梯平层停止的过程需要经变速操作和制动系统同时完成。首先电梯在接近停止楼层时，速度由高速切换为低速，完成此过程后制动系统进行工作。制动系统共有三级，并且需要逐一启动。直到三个制动装置全部启动，电梯此时具备停止条件。当电梯到达平层时电梯方可停止，停止后切断电机启动信号和方向信号并抱闸停车，此时电梯完成停止操作。

以上行停止为例分析电梯停止的过程。首先电梯停止的信号来源于上行储存、下行储存和轿厢储存三个信号与轿厢当前位置的关系，满足其中一个条件轿厢才会有停止信号。轿厢位置与上述三个信号中的任意一个信号相差一层且与电梯的运行方向保持一致时满足条件。变速触发后，高速模式切换成低速模式，制动系统以 100ms 为时间间隔，依次触发。当下平层信号触发时，制动系统开始工作，制动时间为下平层触发到上下平层同时触发之间的时间。通过测试，正常运行情况下，下平层触发到上下平层同时触发的时间在 0.8s 左右，可以完全满足三级制动所需时间。程序如图 4-23 所示。

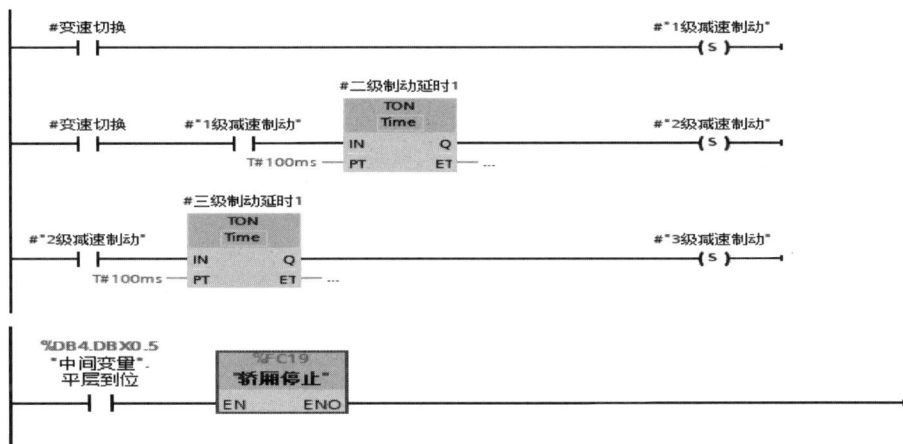

图 4-23　电梯上行平层停止控制程序

4.4　电梯控制系统中计数功能的设计

在电梯控制系统中，对电梯楼层进行判断，并对经停楼层等环节进行计数。S7-1200 指令系统中的计数器指令就具有累计外部输入脉冲个数的功能。

S7-1200 PLC 支持 3 种类型的计数器指令：加计数器（CTU）、减计数器（CTD）和加减计数器（CTUD）。如果需要速率更高的计数器，还可以使用CPU内置的高速计数器。每个计数器都使用数据块中存储的结构来保存计数器的数据，用户在编辑器中放置计数器指令时需为其分配相应的数据块。

4.4.1 计数器指令

1）加计数器 CTU

加计数器指令格式如表4-19所示。当计数输入端CU每次出现上升沿时，当前值CV加1，当前值CV最大可达到数据类型的上限值，达到上限后，CV不再增加。

当前值CV大于等于预设值PV时，输出端Q导通；复位输入端R为“1”时，计数器复位，当前值清零，输出端Q断开。

表 4-19 加计数器指令格式及说明

指令功能	指令格式	参数说明
加计数器	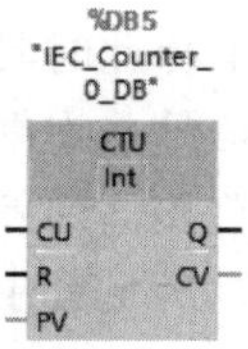%DB5 "IEC_Counter_0_DB" CTU Int CU Q R CV PV	CU：计数输入 R：复位输入 Q：计数器输出 PV：预设计数值 CV：当前计数值

指令仿真实例如图4-24所示。

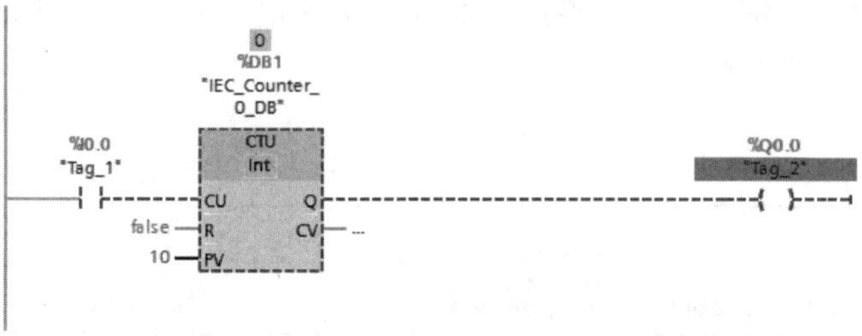

0
%DB1
"IEC_Counter_0_DB"
%I0.0
"Tag_1"
CTU
Int
CU
Q
false
R
CV
...
10
PV
%Q0.0
"Tag_2"

(a)

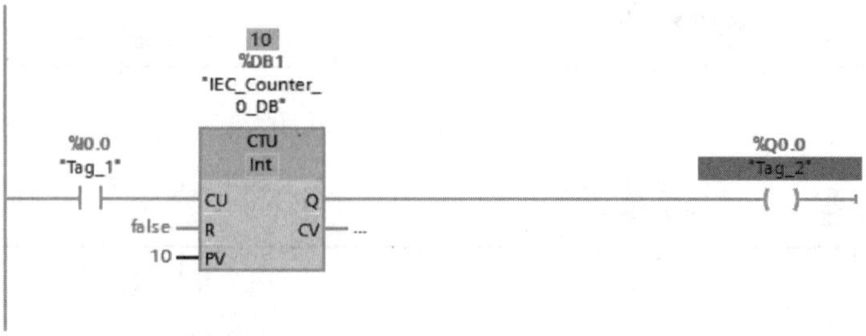

10
%DB1
"IEC_Counter_0_DB"
%I0.0
"Tag_1"
CTU
Int
CU
Q
false
R
CV
...
10
PV
%Q0.0
"Tag_2"

(b)

图 4-24 CTU计数器指令仿真程序

仿真过程分析：

（a）R=0，CU=0时，计数器不工作，CV为“0”，定时器输出Q为“0”，线圈Q0.0失电；

（b）R=0时，每检测到一次CU上升沿，当前计数器值CV加1，CV大于等于预设计数值PV的数值10时，输出Q为“1”，线圈Q0.0接通。

2）减计数器 CTD

减计数器指令格式如表 4-20 所示。当脉冲输入端 CD 每次出现上升沿时，当前值 CV 减 1，当前值 CV 最小可达到数据类型的下限值，达到下限后，CV 不再减小。当前值 CV 小于等于 0 时，输出端 Q 导通；装载输入端 LD 为"1"时，把预设值 PV 装载到当前值 CV 中，输出端 Q 断开。LD 为"1"状态时，减计数输入 CD 不起作用。

表 4-20 减计数器指令格式及说明

指令功能	指令格式	参数说明
减计数器	%DB6 "IEC_Counter_0_DB_1" CTD Int CD Q LD CV PV	CD：计数输入 LD：装载输入 Q：计数器输出 PV：预设计数值 CV：当前计数值

指令仿真实例如图 4-25 所示。

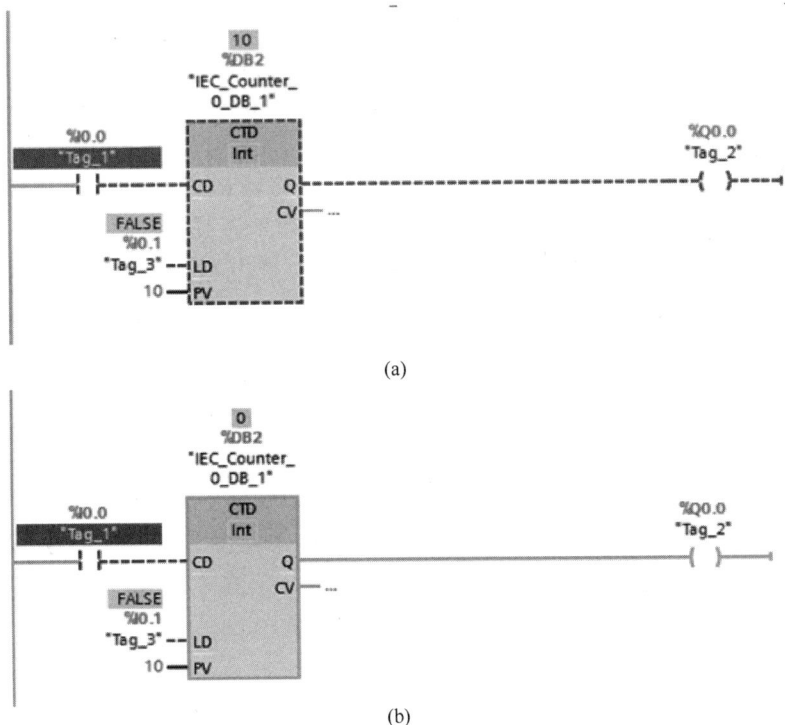

(a)

(b)

图 4-25 CTD 计数器指令仿真程序

仿真过程分析：

（a）装载输入 LD 为"0"状态，允许计数。CD 为"0"状态时，减计数值不变，CV＞0，线圈 Q0.0 失电。

（b）装载输入 LD 为"0"状态时，在减计数输入 CD 的上升沿，当前计数值 CV 减 1，计数 10 个上升沿，CV 等于 0 时，输出 Q 为"1"状态，线圈 Q0.0 接通。

3）加减计数器 CTUD

加减计数器指令格式如表 4-21 所示。如果输入 CU 的信号状态从"0"变为"1"（信号上升沿），则当前计数器值加 1 并存储在输出 CV 中。如果输入 CD 的信号状态从"0"变为"1"（信号上升沿），则当前计数器值减 1 并存储在输出 CV 中。如果在一个程序周期内，输入 CU 和 CD 都出现信号上升沿，则输出 CV 的当前计数器值保持不变。计数器值可以一直递增，直到达到输出 CV 处指定数据类型的上限。达到上限后，即使出现信号上升沿，计数器值也不再递增。达到指定数据类型的下限后，计数器值也不再递减。

表 4-21　加减计数器指令格式及说明

指令功能	指令格式	参数说明
加减计数器	%DB7 "IEC_Counter_0_DB_2" CTUD Int CU　QU CD　QD R　　CV LD PV	CU：加计数输入 CD：减计数输入 R：复位输入 LD：装载输入 QU：加计数器输出 QD：减计数器输出 PV：预设计数值 CV：当前计数值

装载输入 LD 的信号状态变为"1"时，将输出 CV 的计数器值置位为参数 PV 的值。只要输入 LD 的信号状态仍为"1"，输入 CU 和 CD 的信号状态就不会影响该指令。当复位输入 R 的信号状态变为"1"时，将计数器值置位为"0"。只要输入 R 的信号状态仍为"1"，输入 CU、CD 和 LD 信号状态的改变就不会影响加减计数器指令。

如果当前计数器值大于或等于参数 PV 的值，则将输出 QU 的信号状态置位为"1"。在其他任何情况下，输出 QU 的信号状态均为"0"。如果当前计数器值小于或等于 0，则输出 QD 的信号状态将置位为"1"。在其他任何情况下，输出 QD 的信号状态均为"0"。

指令仿真实例如图 4-26 所示。

仿真过程分析：

（a）装载输入 LD 为"0"，复位输入 R 为"0"时，允许加减计数器工作。当加计数输入 CU 端 I0.0 为"0"时，此时加计数输出 QU 为"0"时，Q0.0 失电。CV＝0 时，减计数输出 QD 为"1"，Q0.1 为"1"。

（b）当加计数输入 CU 端 I0.0 出现上升沿时，CV 值加 1，当 CV 等于预设数值 PV 的数值 10 时，输出 QU 为"1"，线圈 Q0.0 接通，输出 QD 为"0"，Q0.1 为"0"。

(a)

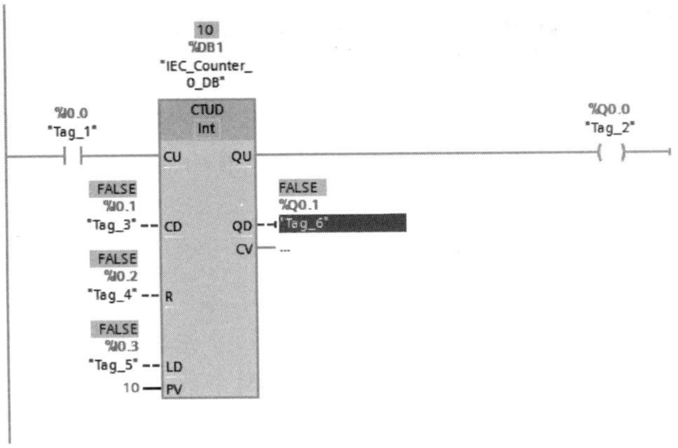

(b)

图 4-26　CTUD 计数器指令仿真程序

4.4.2　电梯控制系统中计数器指令的应用

以电梯楼层计算为例。

电梯运行中需要对所在楼层进行判断，并准确处理接收到的楼层信号。上行接触器导通且每到达一个平层后会发出一个脉冲信号，然后将信号送给 CTUD（加减计数器）的加计数输入端，此时楼层数加一；下行接触器导通且每到达一个平层后会发出一个脉冲信号，然后将信号送给 CTUD（加减计数器）的减计数输入端，此时楼层数减一。程序如图 4-27 所示。

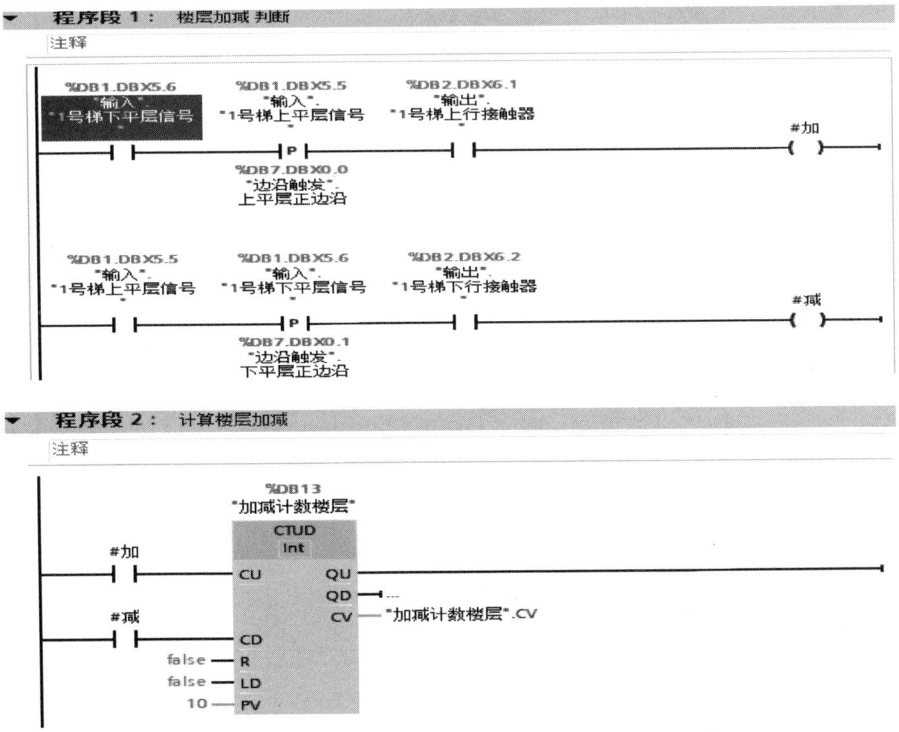

图 4-27　楼层计算程序

4.5 电梯控制系统中数据处理的设计

电梯控制系统中运用数据处理，可以使控制过程更流畅、程序可读性更强。S7-1200提供了功能强大且丰富的数据处理指令，本节主要介绍其中应用较为广泛的比较指令、移动指令、移位指令等。

4.5.1 比较操作指令

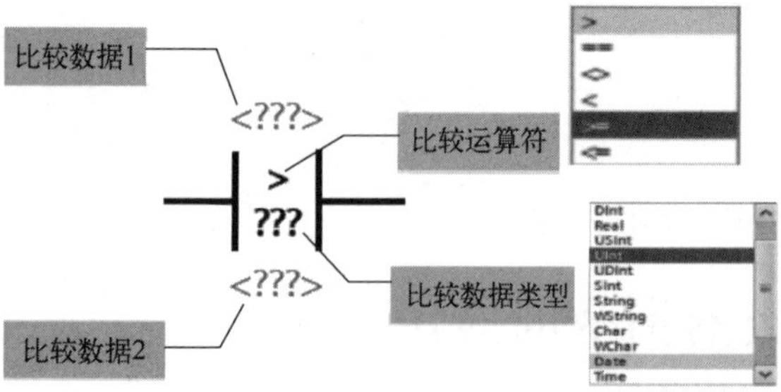

图4-28   比较指令说明

比较操作指令是对相同数据类型的两个数IN1与IN2的大小进行比较，又称为有条件触点。当比较条件成立时，逻辑运算结果输出为"1"，对应触点接通；当比较条件不成立时，逻辑运算结果输出为"0"，对应触点关断。在工控领域中，在数值大小比较和数值限幅控制中应用比较指令较多。S7-1200 PLC比较指令格式说明如图4-28所示。

S7-1200 PLC比较指令具有相似结构，具体格式和功能如表4-22所示。

表 4-22   比较指令格式及说明

指令功能	指令格式	执行过程	操作数类型
等于	"Tag_Value1" == INT "Tag_Value2"	满足"Tag_Value1"="Tag_Value2"，结果为真，否则为假	Byte，Word，DWord，SInt，Int，DInt，USInt，UInt，UDInt，Real，LReal，String，WString，Char，Time，Date，TOD，DT，常数（备注：指令格式中INT数据可以选择更换其他可用数据类型）
不等于	"Tag_Value1" <> INT "Tag_Value2"	满足"Tag_Value1"≠"Tag_Value2"，结果为真，否则为假	
大于或等于	"Tag_Value1" >= INT "Tag_Value2"	满足"Tag_Value1"≥"Tag_Value2"，结果为真，否则为假	
小于或等于	"Tag_Value1" <= INT "Tag_Value2"	满足"Tag_Value1"≤"Tag_Value2"，结果为真，否则为假	
大于	"Tag_Value1" > INT "Tag_Value2"	满足"Tag_Value1">"Tag_Value2"，结果为真，否则为假	
小于	"Tag_Value1" < INT "Tag_Value2"	满足"Tag_Value1"<"Tag_Value2"，结果为真，否则为假	

续表

指令功能	指令格式	执行过程	操作数类型
值在范围内	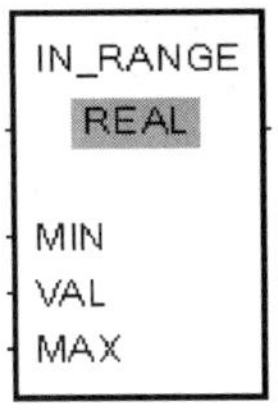 IN_RANGE REAL MIN VAL MAX	满足"MIN≤VAL≤MAX",结果为真,否则为假	(备注:指令格式中RE-AL数据可以选择更换其他可用数据类型)
值超出范围	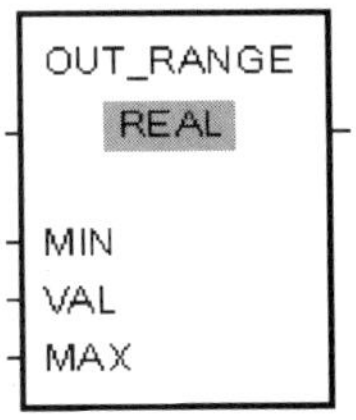 OUT_RANGE REAL MIN VAL MAX	满足"MIN＞VAL或者VAL＞MAX",结果为真,否则为假	

指令仿真实例如图 4-29 所示。

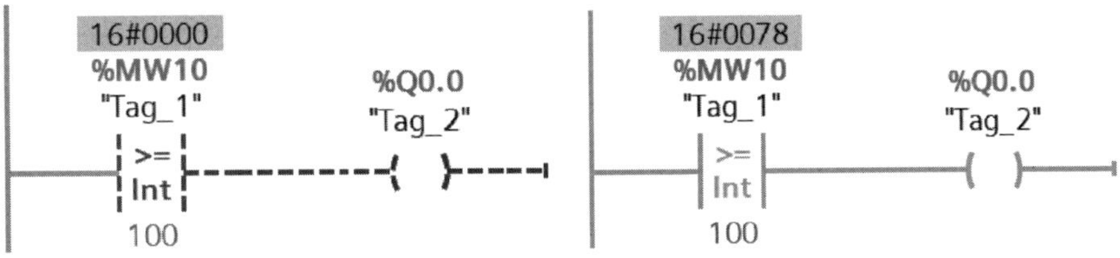

图 4-29　比较指令仿真程序

仿真过程分析:

（a）当 MW10＝0 时,位比较不符合条件,触点断开,Q0.0＝0,线圈断电。

（b）当 Tag_1≥100 时（16♯0078 转换为十进制数为 120）,位比较符合条件,触点接通,Q0.0＝1,线圈得电。

4.5.2　移动操作指令

移动操作指令将数据元素复制到指定存储器地址。包括移动、填充、交换等指令。

1）移动值指令

移动值指令 MOVE,将 IN 输入处操作数中的内容传送给 OUT1。IN 和 OUT1 的数据类型可以是位、整数、浮点数、定时器、日期时间、Char、WChar、Struct、Array、IEC 定时器/计数器数据类型,IN 还可以是常数。移动值指令允许有多个输出。指令格式如表 4-23 所示。

表 4-23　移动值指令格式及说明

指令功能	指令格式	参数说明
移动值指令	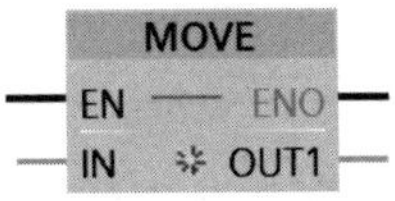 MOVE EN — ENO IN ※ OUT1	EN:使能输入 ENO:使能输出 IN:源操作数 OUT1:目的操作数

指令仿真程序如图 4-30 所示。

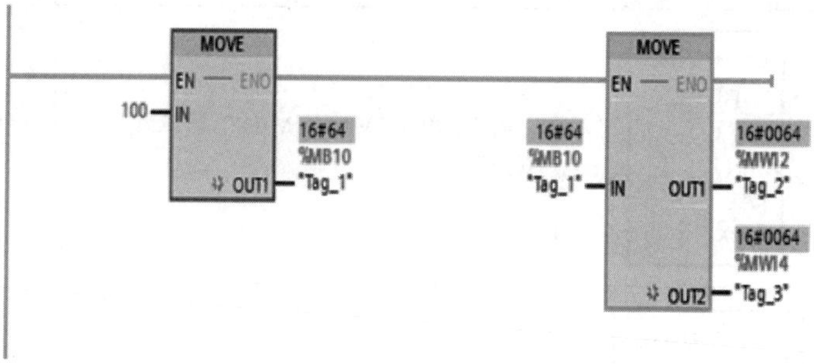

图 4-30 移动指令仿真程序

仿真过程分析：当 PLC 上电时，执行 MOVE 指令。将数值 100 送到 MB10 并保存；将 MB10 内的数值分别送到 MW12 和 MW14 并保存。

2）块移动指令

块移动指令 MOVE ＿ BLK 将一个存储区（源范围）的数据移动到另一个存储区（目标范围）中。使用输入 COUNT 可以指定移动到目标范围中的元素个数。可通过输入 IN 中元素的宽度来定义元素待移动的宽度。仅当源范围和目标范围的数据类型相同时，才能执行该指令。指令格式如表 4-24 所示。

表 4-24 块移动指令格式及说明

指令功能	指令格式	参数说明
块移动指令	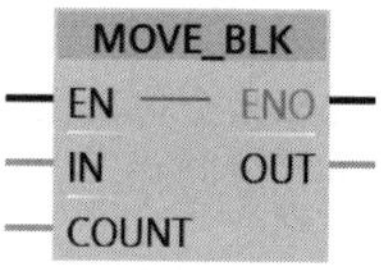 MOVE_BLK EN — ENO IN OUT COUNT	EN：使能输入 ENO：使能输出 IN：源操作区首地址 COUNT：元素个数 OUT：目的操作区首地址

指令使用说明：块移动指令中 IN 和 OUT 必须是数据块 DB 或局部数据区 L 中的数组元素。

3）填充块指令

填充块指令 FILL ＿ BLK 用输入 IN 的值填充一个存储区域（目标范围）。从输出 OUT 指定的地址开始填充目标范围。可以使用参数 COUNT 指定复制操作的重复次数。执行该指令时，输入 IN 中的值将移动到目标范围，重复次数由参数 COUNT 的值指定。仅当源范围和目标范围的数据类型相同时，才能执行该指令。指令格式如表 4-25 所示。

表 4-25 填充块指令格式及说明

指令功能	指令格式	参数说明
填充块指令	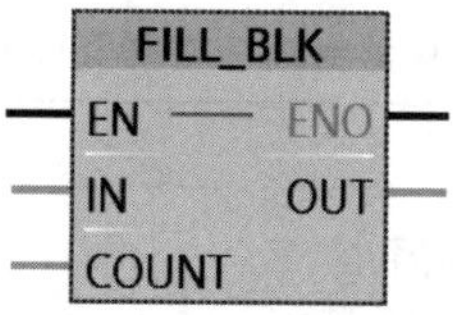 FILL_BLK EN — ENO IN OUT COUNT	EN：使能输入 ENO：使能输出 IN：源操作数 COUNT：移动操作的重复次数 OUT：目的操作区首地址

指令使用说明：填充块指令中 OUT 必须是数据块 DB 或局部数据区 L 中的数组元素。

4）交换指令

交换指令 SWAP 更改输入 IN 中字节的顺序，并在输出 OUT 中查询结果。指令格式如表 4-26 所示。

表 4-26 交换指令格式及说明

指令功能	指令格式	参数说明
交换指令	SWAP ??? EN ── ENO IN ── OUT	EN：使能输入 ENO：使能输出 IN：源操作数 OUT：目的操作区首地址 ???：Word、DWord 数据类型

指令仿真程序如图 4-31 所示。

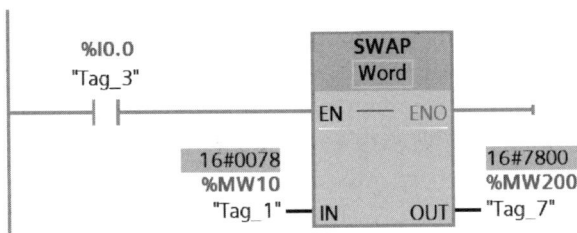

图 4-31 交换指令仿真程序

仿真过程分析：当 I0.0＝1 时，执行交换指令，MW10 中的字节顺序发生交换，并把结果保存到 MW200 中。

4.5.3 移位操作指令

1）右移指令

右移指令 SHR，将输入 IN 中操作数的内容按位向右移位，并在输出 OUT 中查询结果。参数 N 用于指定将指定值移位的位数。

如果参数 N 的值为"0"，则将输入 IN 的值复制到输出 OUT 中。

如果参数 N 的值大于位数，则输入 IN 的操作数值将向右移动该位数个位置。

无符号值移位时，用零填充操作数左侧区域中空出的位。如果指定值有符号，则用符号位的信号状态填充空出的位。指令格式如表 4-27 所示。

表 4-27 右移指令格式及说明

指令功能	指令格式	参数说明
右移指令	SHR ??? EN ── ENO IN ── OUT N	EN：使能输入 ENO：使能输出 IN：移位操作数 N：移位的位数 OUT：储存移位结果操作数 ???：可选择数据类型

指令仿真程序如图 4-32 所示。

仿真过程分析：当 I0.0＝1 时，执行右移指令，将 MB10 中的数据从高位向低位移动 2位，并将结果送给 MB20 保存。移动示意图如图 4-33 所示。

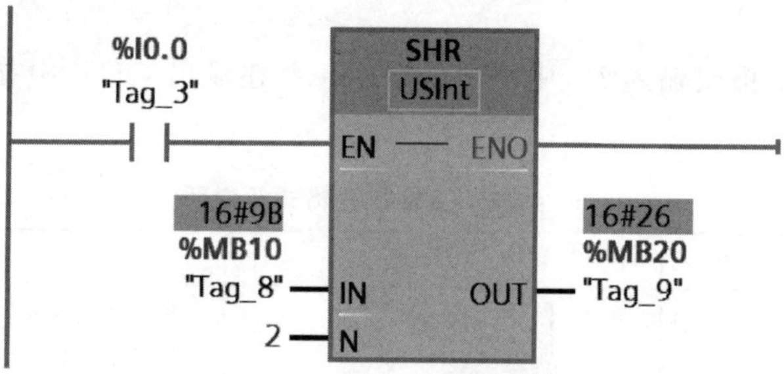

图 4-32　右移指令仿真程序

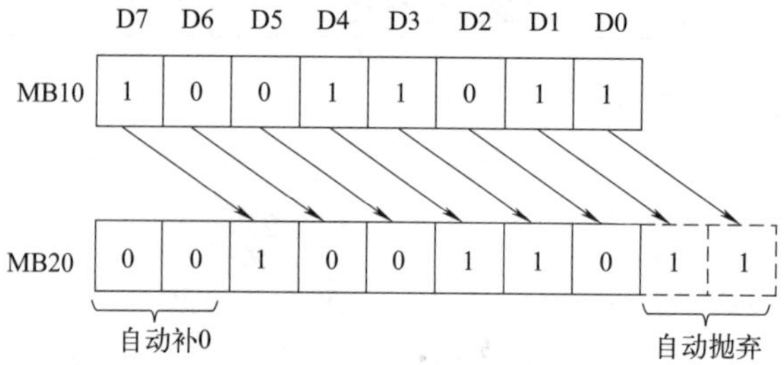

图 4-33　右移指令示意图

2）左移指令

左移指令 SHL 将输入 IN 中操作数的内容按位向左移位，并在输出 OUT 中查询结果。参数 N 用于指定将指定值移位的位数。

如果参数 N 的值为"0"，则将输入 IN 的值复制到输出 OUT 中。

如果参数 N 的值大于位数，则输入 IN 的操作数值将向左移动该位数个位置。

用零填充操作数右侧部分因移位空出的位。指令格式如表 4-28 所示。

表 4-28　左移指令格式及说明

指令功能	指令格式	参数说明
左移指令	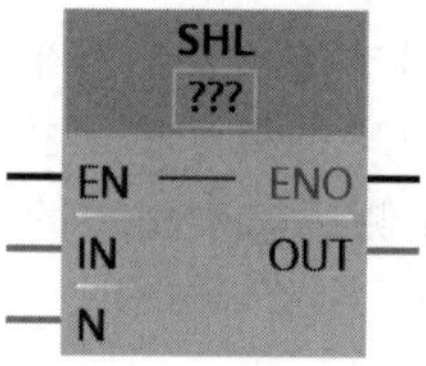	EN:使能输入 ENO:使能输出 IN:移位操作数 N:移位的位数 OUT:储存移位结果操作数 ???:可选择数据类型

指令仿真程序如图 4-34 所示。

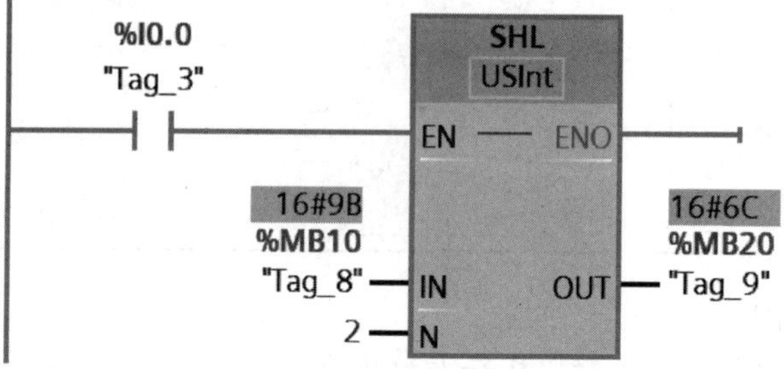

图 4-34　左移指令仿真程序

仿真过程分析：当 I0.0＝1 时，执行左移指令，将 MB10 中的数据从低位向高位移动 2 位，并将结果送给 MB20 保存。移动示意图如图 4-35 所示。

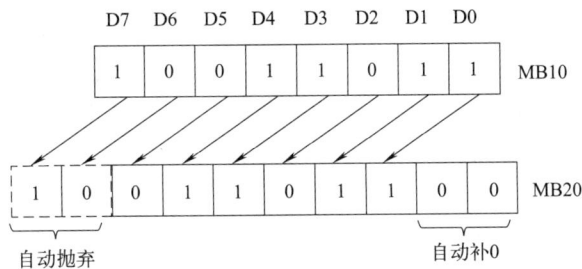

图 4-35　左移指令示意图

3）循环右移指令

循环右移指令 ROR 将输入 IN 中操作数的内容按位向右循环移位，并在输出 OUT 中查询结果。参数 N 用于指定循环移位中待移动的位数。用移出的位填充因循环移位而空出的位。

如果参数 N 的值为"0"，则将输入 IN 的值复制到输出 OUT 中。

如果参数 N 的值大于可用位数，则输入 IN 中的操作数会循环移动指定位数。指令格式如表 4-29 所示。

表 4-29　循环右移指令格式及说明

指令功能	指令格式	参数说明
循环右移指令	ROR ??? EN — ENO IN OUT N	EN:使能输入 ENO:使能输出 IN:移位操作数 N:移位的位数 OUT:储存移位结果操作数 ???:可选择数据类型

指令仿真程序如图 4-36 所示。

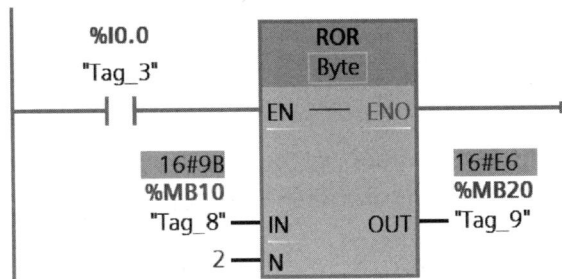

图 4-36　循环右移指令仿真程序

仿真过程分析：当 I0.0＝1 时，执行循环右移指令，将 MB10 中的数据从高位向低位循环移动 2 位，并将结果送给 MB20 保存。移动示意图如图 4-37 所示。

4）循环左移指令

循环左移指令 ROL 将输入 IN 中操作数的内容按位向左循环移位，并在输出 OUT 中查询结果。参数 N 用于指定循环移位中待移动的位数。用移出的位填充因循环移位而空出

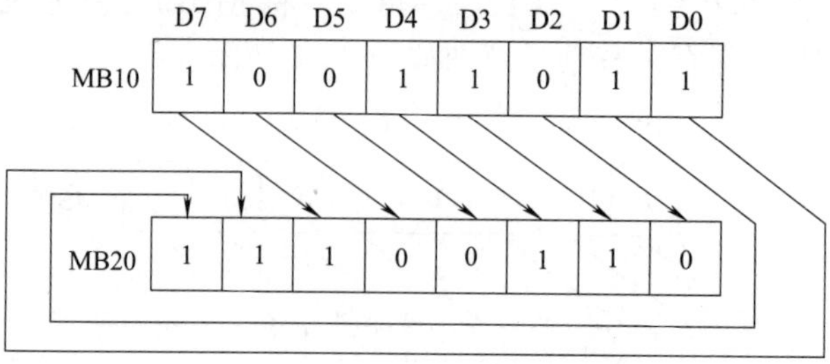

图 4-37   循环右移指令示意图

的位。

如果参数 N 的值为"0",则将输入 IN 的值复制到输出 OUT 中。

如果参数 N 的值大于可用位数,则输入 IN 中的操作数值会循环移动指定位数。指令格式如表 4-30 所示。

表 4-30   循环左移指令格式及说明

指令功能	指令格式	参数说明
循环左移指令	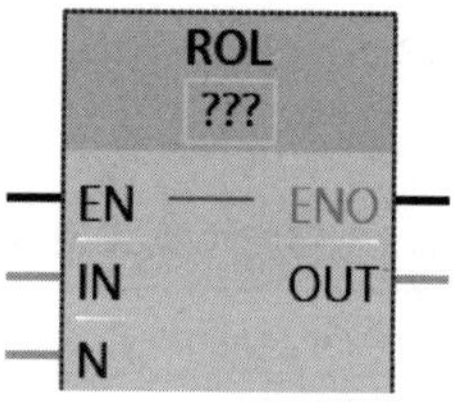 ROL ??? EN — ENO IN OUT N	EN:使能输入 ENO:使能输出 IN:移位操作数 N:移位的位数 OUT:储存移位结果操作数 ???:可选择数据类型

指令仿真程序如图 4-38 所示。

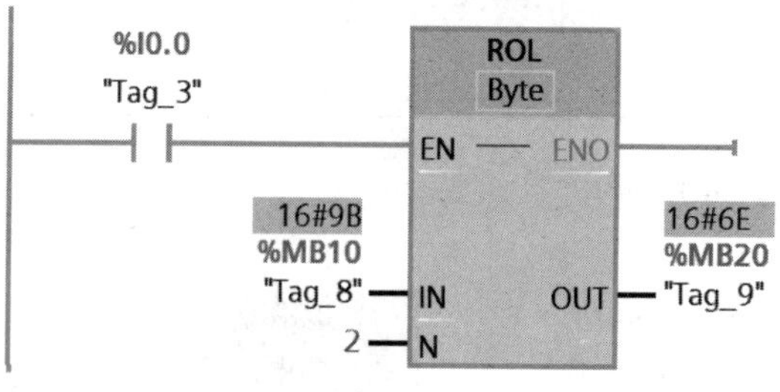

图 4-38   循环左移指令仿真程序

仿真过程分析:当 I0.0=1 时,执行循环左移指令,将 MB10 中的数据从低位向高位循环移动 2 位,并将结果送给 MB20 保存。移动示意图如图 4-39 所示。

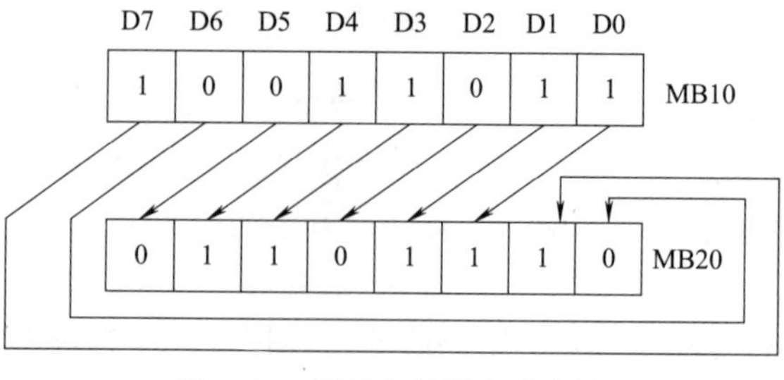

图 4-39   循环左移指令示意图

4.5.4 电梯控制系统中数据处理指令应用

1）开关门控制

轿厢开门有三种情况：第一种情况是当电梯到达目标楼层时，电梯停止，轿厢开门；第二种情况是电梯停在目标楼层时，轿厢门正处于关闭过程，但轿厢内部的开门按钮本层或外部上下行按钮被触发，此时轿厢门再次开启；第三种是轿厢门关闭的过程中，本层光幕信号被触发，轿厢门开启。这三种情况的触发条件是轿厢停止且到达平层，这样是达到保障安全的目的。而关门的条件是电梯开门到位后的一定时间内没有人再进出电梯（光幕信号没有被触发）或者关门信号被触发。利用比较指令来判断开门状态并执行动作，程序如图 4-40 所示。

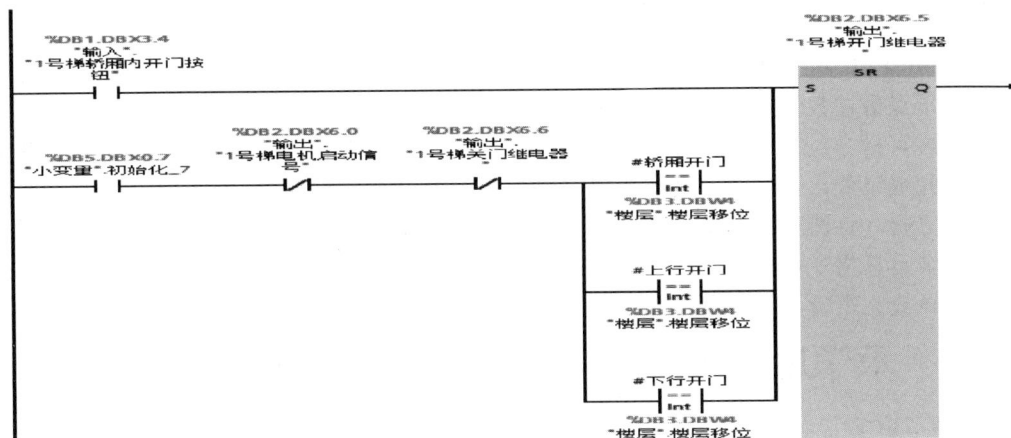

图 4-40　开关门控制

2）楼层移位和楼层流水

这个过程中将十进制数转换成二进制数运用，楼层移位是轿厢所在楼层数记"1"，楼层流水是指将楼层数以下的部分都记"1"。例如，当轿厢在五层时楼层数为 5，楼层移位是 16（二进制表示 0001 0000），楼层流水是 31（二进制表示为 0001 1111）。程序如图 4-41 所示。

图 4-41　楼层移位和楼层流水

3）楼层上移和楼层下移

此部分将楼层移位分别使用移位操作中的 SHL（左移）和 SHR（右移）进行操作，程序如图 4-42 所示。

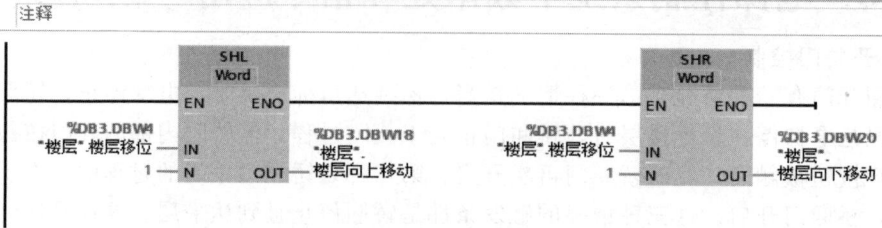

图 4-42   楼层向上移动和楼层向下移动

4.6   电梯控制系统中数学运算的设计

S7-1200 PLC 除了具有强大的逻辑控制功能外，还具备完善的数学运算和逻辑运算功能。本节重点讲述数学运算指令和逻辑运算指令。

数学运算指令包括整数算术运算指令、浮点数算术运算指令和字逻辑运算指令。算术运算指令可完成整数、长整数及实数的加、减、乘、除等基本算术运算，以及 32 位浮点数的平方、平方根、自然对数、基于 e 的指数运算及三角函数等扩展算术运算。

字逻辑运算指令可对两个 16 位（Word）或 32 位（DWord）的二进制数据逐位进行逻辑与、逻辑或、逻辑异或运算。

4.6.1   数学运算指令

1）加法指令

加法指令 ADD，将输入 IN1 的值与输入 IN2 的值相加，并在输出 OUT（OUT：=IN1＋IN2）处查询总和。在初始状态下，指令框中至少包含两个输入（IN1 和 IN2），可以扩展输入数目。在功能框中按升序对插入的输入编号。执行该指令时，将所有可用输入参数的值相加。求得的和存储在输出 OUT 中。指令格式如表 4-31 所示。

表 4-31   加法指令格式及说明

指令功能	指令格式	参数说明
加法指令	ADD Auto (???) EN — ENO IN1 — OUT IN2	EN：使能输入 ENO：使能输出 IN1：第一个加数 IN2：第二个加数 OUT：和 ???：可选择数据类型

2）减法指令

减法指令 SUB，将输入 IN2 的值从输入 IN1 的值中减去，并在输出 OUT（OUT：=IN1－IN2）处查询差值。指令格式如表 4-32 所示。

3）乘法指令

乘法指令 MUL，将输入 IN1 的值与输入 IN2 的值相乘，并在输出 OUT（OUT：=IN1×IN2）处查询乘积。可以在指令功能框中展开输入的数字。在功能框中以升序对相乘的输入进行编号。指令执行时，将所有可用输入参数的值相乘。乘积存储在输出 OUT 中。指令格式如表 4-33 所示。

表4-32　减法指令格式及说明

指令功能	指令格式	参数说明
减法指令	SUB Auto (???) EN — ENO IN1　OUT IN2	EN:使能输入 ENO:使能输出 IN1:被减数 IN2:减数 OUT:差 ???:可选择数据类型

表4-33　乘法指令格式及说明

指令功能	指令格式	参数说明
乘法指令	MUL Auto (???) EN — ENO IN1　OUT IN2 ✳	EN:使能输入 ENO:使能输出 IN1:被乘数 IN2:乘数 OUT:积 ???:可选择数据类型

4）除法指令

除法指令DIV，将输入IN1的值除以输入IN2的值，并在输出OUT（OUT:=IN1/IN2）处查询商值。指令格式如表4-34所示。

表4-34　除法指令格式及说明

指令功能	指令格式	参数说明
除法指令	DIV Auto (???) EN — ENO IN1　OUT IN2	EN:使能输入 ENO:使能输出 IN1:被除数 IN2:除数 OUT:商 ???:可选择数据类型

5）递增指令

递增指令INC，将参数IN/OUT中操作数的值更改为下一个更大的值，并查询结果。只有使能输入EN的信号状态为"1"时，才执行递增指令。如果在执行期间未发生溢出错误，则使能输出ENO的信号状态也为"1"。指令格式如表4-35所示。

表4-35　递增指令格式及说明

指令功能	指令格式	参数说明
递增指令	INC ??? EN — ENO IN/OUT	EN:使能输入 ENO:使能输出 IN/OUT:递增参数 ???:可选择数据类型

6）递减指令

递减指令DEC，将参数IN/OUT中操作数的值更改为下一个更小的值，并查询结果。

只有使能输入 EN 的信号状态为"1"时，才执行递减指令。如果在执行期间未超出所选数据类型的值范围，则输出 ENO 的信号状态也为"1"。指令格式如表 4-36 所示。

表 4-36　递减指令格式及说明

指令功能	指令格式	参数说明
递减指令	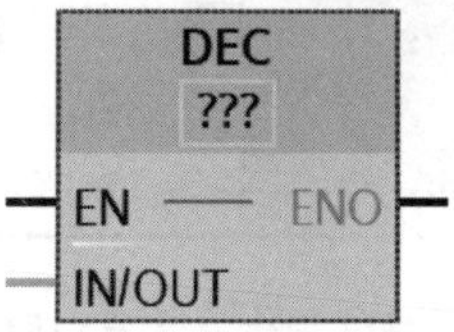 DEC ??? — EN — ENO — IN/OUT	EN:使能输入 ENO:使能输出 IN/OUT:递减参数 ???:可选择数据类型

7）浮点数算术运算指令

浮点数算术运算指令格式及说明如表 4-37 所示。

表 4-37　浮点数运算指令

指令功能	指令格式	指令功能	指令格式
平方 SQR	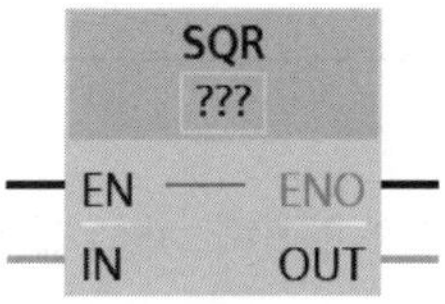 SQR ??? — EN — ENO — IN — OUT	平方根 SQRT	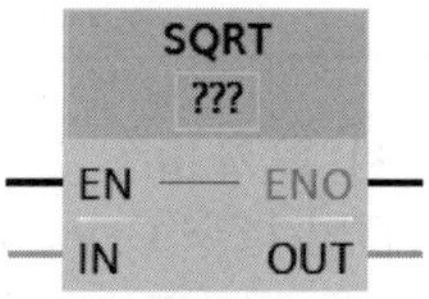 SQRT ??? — EN — ENO — IN — OUT
自然对数 LN	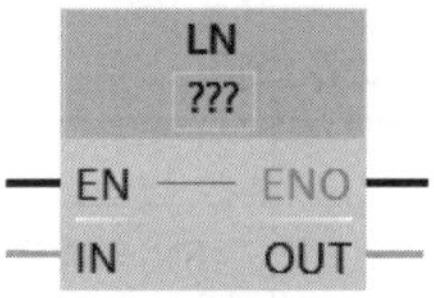 LN ??? — EN — ENO — IN — OUT	指数 EXP	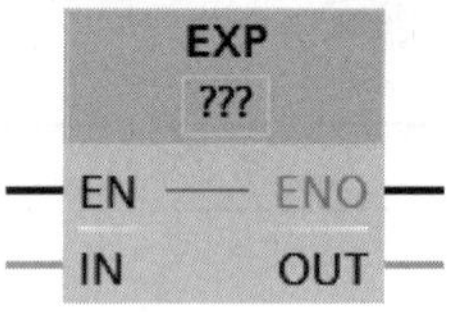 EXP ??? — EN — ENO — IN — OUT
正弦 SIN	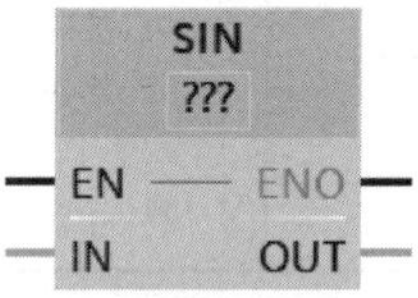 SIN ??? — EN — ENO — IN — OUT	反正弦 ASIN	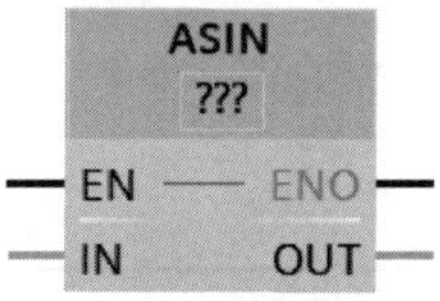 ASIN ??? — EN — ENO — IN — OUT
余弦 COS	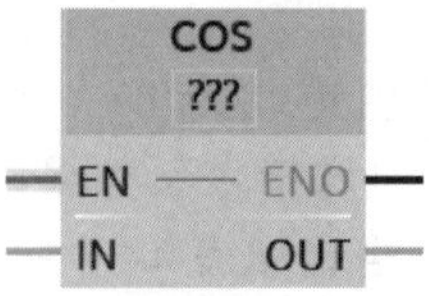 COS ??? — EN — ENO — IN — OUT	反余弦 ACOS	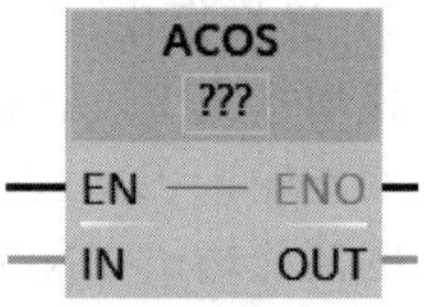 ACOS ??? — EN — ENO — IN — OUT
正切 TAN	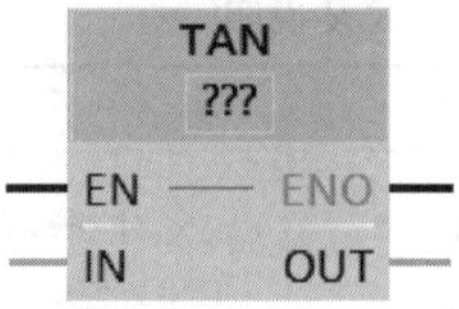 TAN ??? — EN — ENO — IN — OUT	反正切 ATAN	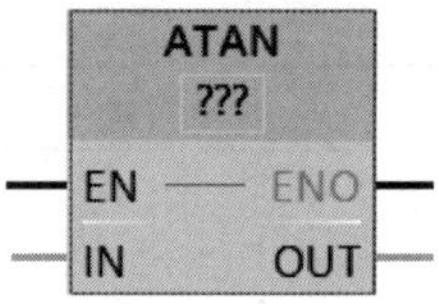 ATAN ??? — EN — ENO — IN — OUT

4.6.2　逻辑运算指令

逻辑运算指令按照布尔逻辑运算规则，逐位运算对应位。分为与、或、异或、求反码、解码、编码等指令，其指令格式及说明如表 4-38 所示。

表 4-38　逻辑运算指令

指令功能	指令格式	说明
与运算 AND	AND ??? EN ENO IN1 OUT IN2	将输入 IN1 的值和输入 IN2 的值按位进行与运算，并在输出 OUT 中查询结果
或运算 OR	OR ??? EN ENO IN1 OUT IN2	将输入 IN1 的值和输入 IN2 的值按位进行或运算，并在输出 OUT 中查询结果
异或运算 XOR	XOR ??? EN ENO IN1 OUT IN2	将输入 IN1 的值和输入 IN2 的值按位进行异或运算，并在输出 OUT 中查询结果
求反码 INV	INV ??? EN ENO IN OUT	求反码指令对输入 IN 的各个位的信号状态取反。在处理该指令时，输入 IN 的值与一个十六进制掩码（表示 16 位数的 W＃16＃FFFF 或表示 32 位数的 DW＃16＃FFFF FFFF）进行异或运算。这会将各个位的信号状态取反，并且结果存储在输出 OUT 中
解码 DECO	DECO UInt to ??? EN ENO IN OUT	将二进制数解码成位序列。DECO 指令通过将参数 OUT 中的相应位设置为1(其他所有位设置为0)，解码参数 IN 中的二进制数。执行 DECO 指令之后，ENO 始终为 TRUE
编码 ENCO	ENCO ??? EN ENO IN OUT	将位序列编码成二进制数。ENCO 指令将参数 IN 转换为与参数 IN 的最低有效设置位的位对应的二进制数，并将结果返回给参数 OUT。如果参数 IN 为 0000 0001 或 0000 0000，则将值 0 返回给参数 OUT。如果参数 IN 的值为 0000 0000，则 ENO 设置为 FALSE

4.6.3　电梯控制系统中数学运算指令应用

1）轿厢外呼

轿厢外呼是将信号储存和对应呼叫指示灯置位。设计运用 OR（或运算）将所需数据写入定义的变量。此过程中定义的两个变量分别为上行储存、下行储存，变量的数据类型为 Word。当接收到上呼信号时，将上行储存和楼层数值进行或操作然后再写入上行储存，这样就可以把信号储存到定义的变量中，下行储存过程相同。当接收到信号时，呼叫指示灯亮起。程序如图 4-43 所示。

2）轿厢内误选

当乘客进入轿厢后，根据电梯运行方向选择目标楼层，无法反向选择。乘客在误选时，可以在短时间内再次按下按钮来取消目标楼层。

当乘客按下目标楼层的选层按钮后，此时 ADD（数字函数的加运算）由"0"变为

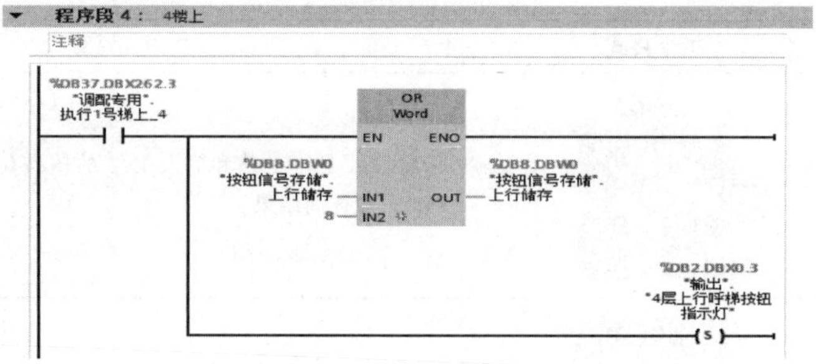

图 4-43   轿厢外呼赋值

"1"。当短时间内再次按下选层按钮时，ADD 再次加 1 变为 "2"，此时原有呼叫储存清空，选层按钮取消。这个过程运用计时器的值，该值为两次按下选层按钮的最大时间间隔。经过反复测试后，时间间隔设置为 0.25s 最合适。程序如图 4-44 所示。

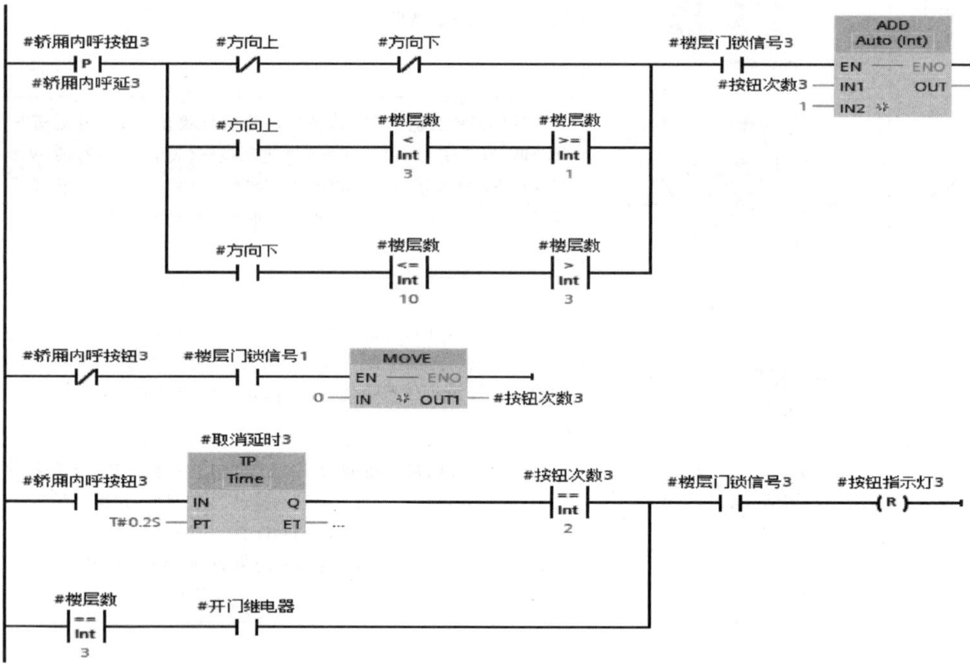

图 4-44   误触取消

4.7   电梯控制系统中模拟量的处理

在工业控制过程中，控制变量大多为温度、压力、流量、速度等随时间连续变化的模拟量，电梯控制系统中超载的问题就涉及模拟量的处理。PLC 的迅速发展使得其对于模拟量的控制能力大大提升。S7-1200 PLC 处理模拟量需要进行模数或数模转换。本节介绍 S7-1200 PLC 控制系统中模拟量的处理方法。

4.7.1   模拟量的处理指令

模拟量信号的采集可以使用转换操作指令中的 SCALE_X 标定和 NORM_X 标准化指

令，实现信号采集和标准化为实际工程量的功能。

1）NORM＿X 标准化指令

标准化指令通过将输入 VALUE 中变量的值映射到线性标尺对其进行标准化。可以使用参数 MIN 和 MAX 定义值范围的限值（应用于该标尺）。输出 OUT 中的结果经过计算并存储为浮点数，这取决于要标准化的值在该值范围中的位置。如果要标准化的值等于输入 MIN 中的值，则输出 OUT 将返回值"0.0"。如果要标准化的值等于输入 MAX 的值，则输出 OUT 将返回值"1.0"。转换示意图如图 4-45 所示。

结合图 4-45，可按以下公式进行计算：

$$OUT=(VALUE-MIN)/(MAX-MIN)$$

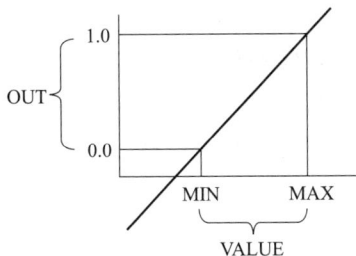

图 4-45 标准化指令转换示意图　　图 4-46 标定指令缩放示意图

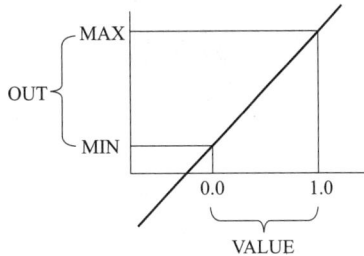

2）SCALE＿X 标定指令

标定指令通过将输入 VALUE 的值映射到指定的值范围内对该值进行缩放。当执行标定指令时，输入 VALUE 的浮点值会缩放到由参数 MIN 和 MAX 定义的值范围。缩放结果为整数，存储在 OUT 输出中。缩放示意图如图 4-46 所示。

标定指令将按以下公式进行计算：

$$OUT=[VALUE\times(MAX-MIN)]+MIN$$

上述两个指令的格式及说明见表 4-39。

表 4-39　NORM＿X 标准化指令和 SCALE＿X 标定指令格式及说明

指令功能	指令格式	参数说明
NORM_X 标准化指令	NORM_X ??? to ??? EN — ENO MIN　OUT VALUE MAX	EN:使能输入 ENO:使能输出 MIN:取值范围的下限 VALUE:要标准化的值 MAX:取值范围的上限 OUT:标准化结果 ???:选择数据类型
SCALE_X 标定指令	SCALE_X ??? to ??? EN — ENO MIN　OUT VALUE MAX	EN:使能输入 ENO:使能输出 MIN:取值范围的下限 VALUE:要缩放的值 MAX:取值范围的上限 OUT:缩放的结果 ???:选择数据类型

指令仿真程序如图 4-47 所示。

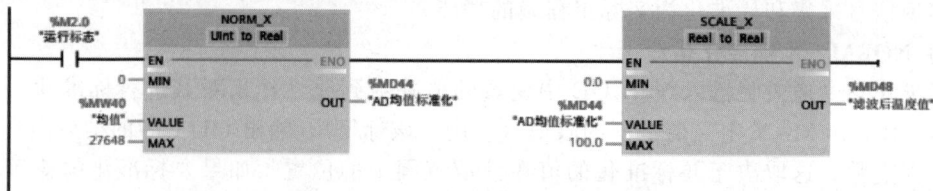

图 4-47　标准化、标定指令仿真程序

仿真过程分析：当使能端 M2.0＝1 时，将 MW40 中的 0～27648 范围内的数值进行标准化，转换成浮点数存到 MD44 中；再将 MD44 中的数值转换成 0～100 范围内的温度值，存储到 MD48 中。

4.7.2　电梯控制系统模拟量控制应用

超载保护作为电梯安全的基本保护措施，也是人们乘坐电梯的基本保障。在高峰期间，电梯会经常出现超载的情况，超载是根据电梯所承受的重量来计算的，本次设计同样根据重量来进行计算。设计要求：单部承重 1050kg，单部定员 14 人。

每个轿厢内部安装有称重变送器，变送器测量范围为 0～2000kg，输出信号为 0～10V 电压信号，S7-1200 模拟量输入为 0～10V 或 0～20mA。设计时采用 0～10V 作为输入量，通过一系列过程将输入 PLC 的电压转换成为 0～2000kg 重量数值。首先通过将输入 VALUE 中变量的值映射到线性标尺对其进行标准化。可以使用参数 MIN 和 MAX 定义值的范围（应用于该标尺），将范围设置为 0～27648，输出值的计算为：

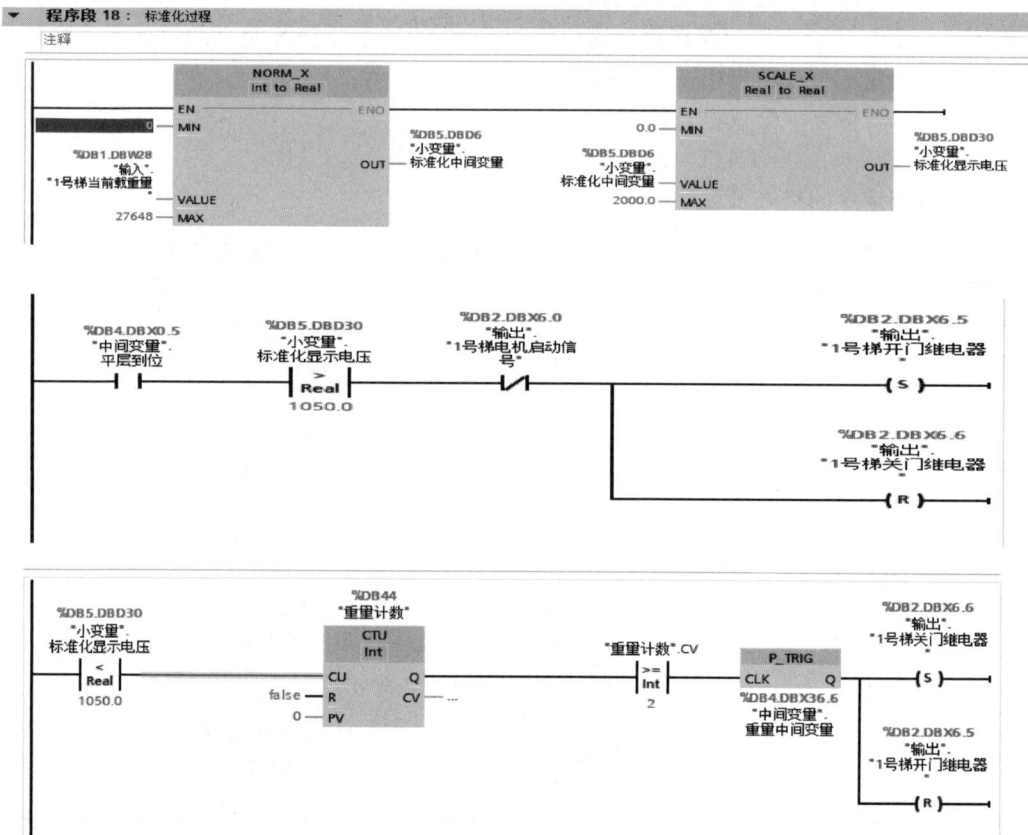

图 4-48　超重响应

$$OUT=(VALUE-MIN)/(MAX-MIN)$$

本设计将数值转化后再进行缩放，即将输入 VALUE 的值映射到指定的范围内进行缩放。当执行标定指令时，输入 VALUE 的浮点值会缩放到由参数 MIN 和 MAX 定义的范围。缩放结果为整数，存储在输出 OUT 中，可以将 MIN 和 MAX 设置为设计所需要的数值 0 和 2000，然后进行输出。计算公式为：

$$OUT=[VALUE×(MAX-MIN)]+MIN$$

输出的最终值作为判断电梯是否超载的标准，如果出现超载情况，电梯将进行超重程序的响应，故障指示灯闪烁，并保持开门状态，电梯不允许启动。程序如图 4-48 所示。

4.8 顺序控制编程方法

顺序控制编程的基本思想是将系统的控制过程分为若干个顺序相连的阶段，这些阶段称为步，也称为状态，并用编程元件代表。步的划分依据主要是输出量的状态变化。步划分完成后再依步的联系画出顺序功能图。

4.8.1 顺序功能图的基本要素

顺序功能图主要由步、动作、转换、转换条件、有向连线五要素组成。

1) 步

步在顺序功能图中用方框表示，方框中标出代表该步的编程元件，如图 4-49 所示。步首先是初始步，初始步是系统等待启动命令的状态，用双线框表示，每个功能图至少应该有一个初始步。其次是活动步，当系统正处于某一步所在的阶段时，该步处于活动状态，称该步为活动步。而整个程序的执行过程则是活动步的顺序流转过程。

2) 动作

每个步中要完成的动作，用矩形框及其中的文字或变量表示，并与对应步的方框用短横线连接，如图 4-50 所示。

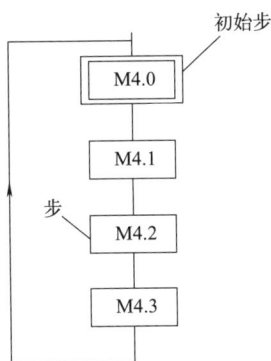

图 4-49 顺序功能图中步的示意图

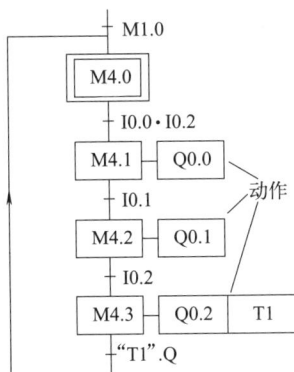

图 4-50 顺序功能图中动作的示意图

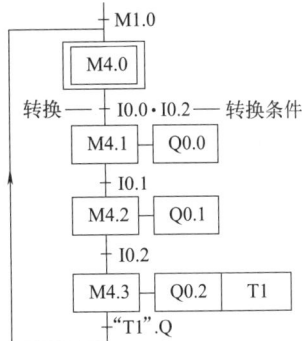

图 4-51 顺序功能图中转换及转换条件的示意图

3) 转换

转换将相邻两步分开，步的活动状态的改变是由转换的实现来完成的。转换用有向连线上与有向连线垂直的短划线来表示。

4) 转换条件

实现转换是因为有相应的条件满足要求，称为转换条件。在转换的短划线旁边标注，可以用文字语言、图形符号、布尔表达式等表示，如图 4-51 所示。

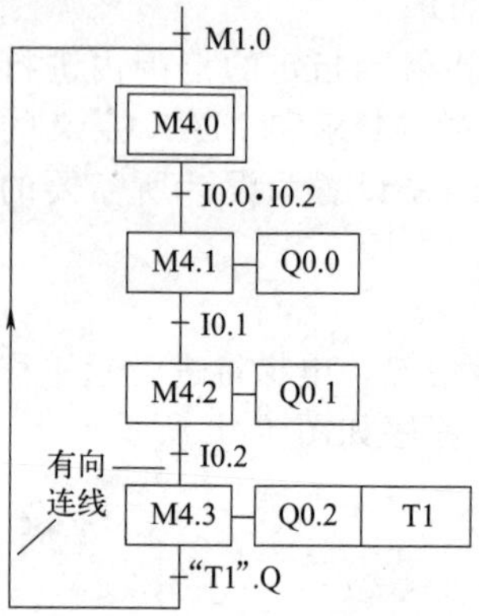

图 4-52　顺序功能图中
有向连线的示意图

5）有向连线

顺序功能图中，需要按执行顺序将步有序连接起来，连线称为有向连线。按照默认模式从左至右、从上至下，有向连线的箭头是可以省略的，其他方向需要标注箭头，如图 4-52 所示。

4.8.2　顺序功能图的基本类型

工业控制过程往往规模较大，顺序功能步较多并且转换复杂，下面说明顺序功能图的基本类型。

1）单序列

单序列由一系列相继激活的步组成，每一步的后面仅有一个转换，每一个转换后面只有一个步，如图 4-53 所示。

2）选择序列

选择序列的开始称为分支，转换条件标在分支水平线之下，选择系列中一次只能选择一个序列。

选择序列的结束称为合并，几个序列合并到一个公共序列时，用和需要重新组合的序列数量相同的转换和水平连线表示。转换符号只允许标在水平线之上。选择序列如图 4-54 所示。

3）并行序列

并行序列的开始称为分支。当转换的实现导致几个序列同时激活时，这些序列称为并行序列。为了强调转换的同步实现关系，水平连线用双线表示。并行序列用来表示系统的几个同时工作的独立部分的工作情况。

并行序列的结束称为合并，在表示同步的水平双线下设置转换条件符号。当直接连在双线上的所有前级步都处于活动步状态，并且转换条件满足时，并行序列合并转换到后一步。并行序列如图 4-55 所示。

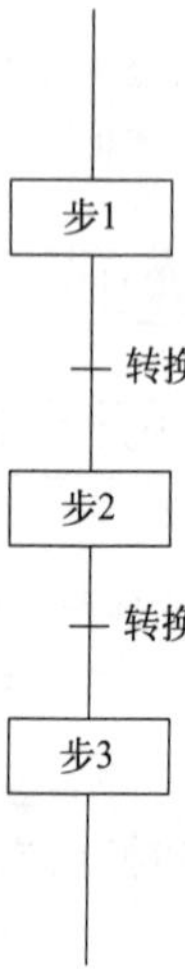

图 4-53　单序列顺序功能图

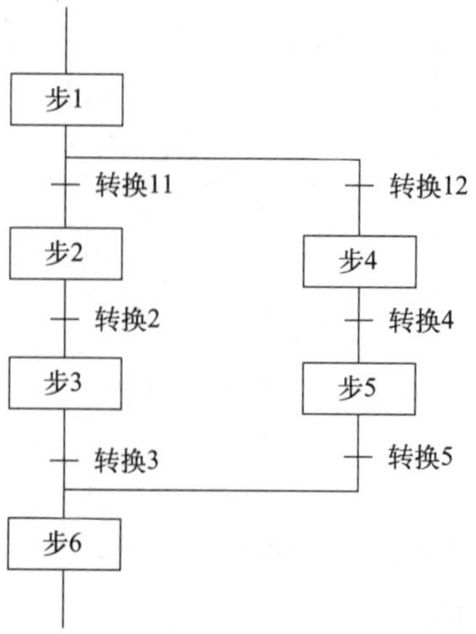

图 4-54　选择序列顺序功能图

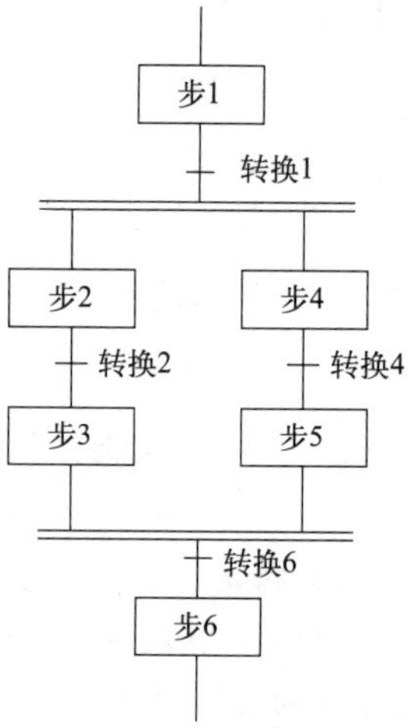

图 4-55　并行序列顺序功能图

复杂的顺序功能图还会有选择序列和并行序列混合等情况，可以结合上述分析进行。

4.8.3 顺序功能图转换的基本规则

1）转换实现的条件

在顺序功能图中，步的活动状态的进展是由转换的实现来完成的。转换实现必须同时满足两个条件：

① 该转换所有的前级步都是活动步；

② 相应的转换条件得到满足。

这两个条件必须同时满足，可以避免系统中误操作引起误动作，进而出现重大事故。

2）转换实现的动作

转换实现时要完成以下动作：

① 使所有由有向连线与相应转换符号相连的后续步都变为活动步；

② 使所有由有向连线与相应转换符号相连的前级步都变为非活动步。

转换实现的基本规则是根据顺序功能图设计梯形图的基础，它适用于顺序功能图中的各种结构。

4.8.4 顺序控制梯形图设计方法

根据工艺流程进行顺序步的划分以及顺序功能图的绘制后，顺序功能图的执行依托于转换及转换条件。转换实现的动作分为两部分：变为活动步和变为非活动步。编程思想与置位复位指令一致，所以这里可以利用置位复位指令完成顺序控制梯形图的设计。以图 4-56 所示小车自动往返为例进行程序设计。

小车开始停在最左边 A 点，左限位开关为 ON，按下启动按钮，小车右行。碰到右限位开关时，小车停止右行，开始左行。返回初始位置，小车停止运行。同时使制动电磁铁线圈通电，定时 10s 后，制动电磁铁线圈断电，系统返回初始状态。

分析小车工作流程，绘制时序图如图4-57 所示。

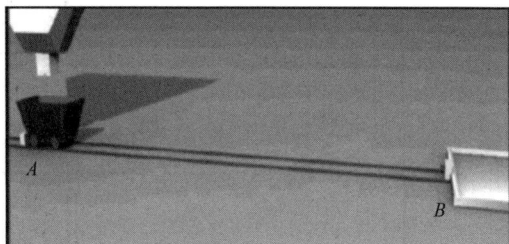

图 4-56 小车自动往返示意图

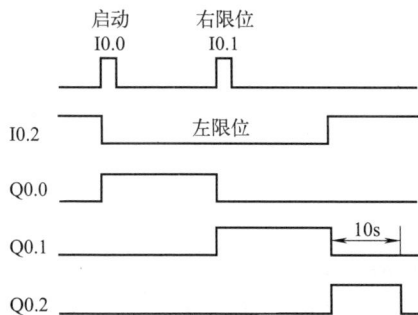

图 4-57 小车自动往返工作时序图

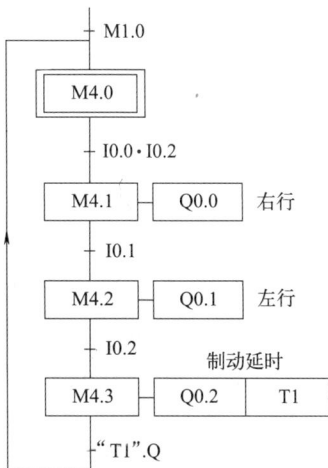

图 4-58 小车自动往返顺序功能图

根据工作流程将控制过程分为 4 步，并命名为 M4.0～M4.3。初始步 M4.0 为初始状态，没有动作。结合时序图分别设置其他三步的动作，M4.3 中设计开启定时器，也需要设置动作。步与步的转换条件需要结合外部输入以及内部信号变换分配。根据时序图进行顺序功能图的绘制，顺序功能图如图 4-58 所示。

顺序功能图清晰地展示了控制过程与控制顺序，在进行梯形图设计时，结合转换动作的特点，以置位和复位指令实现步与步的转换。第一段梯形图如图 4-59 所示。

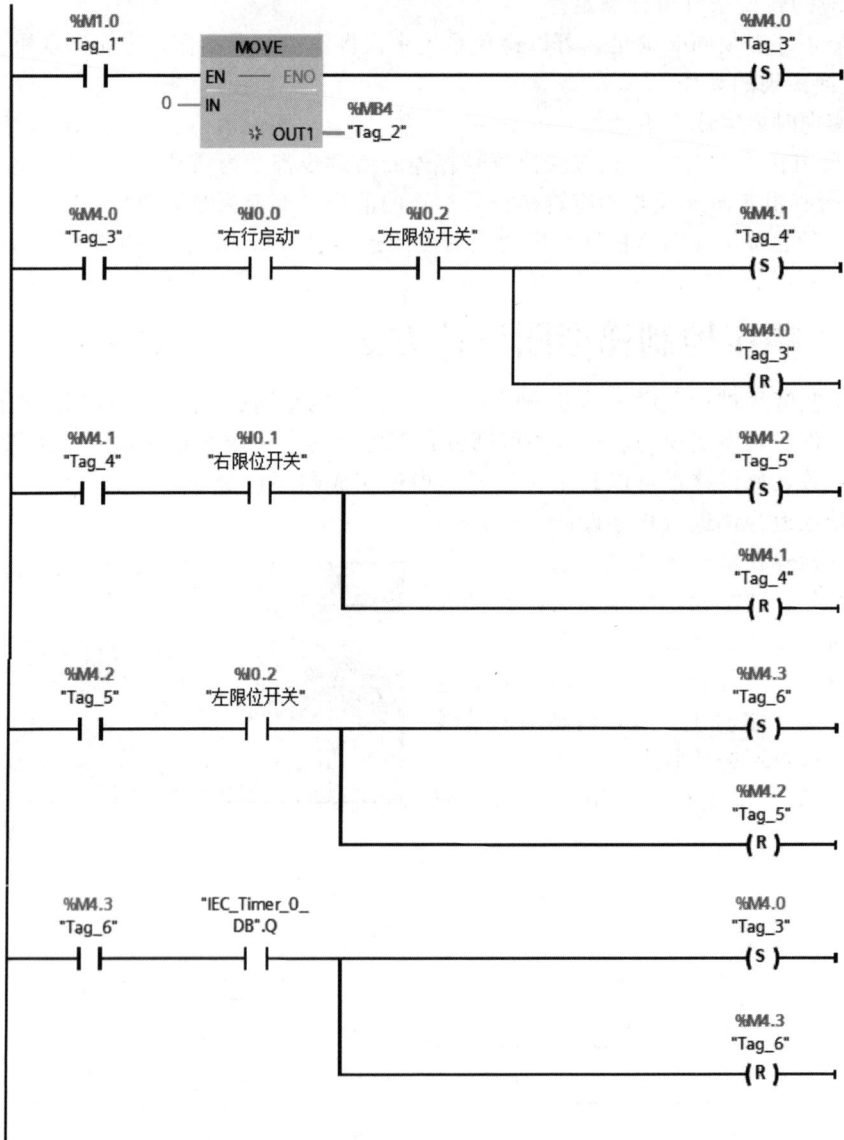

图 4-59   小车自动往返梯形图程序段（一）

程序段（一）中，首先进行初始化，并进入初始步；当初始步被激活为活动步，并满足转换条件右行启动信号 I0.0 和左行限位开关 I0.2 同时为 ON 时，置位第一步（激活步 M4.1），并复位初始步（将步 M4.0 转为非活动步）；当第一步被激活为活动步，并满足转换条件右限位开关 I0.1 为 ON 时，置位第二步（激活步 M4.2），并复位第一步（将步 M4.1 转为非活动步）；当第二步被激活为活动步，并满足转换条件左限位开关 I0.2 为 ON

时，置位第三步（激活步 M4.3），并复位第二步（将步 M4.2 转为非活动步）；当第三步被激活为活动步，并满足转换条件定时器输出 Q 为 ON 时，置位初始步（激活步 M4.0），并复位第三步（将步 M4.3 转为非活动步）。以上是按照顺序执行步的转换。但是没有动作输出。由于在实际控制中往往会出现一个动作在多个步中有效的情况，为了避免编程时出现重复输出。现将输出电路做单独处理。输出电路如图 4-60 所示。

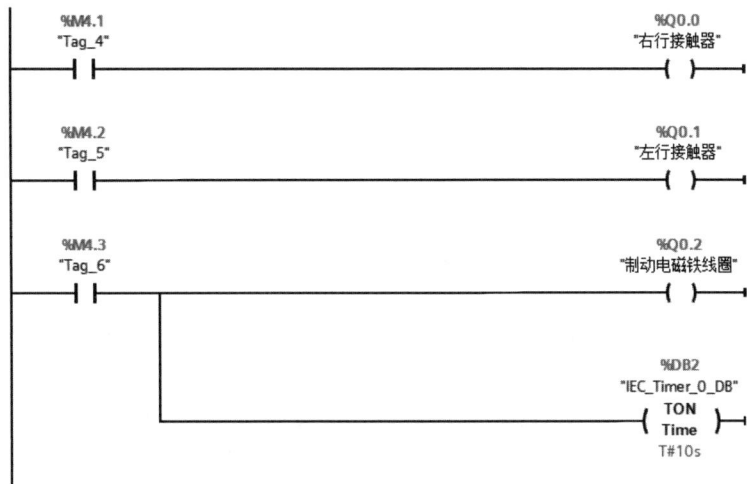

图 4-60　小车自动往返梯形图程序段（二）-输出部分

思考与练习

1. 接通延时定时器的 IN 输入电路_____时开始定时，当定时时间_____预设时间时，输出 Q 变为"1"状态。IN 输入电路_____时，当前时间值 ET 被_____，输出 Q 变为"0"状态。

2. 加计数器的复位输入 R 为_____状态时，加计数脉冲输入信号 CU_____，如果计数器值 CV 小于允许的最大值，CV 加 1。CV_____预设计数值 PV 时，输出 Q 为"1"状态。复位输入 R 为_____状态时，CV 被清零，输出 Q 变为"0"状态。

3. 简述线圈输出指令、置位输出指令和置位位域指令的区别。

4. 简述 4 种边沿检测指令各有什么特点。

5. 试编写实现四台电动机的顺序启、逆序停的 PLC 控制程序。

6. 控制接在 QB1 上的 8 个彩灯移位，每 2s 循环左移 1 位。用 IB0 设置彩灯的初始值，在上升沿将 IB0 的值传送到 QB1，设计出梯形图程序。

7. 实现四彩灯循环工作控制，四彩灯相隔 5s 启动，各运行 10s 停止，循环往复。

8. 设计流水灯控制程序。有 8 个指示灯 L1～L8，要求按 L1→L8 顺序依次亮 1s，再按 L8→L1 顺序依次亮 1s，循环运行 3 次后自动停止。

9. IW96 中 A/D 转换得到的数值 0～27648 正比于温度值 0～800℃。用整数运算指令编写程序，在上升沿，将 IW96 中数值转换为对应的温度值（单位为℃），存放在 MW30 中。

10. 使用 CPU 1214C PLC 模拟量通道 0（IW96，采样范围 0～10V）进行压力值采样，输入压力电压范围（2～10V），要求对采样数据进行平均值滤波。要求每 10ms 滤波一次。

11. 某电动机转速范围为 0～1420r/min，检测其转速并通过 A/D 模块存放在 PLC 的 IW80 地址中（范围为 0～27648），试编写 PLC 控制程序，通过数学运算指令求出电动机转速的实际数值并存放在 MD10 中。

12. 简述转换实现的条件和转换实现时应完成的操作。

13. 指出图 4-61 的顺序功能图中的错误。

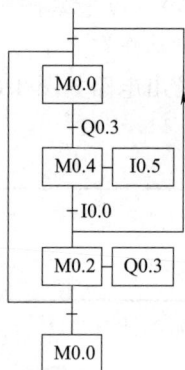

图 4-61 习题 13 图

14. 现场工艺如图 4-62 所示，按下启动按键后主轴电机 M1 启动，M1 启动 1s 后刮刀电机 M2 正转启动，使刮刀由行程开关 SQ1 移动至 SQ2 处完成表面刮平后返回至 SQ1 处。刮刀返回初始位置后切刀电机 M3 启动，同时切刀运动电机 M4 启动，切刀向前运动至行程开关 SQ4 后完成切断工艺并回退至 SQ3 处后，主轴电机 M1 停止旋转，整个工艺完成。试画出顺序功能图并设计出 PLC 控制程序。

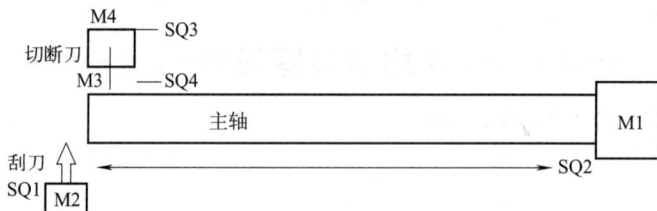

图 4-62 习题 14 图

15. 十字路口交通信号灯时序图如图 4-63 所示。试画出顺序功能图并设计出 PLC 控制程序。

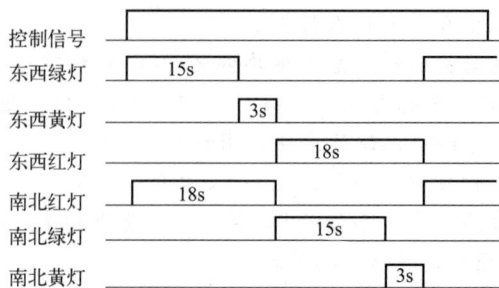

图 4-63 习题 15 图

第5章

电梯控制系统项目中变频器应用

🐒 【本章重点】

　① 变频器的结构；

　② 变频器的外部接线；

　③ 变频器参数设置。

5.1 变频器基础知识

　　变频器是利用电力半导体器件的通断作用，将工频变换为另一频率的电能控制装置，能实现对交流异步电动机的软启动、变频调速，能提高运转精度、改变功率因数、实现过电流/过电压/过载保护等功能。本节主要介绍了西门子变频器中的 MM4 系列，包括国内应用最多的 MM420 通用型、MM430 风机水泵型、MM440 矢量型变频器等。

5.1.1 变频器入门知识

　　变频调速是通过改变异步电动机供电电源的频率 f 来实现无级调速的，其接线图如图 5-1 所示，电动机采用变频调速以后，电动机转轴直接与负载连接，电动机由变频器供电。变频调速的关键设备就是变频器，变频器是一种将交流电源整流成直流后再逆变成频率、电压可变的交流电源的专用装置，主要由功率模块、超大规模专用单片机等构成，变频器能够根据转速反馈信号调节电动机供电电源的频率，从而实现相当宽频率范围内的无级调速。

　　在变频器控制中，经常采用的一种方法是电压/频率协调控制（即 V/f 控制），并分为基频（额定频率）以下和基频以上两种情况。

　　（1）基频以下调速

　　为了充分利用电动机铁芯，发挥电动机产生转矩的能力，在基频以下采用恒磁通控制方式，要保持 Φ_m 不变，当频率 f_1 从额

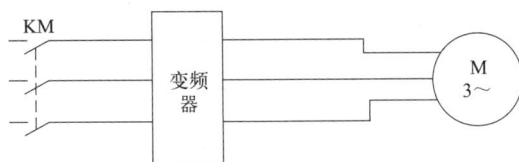

图 5-1　变频调速接线图

定值 f_{in} 向下调节时，必须同时降低 E_g，即采用电动势频率比为恒值的控制方式。然而，绕组中的感应电动势是难以直接控制的，当电动势值较高时，可以忽略定子电阻和漏磁感抗压降，而认为定子相电压 $U_s = E_g$，则得

$$\frac{E_g}{f_1} = 常值$$

这是恒压频比的控制方式，其控制特性如图 5-2 所示。

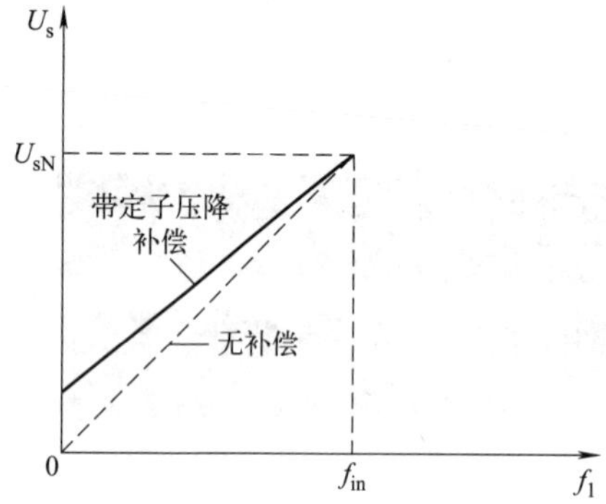

图 5-2　恒压频比控制特性 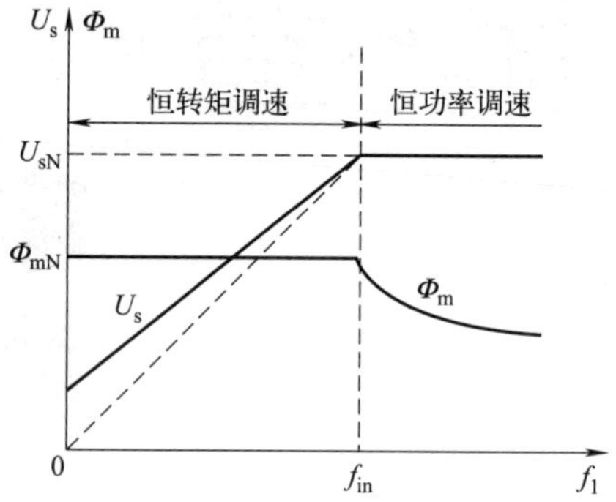　　　　图 5-3　异步电动机变压变频调速的控制特性

低频时，U_s 和 E_g 都比较小，定子电阻和漏磁感抗压降所占的分量相对较大，可以人为地抬高定子相电压 U_s，以便补偿定子压降，称作低频补偿或转矩提升。

（2）基频以上调速

在基频以上调速时，频率从 f_{in} 向上升高，但定子电压 U_s 却不可能超过额定电压 U_{sN}，只能保持 $U_s = U_{sN}$ 不变，这将使磁通与频率成反比地下降，使得异步电动机工作在弱磁状态。

把异步电动机基频以下和基频以上两种情况的控制特性画在一起，即是其变频调速的控制特性，如图 5-3 所示。如果电动机在不同转速时所带的负载都能使电流达到额定值，即都能在允许温升下长期运行，则转矩基本上随磁通的变化而变化。按照电力拖动原理，在基频以下，磁通恒定，转矩也恒定，属于恒转矩调速性质，而在基频以上，转速升高时磁通恒减小，转矩也随着降低，基本上属于恒功率调速。

5.1.2　变频器的分类与结构

根据变换环节，变频器分为交-交变频器和交-直-交变频器。

交-交变频器，是把频率固定的交流电变换成频率连续可调的交流电的电源设备。主要优点是没有中间环节，变频效率高，但其连续可调的频率范围窄，一般在额定频率的 1/2 以下。

交-直-交变频器是先把频率固定的交流电整流成直流电，再把直流电逆变成频率连续可调的交流电的电源设备。把直流电逆变成交流电的环节较易控制，因此在频率的调节范围以及改善频率后电动机的特性等方面，交-直-交变频器具有明显优势。

交-直-交变频器的基本结构包括整流电路、中间直流环节、制动电路、逆变电路等主电路和控制电路。其基本结构如图 5-4 所示。

（1）整流电路

一般的三相变频器的整流电路由三相全波整流桥组成，主要作用是对外部交流电源供应的工频电流进行整流，为逆变电路和控制电路提供所需要的直流电源。

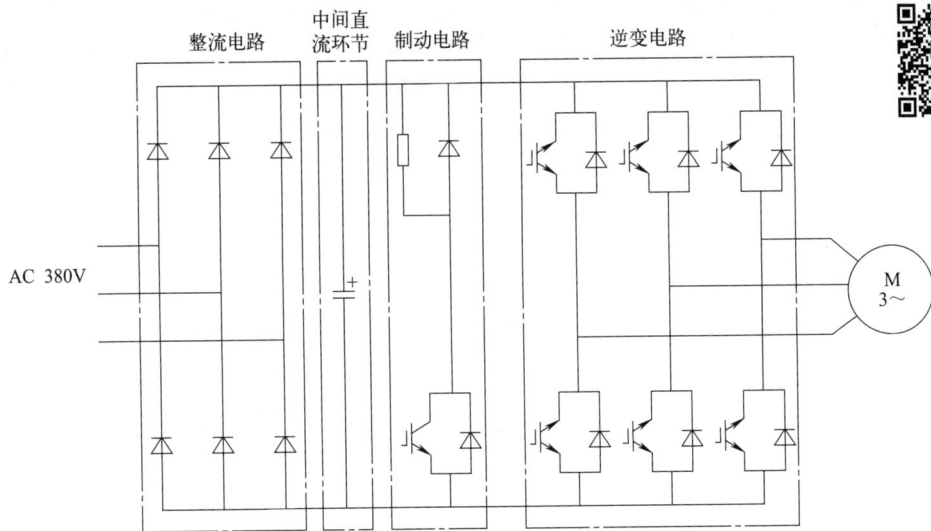

图 5-4   变频器结构示意图

（2）逆变电路

逆变电路主要作用是通过逆变器中主开关器件有规律地通与断，输出可改变电压和频率的交流电。

常用的开关器件有绝缘栅双极型晶体管（insulated gate bipolar transistor，IGBT）、金属-氧化物-半导体场效应晶体管（metal-oxide-semiconductor field-effect transistor，MOSFET）、电力晶体管（giant transistor，GTR）、门极关断晶闸管（gate turn-off thyristor，GTO）等。图 5-5 所示为上述几种开关器件的结构示意图。

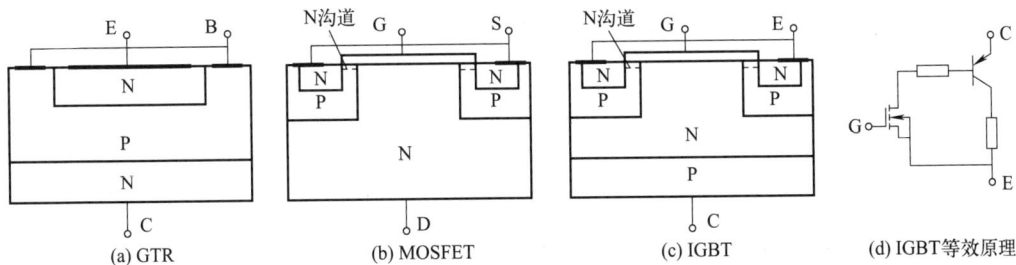

图 5-5   几种开关器件的结构示意图

在较早的逆变器中，所采用的电力电子器件主要是晶闸管，其开关频率较低，调速系统主要采用调压与调频分别控制的方式，即相控整流器控制输出电压的幅值，逆变器控制输出电压的频率。这种调压和调频分别控制的方式结构简单、易于调整，但存在调速系统功率因数差、转矩脉动大、动态响应慢等缺点。

近年来，随着电力电子技术的发展，具有自关断能力的器件，如 GTR 和 GTO 开始得到广泛应用，产生了一种新型的调压-调频综合控制技术——脉宽调制（PWM）技术及相应的 PWM 逆变器。

新型 PWM（正弦波脉宽调制，SPWM）逆变器均以 IGBT 为开关器件。IGBT 融合了 GTR 与 MOSFET 的优点，具有容量大、开关频率高等特点，IGBT 的平均开关频率能够达到 20kHz。SPWM 逆变器能够同时完成调压和调频的任务。SPWM 逆变器的原理如图 5-6 所示。通过参考正弦电压波与载频三角波互相比较，决定主开关的导通时间来实现调压，利用脉冲宽度的改变来得到幅值不同的正弦基波电压。脉宽调制型变频器不仅可以把调压和调频的功能集于一身，而且还因采用不可控整流器，简化了整流装置，降低了整流器的造价，同时还改善了系统的功率因数，特别是通过采用适当的调制方法，可以使变频器输出电压中的谐波分量，尤其是低次谐波显著减少，从而使异步电动机的技术性能指标得到大幅度改善。

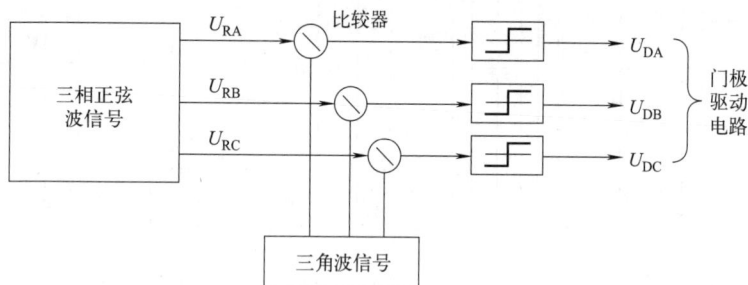

图 5-6　SPWM 调制方式原理图

（3）中间直流环节

逆变器的负载主要是异步电动机，属于感性负载。无论电动机处于电动或发电制动状态，其功率因数总不会为 1，因此在中间直流环节与电动机之间总会有无功功率的交换，这种无功能量要依靠中间直流环节的电容器或电抗器等储能元件来缓冲。中间储能元件采用大容量的电容，并联在直流环节上，电容两端的电压不能突变，因此直流环节的电压比较稳定，相当于恒压源。中间储能环节改为一个大的串联电感，直流部分就相当于一个恒流源。根据中间电路储能元件的不同，变频器可分为电压源型和电流源型。

（4）控制电路

控制电路由运算电路、检测电路、控制信号的输入输出电路和驱动电路等组成。主要任务是接收各种信号、进行基本运算、输出计算结果、完成对逆变电路的开关控制、完成对整流器（可控型）的电压控制，以及完成各种保护功能等。控制方法可以采用模拟控制或数字控制，采用尽可能简单的硬件电路，主要靠软件来完成各种功能。由于软件的灵活性，数字控制方式常可以完成模拟控制方式难以完成的功能。

5.2 西门子通用变频器简介

5.2.1　MM4 变频器概述

西门子 MM4 系列变频器功能强大、应用广泛，是新一代可以广泛应用的多功能标准变频器。它有 MM410、MM420、MM430 和 MM440 等多个型号，其外观如图 5-7 所示。MM4 系列变频器在国内应用最多的是 MM420 通用型、MM430 风机水泵型、MM440 矢量型变频器。

MM4 系列变频器采用最高性能的 V/f 控制或矢量控制技术，提供低速高转矩输出和良好的动态特性，同时具备超强的过载能力，能够满足广泛的应用场合，其创新的 BICO（内部功能互联）功能有无可比拟的灵活性。

MM4 各个型号的变频器操作控制相同，参数设置方式一致，通信方式兼容，因此会根据不同的要求侧重采用某一个型号进行介绍。

(a) MM410   (b) MM420   (c) MM430   (d) MM440

图 5-7　MM4 系列各型号变频器外观

5.2.2　MM440 变频器的外部接线

（1）主回路

图 5-8 所示为 MM440 变频器的主回路，它根据单相变频器或三相变频器的不同在进线方式上有所区别；根据尺寸的不同，在制动单元上的配置也有所不同，分为内置制动单元和外置制动单元两种。

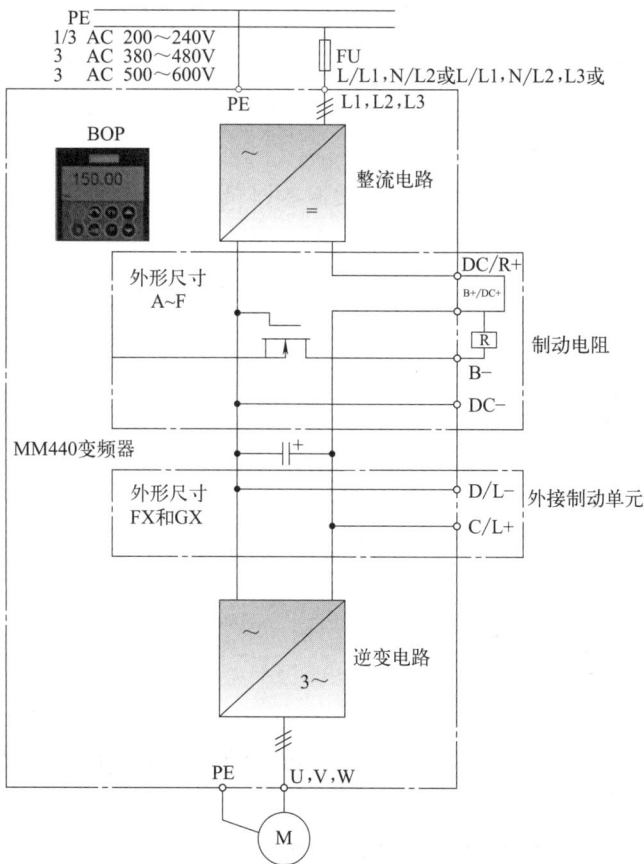

图 5-8　MM440 变频器的主回路

（2）MM440 的控制回路

图 5-9 所示为 MM440 变频器的控制回路，它包括两个模拟量输入、6 个数字量输入、1 个 PTC 电阻输入、2 个模拟量输出、3 个数字量输出、1 个 RS-485 端口。

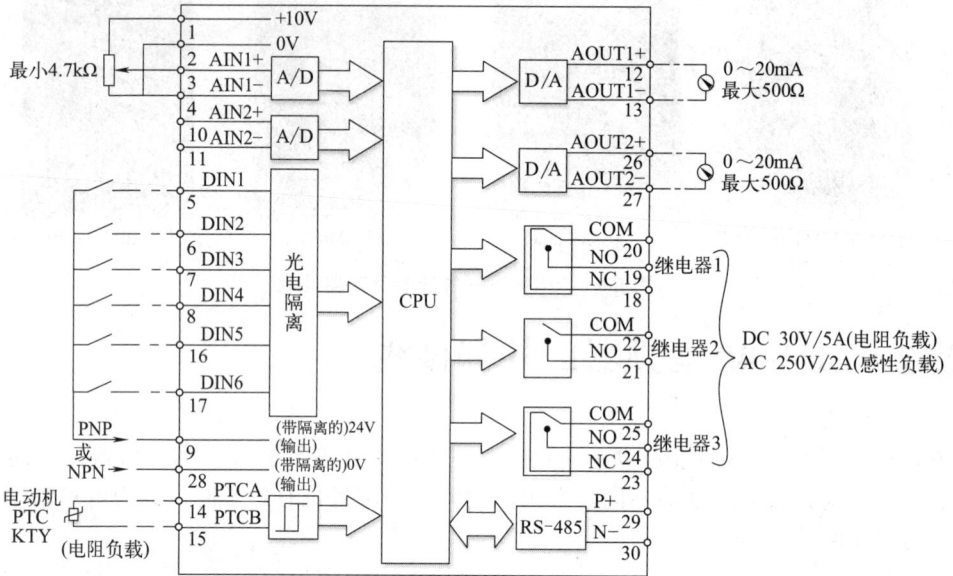

图 5-9　MM440 变频器的控制回路

① 模拟量输入类型的选择。模拟输入 1（即 AIN1）可以用于 0～10V、0～20mA 和 −10～+10V；模拟输入 2（即 AIN2）可以用于 0～10V 和 0～20mA。这些输入类型可以通过图 5-10 所示的 DIP 开关进行拨码设定。

② 模拟量输入作为开关量输入。模拟量输入回路可以另行配置用于提供两个附加的数字输入 DIN7 和 DIN8，如图 5-11 所示。

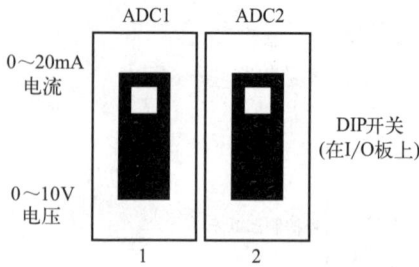

图 5-10　模拟量输入型号选择

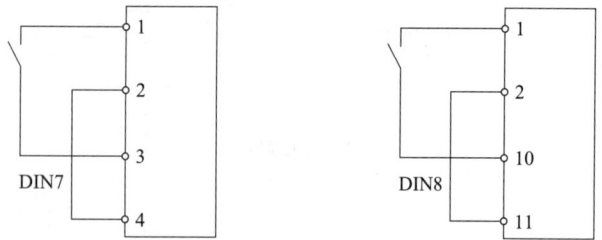

图 5-11　模拟量输入作为数字量输入时外部线路的连接

当模拟量输入作为数字量输入时电压门限值如下：

DC 1.75V＝OFF；

DC 3.70V＝ON。

图 5-9 所示的端子 9（24V）在作为数字量输入使用时也可用于驱动模拟量输入，此时端子 2 和 28（0V）必须连接在一起。

5.2.3　MM430 变频器的外部接线

图 5-12 所示为 MM430 变频器的外部接线图，它与 MM440 变频器具有很大的相似性。

其外部接线主要包括：

① 模拟量输入 A/D；

② 模拟量输出 D/A；

③ 开关量输入；

④ 开关量输出。

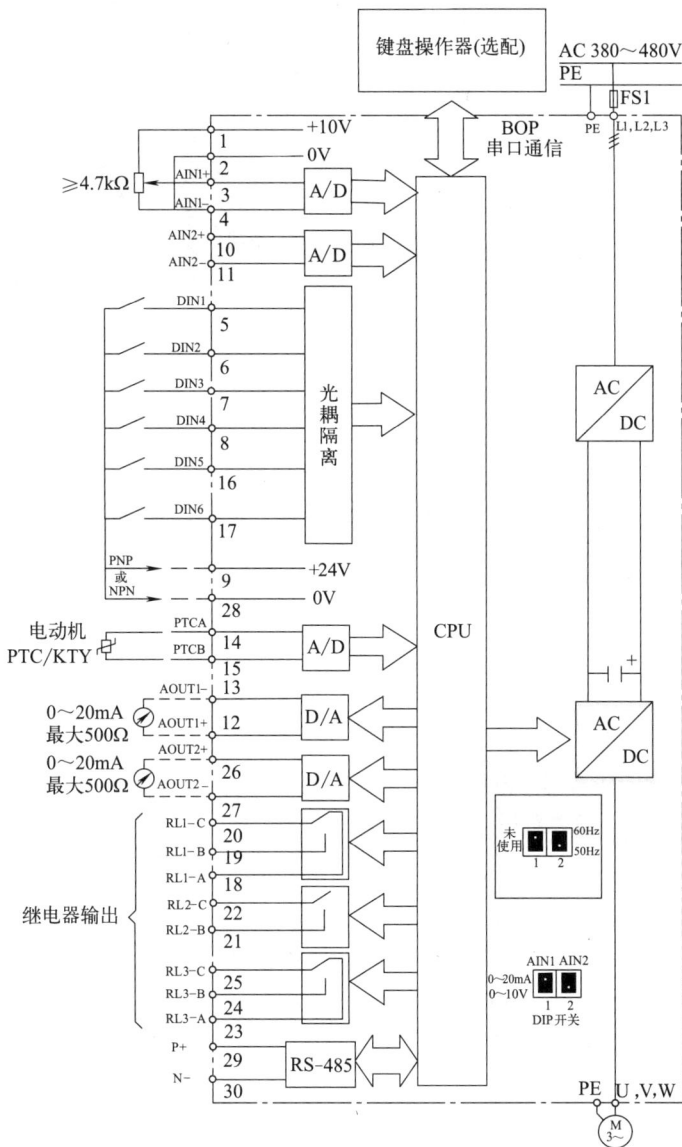

图 5-12　MM430 变频器的外部接线

5.3 MM4 系列变频器的基本操作

5.3.1　键盘操作 AOP/BOP

MM4 系列变频器在标准供货方式时装有状态显示板 SDP，如图 5-13（a）所示，对于很多用户来说，利用 SDP 和制造厂的默认设置值就可以使变频器成功地投入运行。如果工厂的默认设置值不适合用户设备情况，可以利用基本键盘操作器 BOP［见图 5-13（b）］或高级键盘操作器 AOP［见图 5-13（c）］修改参数使之匹配。当然，用户也可以用 PC IBN 工具的 Drive Monitor 或 STARTER 来调整工厂的设置值。

| (a) SDP | (b) BOP | (c) AOP |

图 5-13　键盘操作器类型

　　BOP 具有五位数字的七段显示，用于显示参数的序号和数值、报警和故障信息以及该参数的设定值和实际值。

　　在默认设置时，用 BOP 控制电动机的功能是被禁止的，如果要用 BOP 进行控制，参数 P0700 应设置为"1"，参数 P1000 也应设置为"1"。变频器加上电源时也可以把 BOP 装到变频器上或从变频器上将 BOP 拆卸下来。如果 BOP 已经设置为 I/O 控制 P0700＝1，在拆卸 BOP 时变频器驱动装置将自动停车。

5.3.2　基本键盘操作器 BOP 上的显示、按钮及其含义

　　图 5-14 所示为 BOP 的外观。

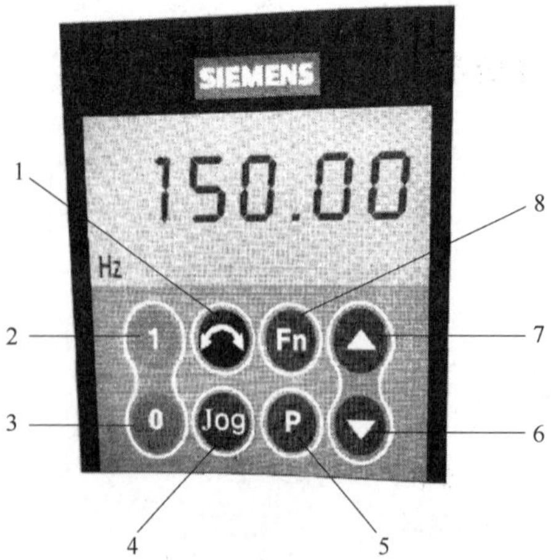

图 5-14　BOP 外观显示
1—更改方向；2—启动；3—停止；
4—点动；5—编程（设置参数）；
6—向下或减；7—向上或加；8—功能按钮

BOP 的一些主要显示与按钮含义如下。

　　① LCD 显示 r0000 ：作用是状态显示，显示变频器当前的设定值。

　　② 启动按钮 ：按此启动变频器。默认值运行时此键是被封锁的，为了使用此键，应设定 P0700＝1。

　　③ 停止按钮 ：在 OFF1 模式时，按此键变频器将按选定的斜坡下降速率减速停车，默认值运行时此键被封锁，为了允许此键操作，应设定 P0700＝1；在 OFF2 模式时，按此键两次或一次，电动机将在惯性作用下自由停车。此功能总是使能的。

　　④ 改变电动机的转动方向按钮 ：按此键可以改变电动机的转动方向。电动机的反向用负号（－）表示或用闪烁的小数点表示，默认值运行时此键是被封锁的。为了使用此键，应设定 P0700＝1。

　　⑤ 电动机点动按钮 ：在变频器无输出的情况下，按此键将使电动机启动并按预设定

值点动。频率运行释放此键时变频器停车，如果变频器/电动机在运行，按此键将不起作用。

⑥ 功能按钮 ⒡：此键用来浏览辅助信息。变频器运行过程中，在显示任何一个参数时，按下此键并保持不动 2s，将显示以下参数值：

（a）直流回路电压，用 d 表示，单位为 V；

（b）输出电流，单位为 A；

（c）输出频率，单位为 Hz；

（d）输出电压，用 o 表示，单位为 V。

由 P0005 选定数值，如果 P0005 选择显示上述参数中的任何一个，连续多次按下此键将轮流显示以上参数。

⑦ 设置参数按钮 ⒫：按此键可以设置参数。

⑧ 增加或减少数值按钮 ⬆ 或 ⬇：按此键可增加或减少面板上显示的参数数值。

5.3.3 用 BOP 更改一个参数的案例

这里介绍了更改参数 P0004 数值的步骤，并以 P0719 为例，说明如何修改参数的数值。按照这个图表中说明的类似方法可以用 BOP 更改任何一个参数。

（1）P0004 参数的格式与含义

图 5-15 所示为参数 P0004 的格式，其值从 0～22 分别代表不同的含义（见表 5-1），按功能的要求筛选过滤出与该功能有关的参数，这样可以更方便地进行调试。

P0004	参数过滤器		最小值：0	访问级：
	CStat：CUT	数据类型：U16 单位：-	默认值：0	1
	参数组：常用	使能有效：确认 快速调试：否	最大值：22	

图 5-15 P0004 的格式

表 5-1 P0004 的具体含义

P0004 参数值	含义	P0004 参数值	含义
0	全部参数	10	设定值通道/RFG（斜坡函数发生器）
2	变频器参数	12	驱动装置的特征
3	电动机参数	13	电动机的控制
4	速度传感器	20	通信
5	工艺应用对象/装置	21	报警/警告/监控
7	命令，二进制 I/O	22	工艺参量控制器，例如 PID
8	模数转换和数模转换		

MM4 系列变频器参数的格式说明如下。

① 参数号 P0004：是指该参数的编号，用 0000～9999 的 4 位数字表示。在参数号的前面冠以一个小写字母 "r" 时，表示该参数是只读的参数，它显示的是特定的参数数值，而且不能用与该参数不同的值来更改它的数值；其他所有参数号的前面都冠以一个大写字母 "P"。这些参数的设定值可以直接在标题栏的最小值和最大值范围内进行修改。

② 参数的调试状态 CStat：它有三种状态，即调试 C、运行 U、准备运行 T。可表示该参数在什么时候允许进行修改，对于一个参数可以指定一种、两种或全部三种状态。如果三种状态都指定了，就表示这一参数的设定值，在变频器的上述三种状态下都可以进行修改。

③ 数据类型：有效的数据类型见表5-2。

④ 使能有效：表示该参数是否立即有效或者确认有效。如"立即"，表示可以对该参数的数值在输入新的参数后立即进行修改；如"确认"，则表示面板BOP或AOP上的"P"键被按下以后才能使新输入的数值有效地修改。

⑤ 最小值、最大值和默认值：是指该参数可能设置的最小数值、最大数值和出厂设定值。

表 5-2　有效的数据类型

符号	说明	符号	说明
U16	16位无符号数	I32	32位整数
U32	32位无符号数	Float	浮点数
I16	16位整数		

⑥ 访问级：是指允许用户访问参数的等级。它共有四个访问等级：标准级、扩展级、专家级和维修级。每个功能组中包含的参数号取决于参数P0003用户访问级设定的访问等级（见图5-16和表5-3）。

P0003	用户访问级			最小值：0	访问级：
	CStat：CUT	数据类型：U16	单位：-	默认值：1	1
	参数组：常用	使能有效：确认	快速调试：否	最大值：4	

图 5-16　参数 P0003 的格式

表 5-3　P0003 的具体含义

P0003 参数值	含义
0	用户定义的参数表
1	标准级，可以访问最经常使用的一些参数
2	扩展级，允许扩展访问参数的范围，例如变频器的I/O功能
3	专家级，只供专家使用
4	维修级，只供授权的维修人员使用（具有密码保护）

⑦ 参数组：是指具有特定功能的一组参数。P0004参数过滤器的作用是根据所选定的一组功能对参数进行过滤或筛选，并集中对过滤出的一组参数进行访问。

（2）P0719 参数的格式

图5-17所示为P0719参数的格式，它可以设定从0到65553之间的无符号16位整数值（即U16），其参数组为"常用"，最小值为0，最大值为66，访问级为3。与P0004不同的是，P0719还有一个标记 [3]，表示该参数是一个带标记的参数，并且指定了标记的有效序号。

P0719[3]	命令和频率设定值的选择			最小值：0	访问级：
	CStat：CUT	数据类型：U16	单位：-	默认值：0	1
	参数组：常用	使能有效：确认	快速调试：否	最大值：66	

图 5-17　参数 P0719 的格式

（3）修改步骤

步骤一：改变参数过滤功能P0004参数为"7"。如图5-18（a）所示。

步骤二：改变P0719参数为"5"。如图5-18（b）所示。

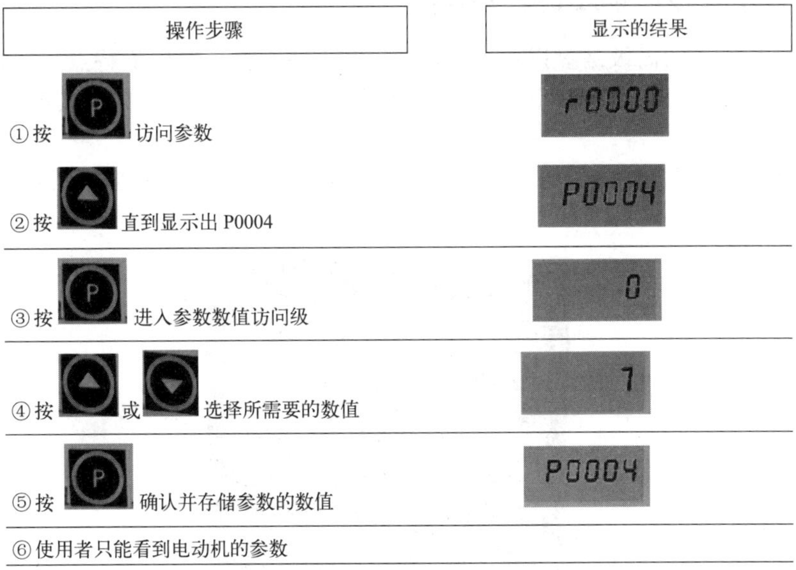

操作步骤	显示的结果
① 按 P 访问参数	r0000
② 按 ▲ 直到显示出 P0004	P0004
③ 按 P 进入参数数值访问级	0
④ 按 ▲ 或 ▼ 选择所需要的数值	7
⑤ 按 P 确认并存储参数的数值	P0004
⑥ 使用者只能看到电动机的参数	

(a) 改变P0004参数

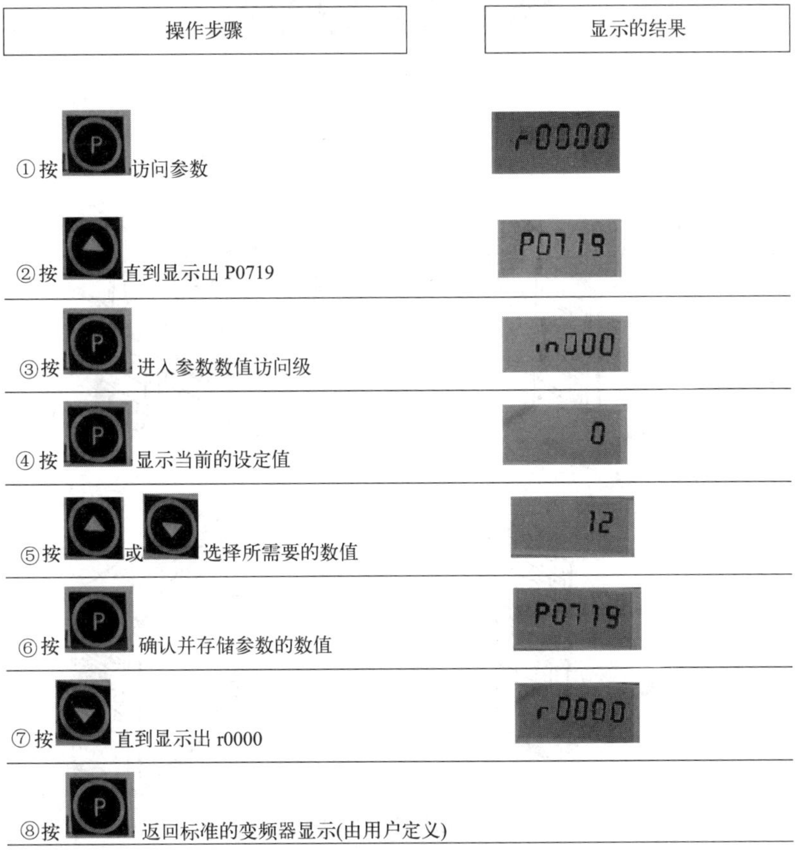

操作步骤	显示的结果
① 按 P 访问参数	r0000
② 按 ▲ 直到显示出 P0719	P0719
③ 按 P 进入参数数值访问级	in000
④ 按 P 显示当前的设定值	0
⑤ 按 ▲ 或 ▼ 选择所需要的数值	12
⑥ 按 P 确认并存储参数的数值	P0719
⑦ 按 ▼ 直到显示出 r0000	r0000
⑧ 按 P 返回标准的变频器显示(由用户定义)	

(b) 改变P0719参数

图 5-18 改变 P0004 和 P0719 参数

5.3.4　用 AOP 调试变频器

图 5-19(a) 所示的高级键盘操作器 AOP 是可选件，它具有以下特点：清晰的多种语言文本显示；多组参数组的上装和下载功能；可以通过 PC 编程；具有连接多个站点的能力，最多可以连接 30 台变频器。

在用 AOP 高级键盘操作器来替代 BOP 或 SDP 的过程中，一定要注意按照图 5-19(b) 所示的四个步骤进行更换。

(a) AOP高级键盘操作器

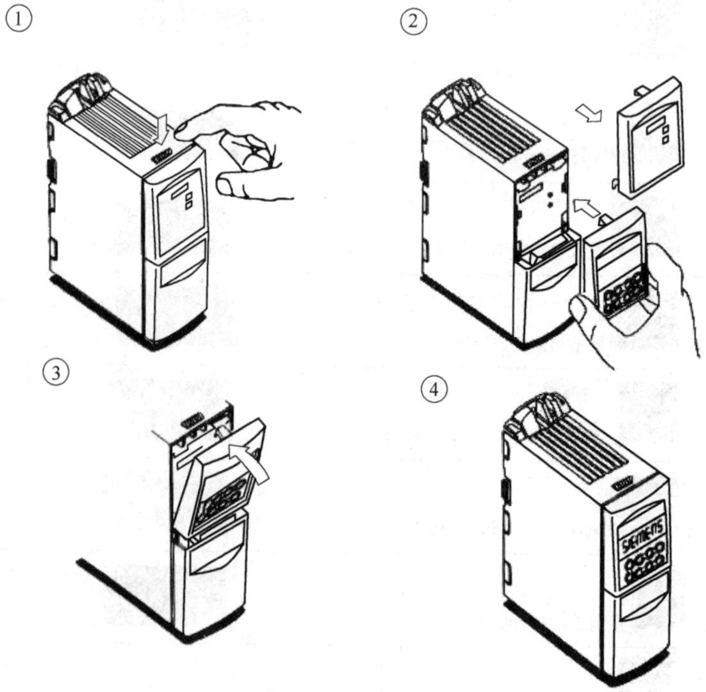

(b) 更换键盘操作器的四个步骤

图 5-19　AOP 外观及更换步骤

调试小技巧：为了快速修改参数的数值，在确认已处于某一参数数值的访问级，可以参看并能用 BOP 修改参数的情况下，可以一个个地单独修改显示出的每个数字。操作步骤如下：

① 按 [Fn]，最右边的一个数字闪烁；

② 按 [▲] 或 [▼]，修改这位数字的数值；

③ 再按 [Fn]，相邻的下一位数字闪烁；

④ 执行②~③步，直到显示出所要求的数值；

⑤ 按 [P]，退出参数数值的访问级。

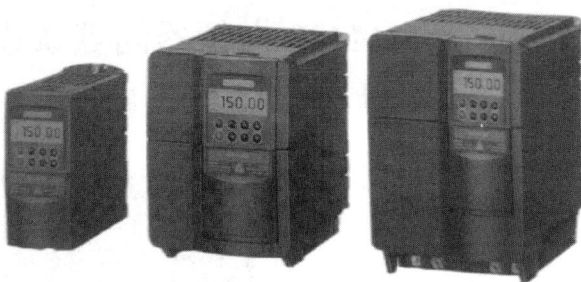

图 5-20　MM420 系列变频器外观

5.3.5　MM420 变频器的外部接线

图 5-20 所示为 MM420 变频器的外观。

与 MM440、MM430 变频器的外部接线相比，MM420 变频器少了一些端子，其外部接线如图 5-21 所示。

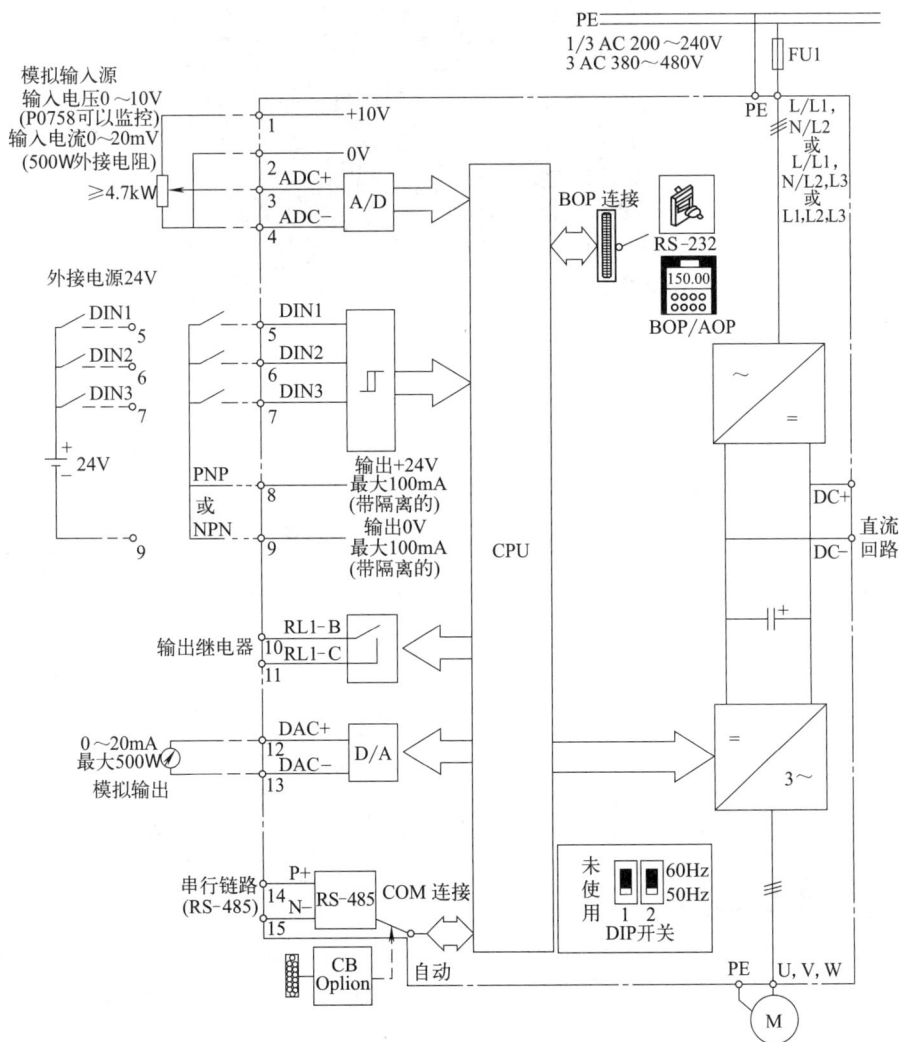

图 5-21　MM420 变频器的外部接线

5.3.6   MM420 变频器的默认设置

图 5-22 所示为 MM420 变频器参数默认设置所对应的外部接线示意。表 5-4 为 MM420 的参数默认设置。

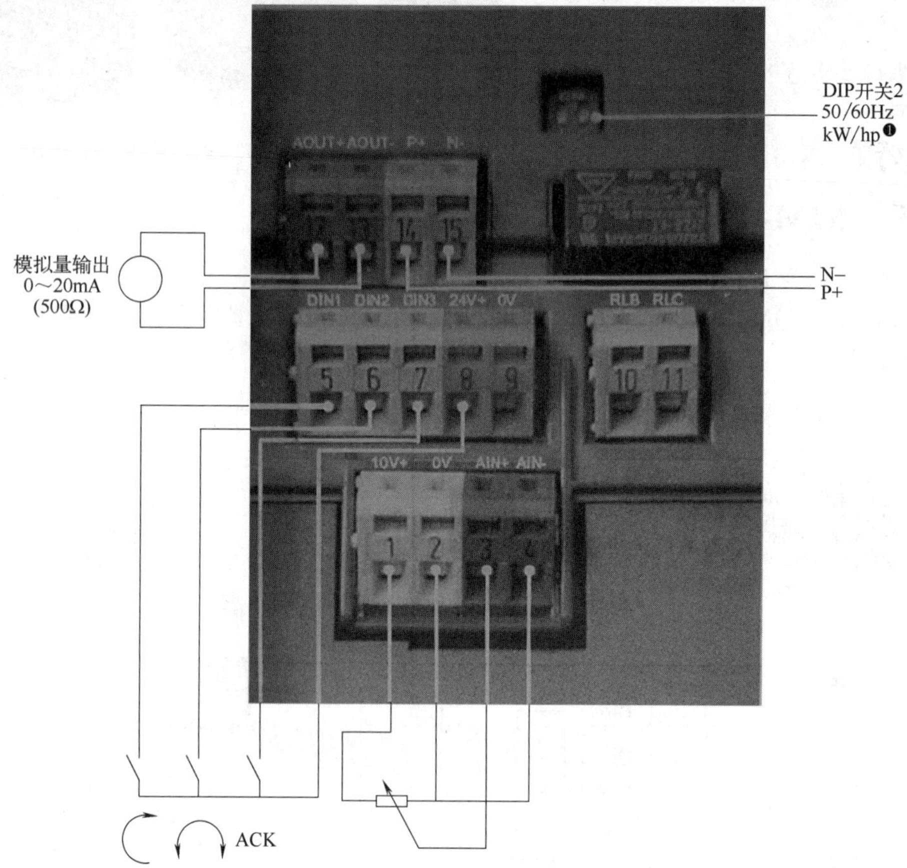

图 5-22   MM420 默认设置时的外部接线示意

表 5-4   MM420 的参数默认设置

功能	端子	参数	默认操作
数字输入 1	5	P0701=1	ON，正向运行
数字输入 2	6	P0702=12	反向运行
数字输入 3	7	P0703=9	故障复位
输出继电器	10/11	P0731=52.3	故障识别
模拟输出	12/13	P0771=21	输出频率
模拟输入	3/4	P0700=0	频率设定值

5.3.7   通电运行

对于 MM420 变频器应用来说，首先要通电，然后进行面板操作，即在变频器通电后直接采用操作面板 BOP 进行操作。表 5-5 就是用 ⬆ 和 ⬇ 来设定频率运行的方法。

---

❶ 1hp=745.6999W。

表 5-5　设定频率运行

操作	显示
步骤 1：供给电源时的画面监视器显示	
步骤 2：按 P 访问参数	
步骤 3：按 ▲ 直到出现 P0010	
步骤 4：按 P 进入参数数值访问级。并按 ▲ 或 ▼ 达到所需要的数值	
步骤 5：按 P 确认并存储参数的数值	
步骤 6：依次将 P0700 变更为"1"，将 P1000 变更为"1"，将 P0010 变更为"0"	
步骤 7：参数设置好后，先按 Fn，再按 P	
步骤 8：按 I 启动，按 ▲ 或 ▼ 可对频率进行设定	

5.4 MM4 系列变频器的快速调试与参数设置

　　由于现场工艺的要求，很多生产机械需在不同的转速下运行，为方便这种负载，大多数变频器提供了多挡频率控制功能，用户可以通过几个开关的通、断组合来选择不同的运行频率，实现不同转速下运行的目的。要实现以上的功能，变频器必须进行快速调试和参数设置。本节主要阐述了 MM4 系列变频器的调试和参数设置功能。

5.4.1　了解变频器所带动电动机的基本参数

　　图 5-23 所示为变频器所带动的电动机及其铭牌参数（以西门子公司标准电动机为例）。图 5-24 所示为跟电动机铭牌参数息息相关，且能从铭牌获取数据的变频器参数格式。

5.4.2　了解变频器的停车功能

　　变频器停车主要有以下几种方式：OFF1、OFF2 和 OFF3。

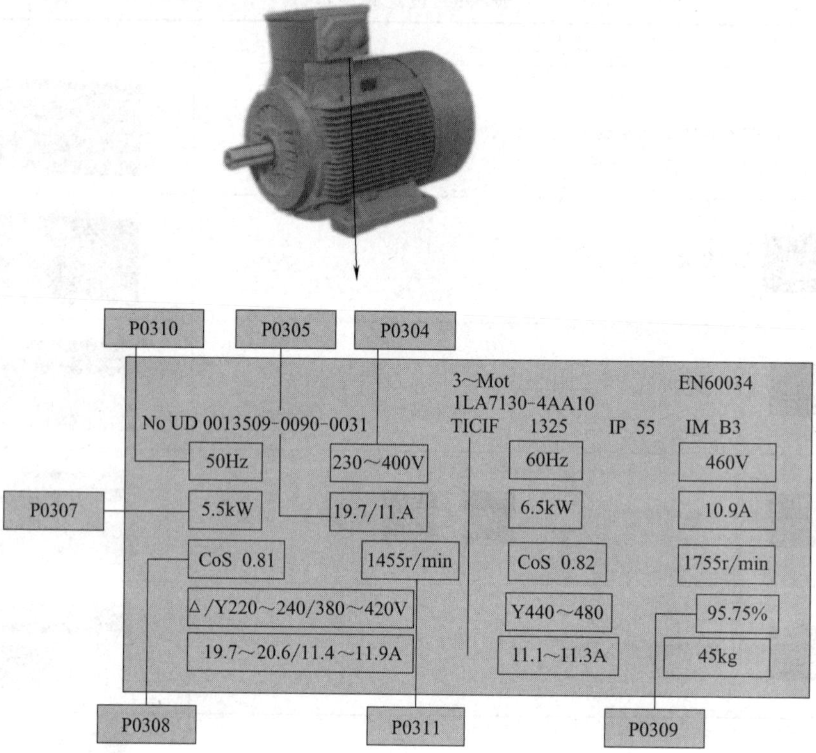

图 5-23　变频器所带动的电动机及铭牌参数

P0304[3]　电动机的额定电压		最小值：10	访问级：1
Cstart：C　　　　数据类型：U16　单位：V		默认值：230	
参数组：电动机　使能有效：确认　快速调试：是		最大值：2000	
P0305[3]　电动机的额定电流		最小值：0.01	访问级：1
Cstart：C　　　　数据类型：浮点数　单位：A		默认值：3.25	
参数组：电动机　使能有效：确认　快速调试：是		最大值：10000.00	
P0307[3]　电动机的额定功率		最小值：0.01	访问级：1
Cstart：C　　　　数据类型：浮点数　单位：kW		默认值：0.75	
参数组：电动机　使能有效：确认　快速调试：是		最大值：2000.00	
P0308[3]　电动机的额定功率因数		最小值：0.000	访问级：1
Cstart：C　　　　数据类型：浮点数　单位：—		默认值：0.000	
参数组：电动机　使能有效：确认　快速调试：是		最大值：1.000	
P0309[3]　电动机的额定效率		最小值：0.0	访问级：1
Cstart：C　　　　数据类型：浮点数　单位：%		默认值：0.0	
参数组：电动机　使能有效：确认　快速调试：是		最大值：99.9	
P0310[3]　电动机的额定频率		最小值：12.00	访问级：1
Cstart：C　　　　数据类型：浮点数　单位：Hz		默认值：50.00	
参数组：电动机　使能有效：确认　快速调试：是		最大值：650.00	
P0311[3]　电动机的额定速度		最小值：0	访问级：1
Cstart：C　　　　数据类型：U16　　单位：r/min		默认值：0	
参数组：电动机　使能有效：确认　快速调试：是		最大值：40000	

图 5-24　变频器所带动的电动机及铭牌参数格式

① OFF1 为默认的正常停车方式，用端子控制时，它与 ON 命令是同一个端子输入，为低电平有效。变频器按 P1121 中设定的时间停车；是从 P1082 中设定的最大频率下降到 0Hz 的时间。

② OFF2 为自由停车方式。当有 OFF2 命令输入后，变频器输出立即停止，电动机按惯性自由停车。

③ OFF3 为快速停车方式。其停车时间可在参数 P1135 中设定；当然也是从最高频率到 0Hz 的时间。

OFF2、OFF3 命令也是低电平有效，所以接线时应注意接点形式。

OFF2、OFF3 常被用在特殊需要的场合；OFF2 可用于紧急停车等控制，还可应用在变频器输出端有接触器的场合。

请注意：变频器运行过程中，禁止对其输出端接触器进行操作。如确需切换时，可利用 OFF2 停车功能。就是说接触器闭合后，方可启动变频器；打开接触器之前必须先用 OFF2 命令停止变频器输出，且经过 100ms 后方可打开接触器。OFF3 可在需要不同的停车时间等场合应用，即用 OFF1 做常规停车，用 OFF3 做快速停车。

5.4.3　了解变频器的制动功能

MM4 系列变频器提供了直流制动、复合制动及动能制动等多种制动方式。

（1）直流制动

该方式在电动机定子中通入直流电流，以产生制动转矩。因为电动机停车后会产生一定的堵转转矩，所以直流制动可在一定程度上替代机械制动。但由于设备及电动机自身的机械能只能消耗在电动机内，同时，直流电流也通入电动机定子中，所以使用直流制动时，电动机温度会迅速升高，因而要避免长期、频繁使用直流制动。直流制动是不控制电动机速度的，所以停车时间不受控。停车时间根据负载、转动惯量等的不同而不同。直流制动的制动转矩是很难实际计算出来的。直流制动需要设置的参数为 P1230～P1234。

需要注意的是，使用同步电动机时，不能使用直流制动。

（2）复合制动

该方式是将 OFF1 的停车方式同直流制动的方式相结合的制动方式（见图 5-25），这样既保证了转速受控，同时也实现了快速停车。但应注意复合制动不能用于矢量控制。

（3）动能制动

该方式是一种能耗制动，它将电动机运行在发电状态下所回馈的能量消耗在制动电阻中，从而达到快速停车的目的。当变频器带大惯量负载快速停车，或位能性负载下降时，电动

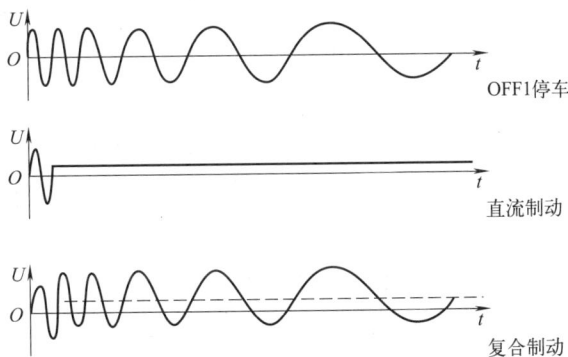

图 5-25　复合制动的工作原理

机可能处于发电运行状态，回馈的能量将造成变频器直流母线电压升高，从而导致变频器过电压跳闸。所以应该安装制动电阻来消耗掉回馈的能量。

75kW 以下的 MM440 均内置了制动单元（就是斩波器），可直接连接制动电阻，如图 5-26（a）所示；90kW 以上需外接制动单元后方可连接制动电阻。

选择正确的制动电阻是保证制动效果并避免设备损坏的必要条件；首先要计算制动功率

并绘制正确的制动曲线；再根据制动曲线确定制动周期及制动功率；根据所确定的制动功率及制动周期，同时参考电压、阻值等条件选择合适的制动电阻。

不过需要注意的是，所选制动电阻阻值不能小于选型手册中规定的数值，否则将直接造成变频器损坏。这在电阻选型时应予以说明。有时候制动功率不好确定，或为了确保安全，可以选择制动功率较大的电阻。

西门子标准传动产品提供的MM4系列制动电阻均为5％制动周期的电阻，所以在选型时应加以注意；制动周期在参数P1237中选择。同时应将P1240设置为"0"，用于禁止直流电压控制器。

制动周期可以按照如下理解：5％制动周期就意味着制动电阻可以在12s内消耗100％的功率，然后需要冷却228s。如图5-26(b)所示，$t_{on}/t_总=5％$。

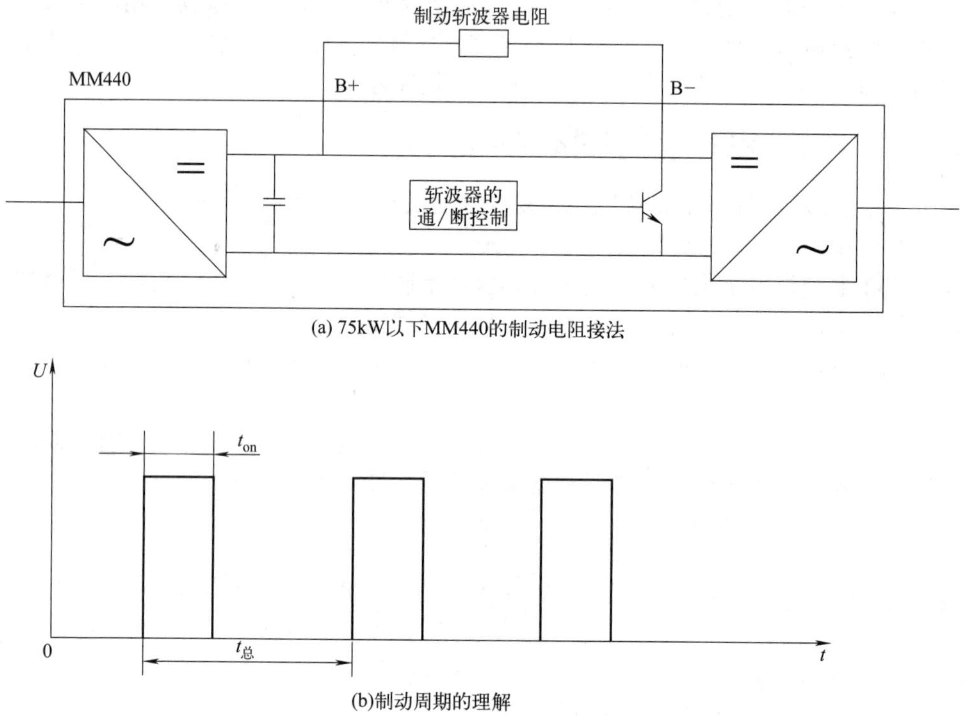

(a) 75kW以下MM440的制动电阻接法

(b)制动周期的理解

图5-26　制动电阻接法及自动周期

当然，如果制动的时间小于12s，或者消耗的功率低于100％，则是另外一种情况，变频器会计算制动电阻的i^2R。如果制动周期大于5％，MM440允许设置较高的制动周期，但实际上很难精确地计算出制动的情况。比如说，一台变频器每分钟制动5s，制动功率为50％。在这种情况下，一般建议选择比理论计算值较大的电阻，同时在参数P1237中相应地设置高一些的制动周期，见表5-6。

表5-6　P1237设置的制动周期值及其含义

P1237的设定值	含义	P1237的设定值	含义
0	禁止动力制动	3	工作/停止时间的比率为20％
1	工作/停止时间的比率为5％	4	工作/停止时间的比率为50％
2	工作/停止时间的比率为10％	5	工作/停止时间的比率为100％

【例1】假设一台5.5kW变频器，需要每分钟制动5次，每次2s，制动功率为50%。相当于240s内制动40s，而50%的制动功率折算到时间上就是20s。于是可以这样计算制动周期：20/240＞8%，所以折算后的制动功率为625W，于是选择750W的制动电阻，同时在

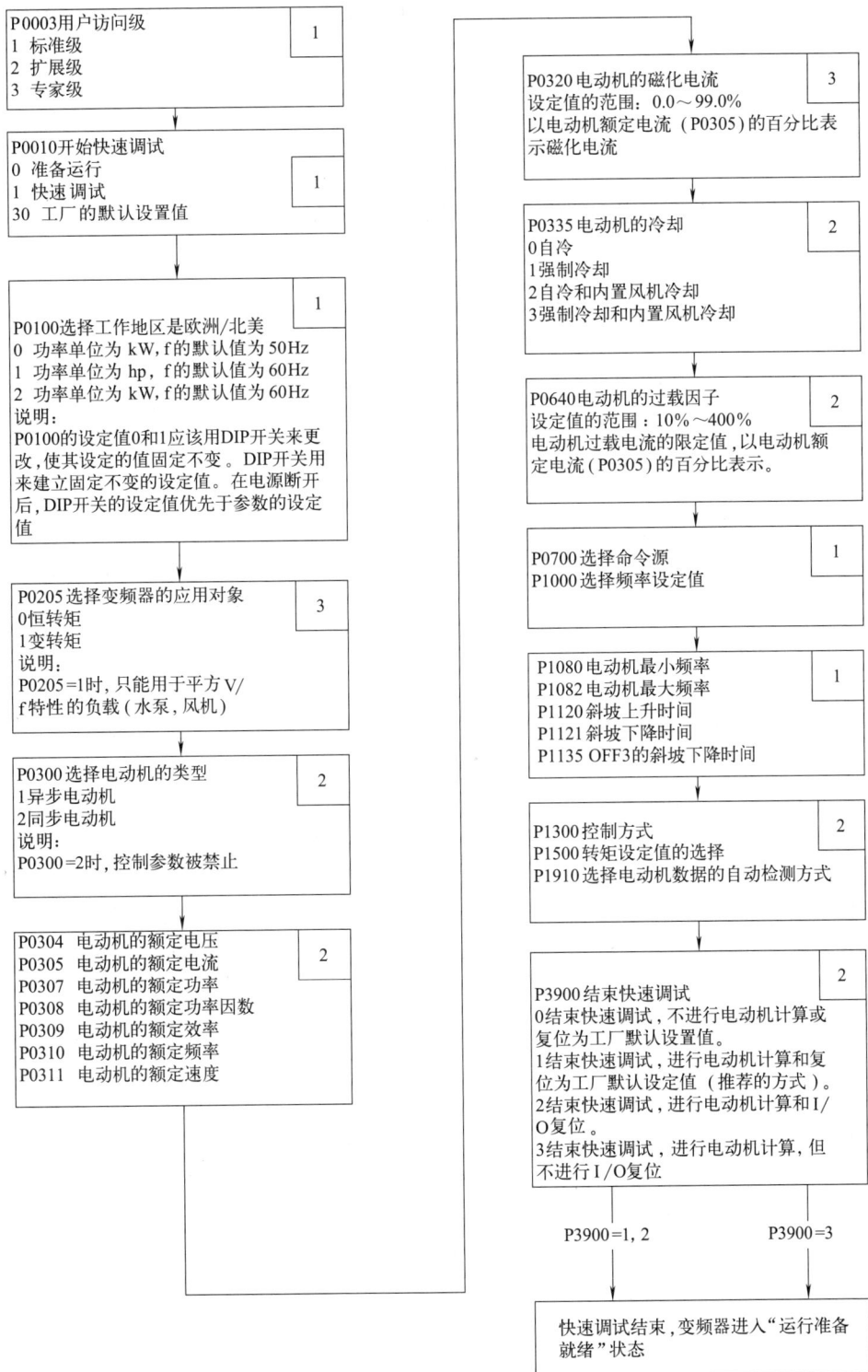

	1
P0003用户访问级 1 标准级 2 扩展级 3 专家级	

	1
P0010开始快速调试 0 准备运行 1 快速调试 30 工厂的默认设置值	

	1
P0100选择工作地区是欧洲/北美 0 功率单位为kW, f的默认值为50Hz 1 功率单位为hp, f的默认值为60Hz 2 功率单位为kW, f的默认值为60Hz 说明： P0100的设定值0和1应该用DIP开关来更改，使其设定的值固定不变。DIP开关用来建立固定不变的设定值。在电源断开后，DIP开关的设定值优先于参数的设定值	

	3
P0205选择变频器的应用对象 0恒转矩 1变转矩 说明： P0205=1时，只能用于平方V/f特性的负载（水泵，风机）	

	2
P0300选择电动机的类型 1异步电动机 2同步电动机 说明： P0300=2时，控制参数被禁止	

	2
P0304 电动机的额定电压 P0305 电动机的额定电流 P0307 电动机的额定功率 P0308 电动机的额定功率因数 P0309 电动机的额定效率 P0310 电动机的额定频率 P0311 电动机的额定速度	

	3
P0320电动机的磁化电流 设定值的范围：0.0～99.0% 以电动机额定电流（P0305）的百分比表示磁化电流	

	2
P0335电动机的冷却 0自冷 1强制冷却 2自冷和内置风机冷却 3强制冷却和内置风机冷却	

	2
P0640电动机的过载因子 设定值的范围：10%～400% 电动机过载电流的限定值，以电动机额定电流（P0305）的百分比表示。	

	1
P0700选择命令源 P1000选择频率设定值	

	1
P1080电动机最小频率 P1082电动机最大频率 P1120斜坡上升时间 P1121斜坡下降时间 P1135 OFF3的斜坡下降时间	

	2
P1300控制方式 P1500转矩设定值的选择 P1910选择电动机数据的自动检测方式	

	2
P3900结束快速调试 0结束快速调试，不进行电动机计算或复位为工厂默认设置值。 1结束快速调试，进行电动机计算和复位为工厂默认设定值（推荐的方式）。 2结束快速调试，进行电动机计算和I/O复位。 3结束快速调试，进行电动机计算，但不进行I/O复位	

P3900=1, 2   P3900=3

快速调试结束，变频器进入"运行准备就绪"状态

图 5-27   快速调试的基本流程

P1237 中设置制动周期为 10%，即 P1237＝2。

5.4.4　复位为出厂时变频器的默认设置值

为了把变频器的所有参数复位为出厂时的默认设置值，需使用 BOP 或 AOP 或通信选件，按下面的数值设置参数：

① 设置 P0010＝30；

② 设置 P0970＝1。

整个复位过程约需 3min 才能完成。

5.4.5　MM440 变频器快速调试的基本流程

（1）基本流程介绍

图 5-27 所示为 MM440 变频器快速调试的基本流程。当选择 P0010＝1 快速调试时，P0003 用户访问级用来选择要访问的参数。这一参数也可以用来选择由用户定义的进行快速调试的参数表。在快速调试的所有步骤都已完成以后，应设定 P3900＝1，以便进行必要的电动机数据的计算，并将其他所有的参数（不包括 P0010＝1）恢复到它们的默认设置值。

下面来介绍几个快速调试中所涉及的重点参数。

（2）P0205 参数

图 5-28 所示的 P0205 参数可以选择变频器的应用对象采用的是哪一种：0 为恒转矩，1 为变转矩。

P0205	变频器的应用				最小值：0	访问级：3
	CStat：C	数据类型：U16	单位：-		默认值：0	
	参数组：变频器	使能有效：确认	快速调试：是		最大值：1	

图 5-28　P0205 参数格式

众所周知，变频器和电动机型号取决于负载要求的速度范围和转矩，不同的负载具有不同的速度转矩特性。在 MM440 系列变频器中，认为恒转矩 CT 是在整个频率调节范围内驱动的对象都需要恒定的转矩，如带式运输机、空气压缩机和正排量泵类；认为变转矩 VT 是驱动对象的频率转矩特性为抛物线形，离心风机和水泵就采取 VT 运行方式。

一般情况下，建议用户首先对 P0205 进行修改，接着重新匹配电动机的参数。电动机的参数将在这一改变后重写（见图 5-29）。

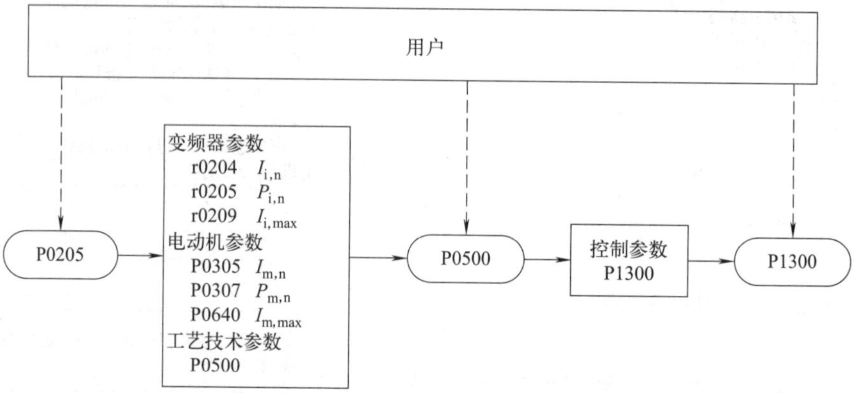

图 5-29　用户操作与 MM4 系列变频器参数的变化

需要注意的是：P0205 的值设定为"1"（即变转矩时），只能用于变转矩的应用对象。如果把它用于恒转矩的应用对象，则 i^2R 报警信号将发生得太晚，因而可能导致电动机过热。

（3）P0300 参数

图 5-30 所示的 P0300 参数可以选择电动机的类型：1 为异步电动机，2 为同步电动机。

P0300[3]	选择电动机的类型			最小值：1	访问级：
CStat：C		数据类型：U16	单位：–	默认值：1	2
参考组：电动机		使能有效：确认	快速调试：是	最大值：2	

图 5-30　P0300 参数格式

如果所选的电动机是同步电动机，那么以下功能是无效的：功率因数 P0308、电动机效率 P0309、磁化时间 P0346、去磁时间 P0347、转差补偿 P1335、转差限值 P1336、电动机的磁化电流 P0320、电动机的额定转差 P0330、额定磁化电流 P0331、额定功率因数 P0332、转子时间常数 P0384、捕捉再启动 P1200/P1202/P1203、直流注入制动 P1230/P1232/P1233。

（4）电动机参数

① P0305 的最大值取决于变频器的最大电流 r0209 和电动机的类型：异步电动机的电流最大值 P0305 等于变频器的最大电流 r0209；同步电动机的电流最大值 P0305 等于变频器最大电流 r0209 的 2 倍。

② P0308 参数的设定值为"0"时，将由变频器内部来计算功率因数，具体计算结果见 r0332 参数。P0309、P0311 等参数设定值为"0"时，也是类似原理。

（5）P0700 参数

图 5-31 所示的 P0700 参数可以选择数字的命令信号源，即"0"为工厂的默认设置、"1"为 BOP 键盘设置、"2"为由端子排输入、"4"为 BOP 链路的 USS 设置、"5"为 COM 链路的 USS 设置、"6"为 COM 链路的通信板 CB 设置（见图 5-32）。

P0700[3]	选择命令源			最小值：0	访问级：
CStat：CT		数据类型：U16	单位：–	默认值：2	1
参数组：命令		使能有效：确认	快速调试：是	最大值：6	

图 5-31　P0700 参数格式

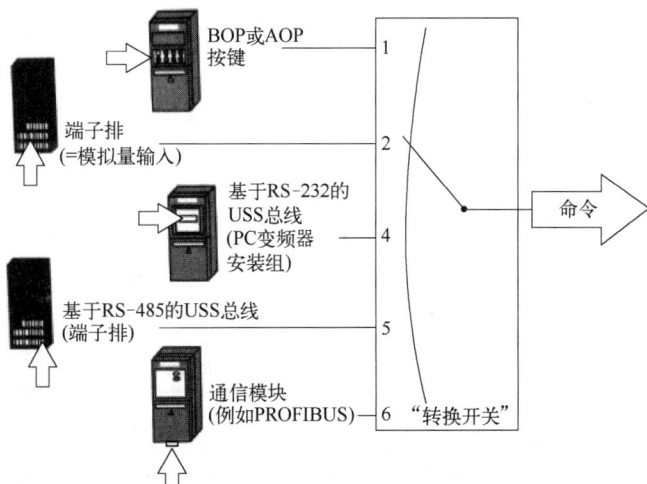

图 5-32　选择 P0700 命令信号源

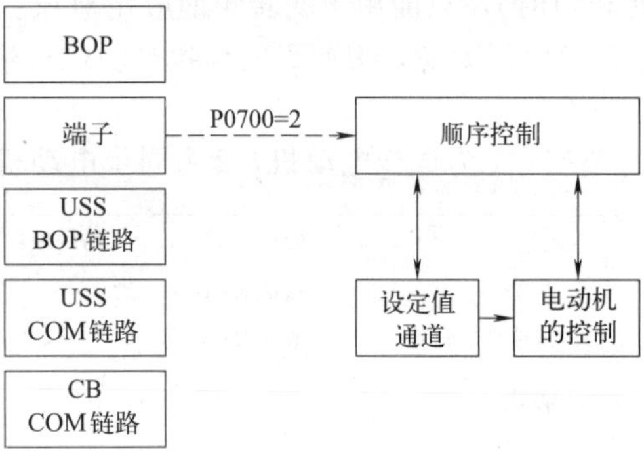

图 5-33　P0700＝2 时的设置

如果变频器是通过 AOP 来控制的，应选择 USS 和相应的接口作为命令源；如果 AOP 与 BOP 一链路接口相连接，应设定参数 P0700 等于 4（即 P0700＝4）。

需要注意的是：从 P0700＝1 改变为 P0700＝2 时，所有的数字输入都设定为默认设置值，如图 5-33 所示。

（6）P0701～P0708 参数

图 5-34 所示的 P0701 参数可以选择数字输入 1 的功能，如 OFF1、OFF2、OFF3、点动、反转、MOP、固定频率设定值、直流制动、BICO 等功能，具体功能见表 5-7。

P0701[3]	数字输入 1 的功能			最小值：0	访问级：2
CStat:CT		数据类型：U16	单位：-	默认值：1	
参数组：命令		使能有效：确认	快速调试：否	最大值：99	

图 5-34　P0701 参数格式

表 5-7　数字量输入端子的功能

可能的设定值	功能
0	禁止数字输入
1	ON/OFF1（接通正转/停车命令 1）
2	ON reverse/OFF1（接通反转/停车命令 1）
3	OFF2（停车命令 2）（按惯性自由停车）
4	OFF3（停车命令 3）（按斜坡函数曲线快速降速）
9	故障确认
10	正向点动
11	反向点动
12	反转
13	MOP（电动电位计）升速（增加频率）
14	MOP 降速（减少频率）
15	固定频率设定值（直接选择）
16	固定频率设定值（直接选择＋ON 命令）
17	固定频率设定值（二进制编码选择＋ON 命令）
25	直流注入制动
29	由外部信号触发跳闸
33	禁止附加频率设定值
99	使能 BICO 参数化

MM440 变频器共有 6 个常规输入端子 DIN1～DIN6 和两个由模拟量演变过来的数字量端子 DIN7 和 DIN8，二者在功能值设定上除了在固定频率值（即设定值为 15/16/17）不具有之外，其余功能均具备。

（7）P1000 参数

图 5-35 所示的 P1000 参数可以选择频率设定值的信号源。

P1000[3]	频率设定值的选择			最小值：0	访问级：1
	CStat：CT	数据类型：U16	单位：-	默认值：2	
	参数组：设定值	使能有效：确认	快速调试：是	最大值：77	

图 5-35　P1000 参数格式

在表 5-8 给出的可供选择的设定值中，主设定值由最低一位数字个位数来选择（即 0～7），而附加设定值由最高一位数字十位数来选择（$x0～x7$，其中 $x=1～7$）。

表 5-8　P1000 可供选择的设定值

可能的设定值	主设定值	附加设定值
0	无主设定值	
1	MOP 设定值	
2	模拟设定值	
3	固定频率	
4	通过 BOP 链路的 USS 设定	
5	通过 COM 链路的 USS 设定	
6	通过 COM 链路的 CB 设定	
7	模拟设定值 2	
10	无主设定值	＋MOP 设定值
11	MOP 设定值	＋MOP 设定值
12	模拟设定值	＋MOP 设定值
13	固定频率	＋MOP 设定值
14	通过 BOP 链路的 USS 设定	＋MOP 设定值
15	通过 COM 链路的 USS 设定	＋MOP 设定值
16	通过 COM 链路的 CB 设定	＋MOP 设定值
17	模拟设定值 2	＋MOP 设定值
20	无主设定值	＋模拟设定值
21	MOP 设定值	＋模拟设定值
22	模拟设定值	＋模拟设定值
23	固定频率	＋模拟设定值
24	通过 BOP 链路的 USS 设定	＋模拟设定值
25	通过 COM 链路的 USS 设定	＋模拟设定值
26	通过 COM 链路的 CB 设定	＋模拟设定值
27	模拟设定值 2	＋模拟设定值
30	无主设定值	＋固定频率
31	MOP 设定值	＋固定频率
32	模拟设定值	＋固定频率
33	固定频率	＋固定频率

续表

可能的设定值	主设定值	附加设定值
34	通过 BOP 链路的 USS 设定	＋固定频率
35	通过 COM 链路的 USS 设定	＋固定频率
36	通过 COM 链路的 CB 设定	＋固定频率
37	模拟设定值 2	＋固定频率
40	无主设定值	＋BOP 链路的 USS 设定值
41	MOP 设定值	＋BOP 链路的 USS 设定值
42	模拟设定值	＋BOP 链路的 USS 设定值
43	固定频率	＋BOP 链路的 USS 设定值
44	通过 BOP 链路的 USS 设定	＋BOP 链路的 USS 设定值
45	通过 COM 链路的 USS 设定	＋BOP 链路的 USS 设定值
46	通过 COM 链路的 CB 设定	＋BOP 链路的 USS 设定值
47	模拟设定值 2	＋BOP 链路的 USS 设定值
50	无主设定值	＋COM 链路的 USS 设定值
51	MOP 设定值	＋COM 链路的 USS 设定值
52	模拟设定值	＋COM 链路的 USS 设定值
53	固定频率	＋COM 链路的 USS 设定值
54	通过 BOP 链路的 USS 设定	＋COM 链路的 USS 设定值
55	通过 COM 链路的 USS 设定	＋COM 链路的 USS 设定值
57	模拟设定值 2	＋COM 链路的 USS 设定值
60	无主设定值	＋COM 链路的 CB 设定值
61	MOP 设定值	＋COM 链路的 CB 设定值
62	模拟设定值	＋COM 链路的 CB 设定值
63	固定频率	＋COM 链路的 CB 设定值
64	通过 BOP 链路的 USS 设定	＋COM 链路的 CB 设定值
65	通过 COM 链路的 USS 设定	＋COM 链路的 CB 设定值
66	通过 COM 链路的 CB 设定	＋COM 链路的 CB 设定值
67	模拟设定值 2	＋COM 链路的 CB 设定值
70	无主设定值	＋模拟设定值 2
71	MOP 设定值	＋模拟设定值 2
72	模拟设定值	＋模拟设定值 2
73	固定频率	＋模拟设定值 2
74	通过 BOP 链路的 USS 设定	＋模拟设定值 2
75	通过 COM 链路的 USS 设定	＋模拟设定值 2
76	通过 COM 链路的 CB 设定	＋模拟设定值 2
77	模拟设定值 2	＋模拟设定值 2

（8）P1300 参数

图 5-36 所示的 P1300 参数可以选择变频器的控制方式。其可能的设定值见表 5-9。

P1300[3]	变频器的控制方式		最小值：0	访问级：
CStat：CT	数据类型：U16	单位：-	默认值：0	2
参数组：控制	使能有效：确认	快速调试：是	最大值：23	

图 5-36　P1300 参数格式

表 5-9　P1300 可能的设定值

可能的设定值	含义	可能的设定值	含义
0	线性特性的 V/f 控制	6	用于纺织机械的带 FCC 功能的 V/f 控制
1	带磁通电流控制(FCC)的 V/f 控制	19	用于独立电压设定值的 V/f 控制
2	带抛物线特性(平方特性)的 V/f 控制	20	无传感器的矢量控制
3	特性曲线可编程的 V/f 控制	21	带有传感器的矢量控制
4	ECO(节能运行)方式的 V/f 控制	22	无传感器的矢量-矩阵控制
5	用于纺织机械的 V/f 控制	23	带有传感器的矢量-矩阵控制

当 P1300≥20（即控制方式＝矢量控制）时，变频器内部将最高输出频率限制为 200Hz 或 5 倍电动机额定频率（P0310），此值在 r1084 最高频率中显示。

5.4.6　MM420 变频器调试案例分析

（1）MM420 变频器面板操作的参数设置

图 5-37 所示为 MM420 变频器的接线。

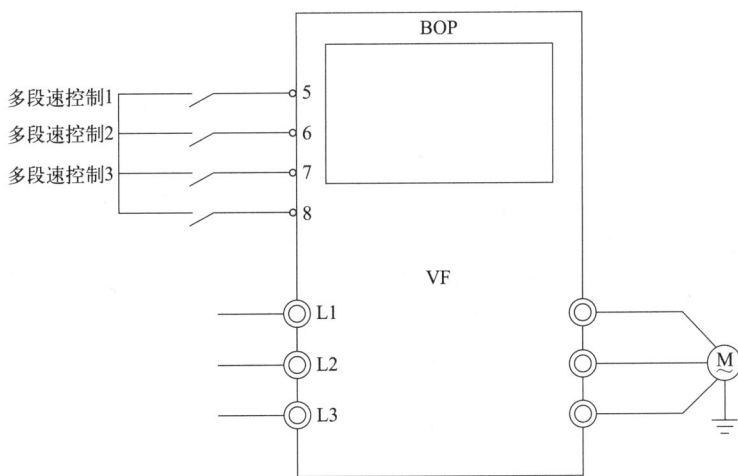

图 5-37　MM420 变频器的接线

MM420 变频器在面板操作的参数设置见表 5-10。

表 5-10　面板操作的参数设置

参数代码	功能简介	设定数据
P0010	调试参数过滤器	1(快速调试)
P0700	选择命令源	1[BOP(键盘)设置]
P1000	频率设定值的选择	1(用 BOP 设定频率)
P0010	调试参数过滤器	0(准备运行)

（2）MM420变频器外部端子操作的参数设置

图5-38所示为MM420变频器外部操作启动的接线，相应的参数设置见表5-11。

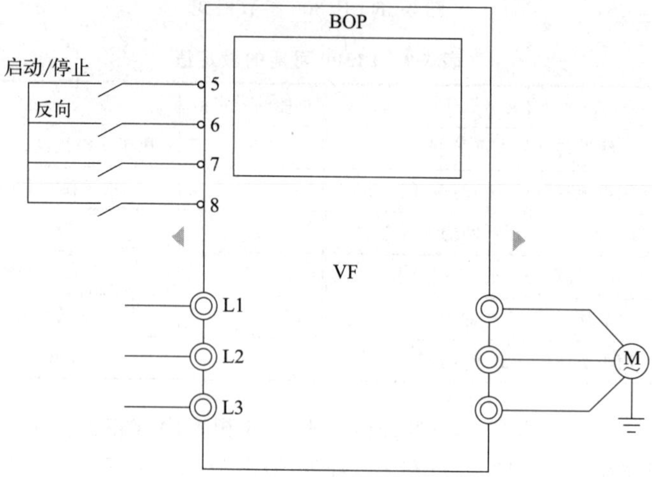

图5-38　外部操作启动的接线

表5-11　外部操作启动的参数设置

参数代码	功能简介	设定数据
P0010	调试参数过滤器	1（快速调试）
P0700	选择命令源	2（由端子排输入）
P1000	频率设定值的选择	1（用BOP设定频率） 2（模拟设定值）
P0010	调试参数过滤器	0（准备运行）

（3）多段速的参数设置

图5-39所示为MM420变频器多段速设置的接线，表5-12为其参数设置。

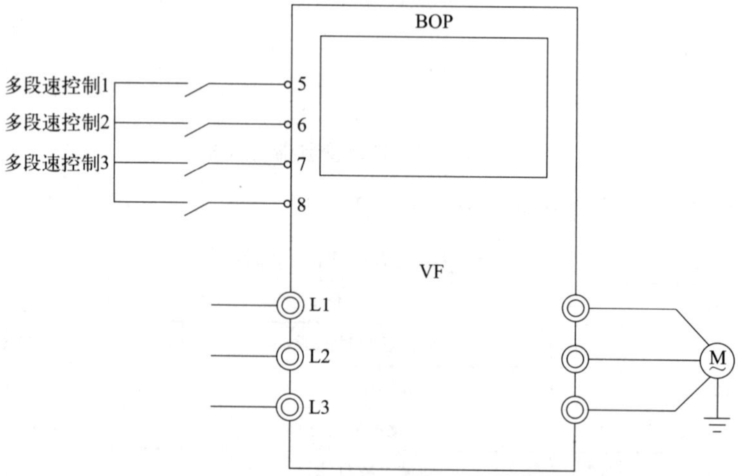

图5-39　多段速设置

表 5-12 多段速参数的设置

参数代码	功能简述	设定数据
P0003	用户访问级	2（扩展访问参数）
P0700	选择命令源	2（由端子排输入）
P0701	数字输入 1 的功能	17（固定频率设定值）
P0702	数字输入 2 的功能	17（固定频率设定值）
P0703	数字输入 3 的功能	17（固定频率设定值）
P1000	频率设定值的选择	3（固定频率）
P1001	固定频率 1	设定频率
P1002	固定频率 2	设定频率
P1003	固定频率 3	设定频率
P1004	固定频率 4	设定频率
P1005	固定频率 5	设定频率
P1006	固定频率 6	设定频率
P1007	固定频率 7	设定频率

5.5 MM440 变频器调试案例分析

5.5.1 MM440 变频器的面板操作与运行

操作内容：通过变频器操作面板对电动机的启动、正反转、点动、调速控制。

操作方法与步骤如下。

（1）按要求接线

系统接线如图 5-40 所示，查电路正确无误后，合上主电源开关 QS。

（2）设置参数

① 设定 P0010＝30 和 P0970＝1，按下"P"键，开始复位，复位过程大约 3min，这样就可以保证变频器的参数恢复到工厂默认值。

② 设置电动机参数，为了使电动机与变频器相匹配，需要设置电动机参数。电动机参数设置见表 5-13。参数设定完成后，设 P0010＝0，变频器当前处于准备状态，可正常运行。

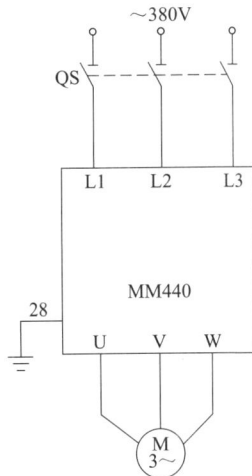

图 5-40 变频调速系统电气图

表 5-13 电动机参数设置

参数号	出厂值	设置值	说明
P0003	1	1	设定用户访问级为标准级
P0010	0	1	快速调试
P0100	0	0	功率以 kW 表示，频率为 50Hz

续表

参数号	出厂值	设置值	说明
P0304	230	380	电动机额定电压(V)
P0305	3.25	1.05	电动机额定电流(A)
P0307	0.75	0.37	电动机额定功率(kW)
P0310	50	50	电动机额定频率(Hz)
P0311	0	1400	电动机额定转速(r/min)

③ 设置面板操作控制参数，见表 5-14。

表 5-14　面板基本操作控制参数

参数号	出厂值	设置值	说明
P0003	1	1	设用户访问级为标准级
P0010	0	0	正确地进行运行命令的初始化
P0004	0	7	命令和数字I/O
P0700	2	1	由键盘输入设定值(选择命令源)
P0003	1	1	设用户访问级为标准级
P0004	0	10	设定值通道和斜坡函数发生器
P1000	2	1	由键盘(电动电位计)输入设定值
P1080	0	0	电动机运行的最低频率(Hz)
P1082	50	50	电动机运行的最高频率(Hz)
P0003	1	2	设用户访问级为扩展级
P0004	0	10	设定值通道和斜坡函数发生器
P1040	5	20	设定键盘控制的频率值(Hz)
P1058	5	10	正向点动频率(Hz)
P1059	5	10	反向点动频率(Hz)
P1060	10	5	点动斜坡上升时间(s)
P1061	10	5	点动斜坡下降时间(s)

（3）变频器运行操作

① 变频器启动：在变频器的前操作面板上按运行键，变频器将驱动电动机升速，并运行在由 P1040 所设定的 20Hz 频率对应的 560r/min 的转速上。

② 正反转及加减速运行：电动机的转速（运行频率）及旋转方向可直接通过按前操作面板上的 ／ 来改变。

③ 点动运行：按下变频器前操作面板上的点动键，则变频器驱动电动机升速，并运行在由 P1058 所设置的正向点动 10Hz 频率值上。松开变频器前操作面板上的点动键，则变频器将驱动电动机降速至零。这时，如果按下变频器前操作面板上的换向键，再重复上述的点动运行操作，电动机可在变频器的驱动下反向点动运行。

④ 电动机停车：在变频器的前操作面板上按停止键，则变频器将驱动电动机降速至零。

5.5.2 MM440 变频器的外部运行操作

操作内容：用自锁按钮"SB1""SB2"与外部线路控制 MM440 变频器的运行，实现电动机正转和反转控制。其中端口"5"（DIN1）设为正转控制，端口"6"（DIN2）设为反转控制。对应的功能分别由 P0701 和 P0702 的参数设置。

操作方法与步骤如下。

（1）了解 MM440 变频器的数字输入端口

MM440 变频器有 6 个数字输入端口，具体如图 5-41 所示。

MM440 变频器的 6 个数字输入端口（DIN1～DIN6），即端口"5""6""7""8""16"和"17"，每一个数字输入端口功能很多，用户可根据需要进行设置。参数号 P0701～P0706 为端口数字输入 1 功能至数字输入 6 功能，每一个数字输入功能设置参数值范围均为 0～99，出场默认值均为"1"。以下列出其中几个常用的参数值，各数值的具体含义见表 5-15。

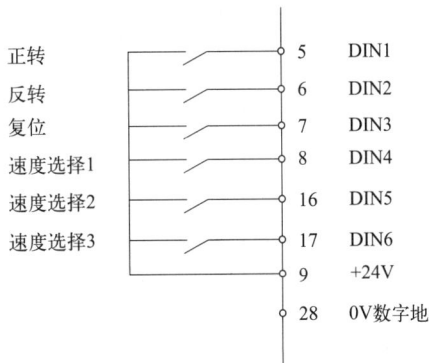

图 5-41 MM440 变频器的数字输入端口

表 5-15 MM440 数字输入端口功能设置表

参数值	功能说明	参数值	功能说明
0	禁止数字输入	12	反转
1	ON/OFF1（接通正转、停车命令 1）	13	MOP（电动电位计）升速（增加频率）
2	ON/OFF1（接通反转、停车命令 1）	14	MOP 降速（减少频率）
3	OFF2（停车命令 2）、按惯性自由停车	15	固定频率设定值（直接选择）
4	OFF3（停车命令 3）、按斜坡函数曲线快速降速	16	固定频率设定值（直接选择＋ON 命令）
9	故障确认	17	固定频率设定值（二进制编码选择＋ON 命令）
10	正向点动	25	直流注入制动
11	反向点动		

（2）按要求接线

变频器外部运行操作接线如图 5-42 所示。

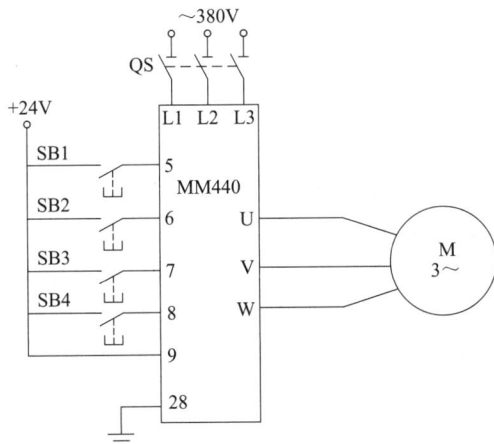

图 5-42 外部运行操作接线图

（3）参数设置

接通主电源开关QS，在变频器通电的状态下，完成相关参数设置，具体设置见表5-16。

表5-16　变频器参数设置

参数号	出厂值	设置值	说明
P0003	1	1	设用户访问级为标准级
P0004	0	7	命令和数字I/O
P0700	2	2	命令源选择"由端子排输入"
P0003	1	2	设用户访问级为扩展级
P0004	0	7	命令和数字I/O
* P0701	1	1	ON接通正转,OFF停止
* P0702	1	2	ON接通反转,OFF停止
* P0703	9	10	正向点动
* P0704	15	11	反向点动
P0003	1	1	设用户访问级为标准级
P0004	0	10	设定值通道和斜坡函数发生器
P1000	2	1	由键盘(电动电位计)输入设定值
* P1080	0	0	电动机运行的最低频率(Hz)
* P1082	50	50	电动机运行的最高频率(Hz)
* P1120	10	5	斜坡上升时间(s)
* P1121	10	5	斜坡下降时间(s)
P0003	1	2	设用户访问级为扩展级
P0004	0	10	设定值通道和斜坡函数发生器
* P1040	5	20	设定键盘控制的频率值
* P1058	5	10	正向点动频率(Hz)
* P1059	5	10	反向点动频率(Hz)
* P1060	10	5	点动斜坡上升时间(s)
* P1061	10	5	点动斜坡下降时间(s)

（4）变频器运行操作

① 正向运行。当按下自锁按钮"SB1"时，变频器数字端口"5"为"ON"，电动机按P1120所设置的5s斜坡上升时间正向启动运行，经5s后稳定运行在560r/min的转速上，此转速与P1040所设置的20Hz对应。放开按钮"SB1"，变频器数字端口"5"为"OFF"，电动机按P1121所设置的5s斜坡下降时间停止运行。

② 反向运行。当按下自锁按钮"SB2"时，变频器数字端口"6"为"ON"，电动机按P1120所设置的5s斜坡上升时间反向启动运行，经5s后稳定运行在560r/min的转速上，此转速与P1040所设置的20Hz对应。放开按钮"SB2"，变频器数字端口"6"为"OFF"，电动机按P1121所设置的5s斜坡下降时间停止运行。

③ 电动机的点动运行。

a. 正向点动运行：当按下自锁按钮"SB3"时，变频器数字端口"7"为"ON"，电动机按P1060所设置的5s点动斜坡上升时间正向启动运行，经5s后稳定运行在280r/min的转速上，此转速与 P1058 所设置的 10Hz 对应。放开按钮"SB3"，变频器数字端口"7"为"OFF"，电动机按 P1061 所设置的 5s 点动斜坡下降时间停止运行。

　　b. 反向点动运行：当按下自锁按钮"SB4"时，变频器数字端口"8"为"ON"，电动机按 P1060 所设置的 5s 点动斜坡上升时间反向启动运行，经 5s 后稳定运行在 280r/min 的转速上，此转速与 P1059 所设置的 10Hz 对应。放开按钮"SB4"，变频器数字端口"8"为"OFF"，电动机按 P1061 所设置的 5s 点动斜坡下降时间停止运行。

　　④ 电动机的速度调节。分别更改 P1040 和 P1058、P1059 的值，按前述操作的过程，就可以改变电动机正常运行速度和正、反向点动运行速度。

　　⑤ 电动机实际转速测定。在电动机运行过程中，利用激光测速仪或者转速测试表，可以直接测量电动机实际运行速度，当电动机处在空载、轻载或者重载时，实际运行速度会根据负载的轻重略有变化。

5.5.3　MM440 变频器的模拟信号操作控制

　　操作内容：用自锁按钮"SB1"控制实现电动机启、停功能，由模拟输入端控制电动机转速的大小。

　　操作方法与步骤如下。

　　（1）按要求接线

　　变频器模拟信号控制接线如图 5-43 所示。检查电路正确无误后，合上主电源开关 QS。

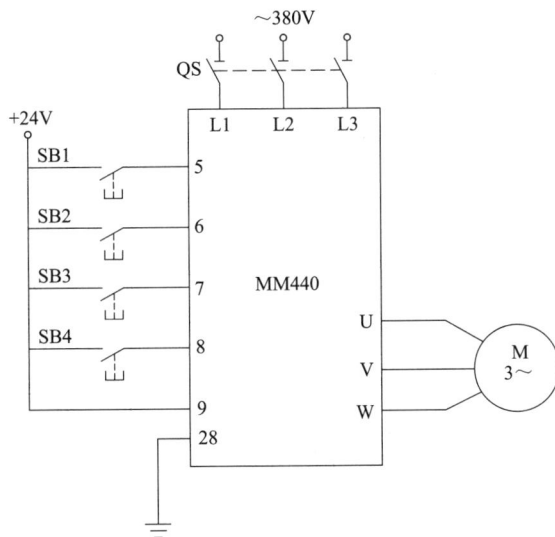

图 5-43　MM440 变频器模拟信号控制接线图

　　（2）参数设置

　　① 恢复变频器工厂默认值，设定 P0010＝30 和 P0970＝1，按下"P"键，开始复位。

　　② 设置电动机参数，电动机参数设置见表 5-17。电动机参数设置完成后，设 P0010＝0，变频器当前处于准备状态，可正常运行。

表 5-17　电动机参数设置

参数号	出厂值	设置值	说明
P0003	1	1	设用户访问级为标准级
P0010	0	1	快速调试

续表

参数号	出厂值	设置值	说明
P0100	0	0	功率以 kW 表示,频率为 50Hz
P0304	230	380	电动机额定电压(V)
P0305	3.25	0.95	电动机额定电流(A)
P0307	0.75	0.37	电动机额定功率(kW)
P0308	0	0.8	电动机额定功率因数(cosφ)
P0310	50	50	电动机额定频率(Hz)
P0311	0	2800	电动机额定转速(r/min)

③ 设置模拟信号操作控制参数,模拟信号操作控制参数设置见表 5-18。

表 5-18   模拟信号操作控制参数

参数号	出厂值	设置值	说明
P0003	1	1	设用户访问级为标准级
P0004	0	7	命令和数字 I/O
P0700	2	2	命令源选择由端子排输入
P0003	1	2	设用户访问级为扩展级
P0004	0	7	命令和数字 I/O
P0701	1	1	ON 接通正转,OFF 停止
P0702	1	2	ON 接通反转,OFF 停止
P0003	1	1	设用户访问级为标准级
P0004	0	10	设定值通道和斜坡函数发生器
P1000	2	2	频率设定值选择为模拟输入
P1080	0	0	电动机运行的最低频率(Hz)
P1082	50	50	电动机运行的最高频率(Hz)

(3) 变频器运行操作

① 电动机正转与调速。按下电动机正转自锁按钮 "SB1",数字输入端口 DIN1 为 "ON",电动机正转运行,转速由外接电位器 "RP1" 来控制,模拟电压信号在 0~10V 之间变化,对应变频器的频率在 0~50Hz 之间变化,对应电动机的转速在 0~1500r/min 之间变化。当松开自锁按钮 "SB1" 时,电动机停止运转。

② 电动机反转与调速。按下电动机反转自锁按钮 "SB2",数字输入端口 DIN2 为 "ON",电动机反转运行,与电动机正转相同,反转转速的大小仍由外接电位器来调节。当松开自锁按钮 "SB2" 时,电动机停止运转。

5.5.4   MM440 变频器的多段速运行操作

操作内容:实现 3 段固定频率控制,连接线路,设置功能参数,操作 3 段固定速度运行。

操作方法与步骤如下。

(1) 了解 MM440 变频器的多段速控制功能及参数设置

多段速功能,也称作固定频率,就是设置参数 P1000=3 的条件下,用开关量端子选择固定频率的组合，实现电动机多段速度运行。可通过如下 3 种方法实现。

① 直接选择（P0701～P0706＝15）。在这种操作方式下，一个数字输入选择一个固定频率，端子与参数设置对应见表 5-19。

表 5-19　端子与参数设置对应表

端子编号	对应参数	对应频率设置值	说明
5	P0701	P1001	(a)频率给定源 P1000 必须设置为"3" (b)当多个选择同时激活时，选定的频率是它们的总和
6	P0702	P1002	
7	P0703	P1003	
8	P0704	P1004	
16	P0705	P1005	
17	P0706	P1006	

② 直接选择＋ON 命令（P0701～P0706＝16）。在这种操作方式下，数字量输入既选择固定频率（见表 5-19），又具备启动功能。

③ 二进制编码选择＋ON 命令（P0701～P0706＝17）。MM440 变频器的 6 个数字输入端口（DIN1～DIN6），通过 P0701～P0706 设置实现多频段控制。每一频段的频率分别由 P1001～P1015 参数设置，最多可实现 15 频段控制，各个固定频率的数值选择见表 5-20。在多频段控制中，电动机的转速方向是由 P1001～P1015 参数所设置的频率正负决定的。6 个数字输入端口，哪一个作为电动机运行、停止控制，哪些作为多段频率控制，是可以由用户任意确定的，一旦确定了某一数字输入端口的控制功能，其内部的参数设置值必须与端口的控制功能相对应。

表 5-20　固定频率选择对应表

频率设定	DIN4	DIN3	DIN2	DIN1
P1001	0	0	0	1
P1002	0	0	1	0
P1003	0	0	1	1
P1004	0	1	0	0
P1005	0	1	0	1
P1006	0	1	1	0
P1007	0	1	1	1
P1008	1	0	0	0
P1009	1	0	0	1
P1010	1	0	1	0
P1011	1	0	1	1
P1012	1	1	0	0
P1013	1	1	0	1
P1014	1	1	1	0
P1015	1	1	1	1

（2）按要求接线

按图 5-44 连接电路，检查线路正确后，合上变频器主电源开关 QS。

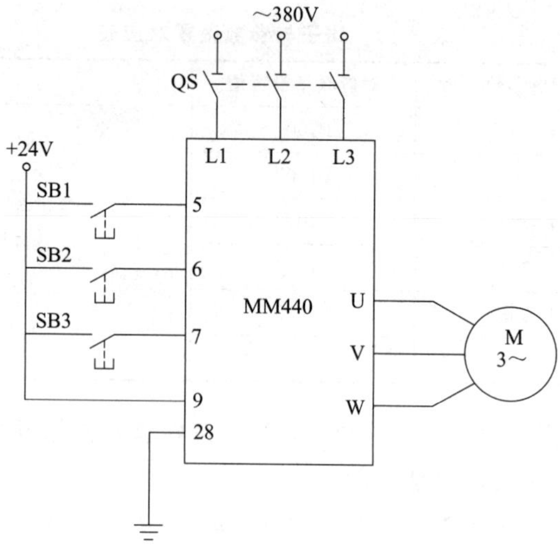

图 5-44   3 段固定频率控制接线图

（3）参数设置

① 恢复变频器工厂默认值。设定 P0010＝30，P0970＝1。按下"P"键，变频器复位到工厂默认值。

② 设置电动机参数（见表 5-21）。电动机参数设置完成后，设 P0010＝0，变频器当前处于准备状态，可正常运行。

表 5-21   电动机参数设置（MM440 变频器的多段速运行操作）

参数号	出厂值	设置值	说明
P0003	1	1	设用户访问级为标准级
P0010	0	1	快速调试
P0100	0	0	以 kW 表示，频率为 50Hz
P0304	230	380	电动机额定电压（V）
P0305	3.25	0.95	电动机额定电流（A）
P0307	0.75	0.37	电动机额定功率（kW）
P0308	0	0.8	电动机额定功率因数（cosφ）
P0310	50	50	电动机额定频率（Hz）
P0311	0	2800	电动机额定转速（r/min）

③ 设置变频器 3 段固定频率控制参数（见表 5-22）。

表 5-22   变频器 3 段固定频率控制参数设置

参数号	出厂值	设置值	说明
P0003	1	1	设用户访问级为标准级
P0004	0	7	命令和数字 I/O
P0700	2	2	命令源选择由端子排输入

续表

参数号	出厂值	设置值	说明
P0003	1	2	设用户访问级为拓展级
P0004	0	7	命令和数字 I/O
P0701	1	17	选择固定频率
P0702	1	17	选择固定频率
P0703	1	1	ON 接通正转，OFF 停止
P0003	1	1	设用户访问级为标准级
P0004	2	10	设定值通道和斜坡函数发生器
P1000	2	3	选择固定频率设定值
P0003	1	2	设用户访问级为拓展级
P0004	0	10	设定值通道和斜坡函数发生器
P1001	0	20	选择固定频率 1（Hz）
P1002	5	30	选择固定频率 2（Hz）
P1003	10	50	选择固定频率 3（Hz）

（4）变频器运行操作

当按下具有自锁功能的按钮"SB3"时，数字输入端口"7"为"ON"，允许电动机运行。

① 第 1 频段控制。当"SB1"接通、"SB2"断开时，变频器数字输入端口"5"为"ON"，端口"6"为"OFF"，变频器工作在由 P1001 参数所设定的频率为 20Hz 的第 1 频段上。

② 第 2 频段控制。当"SB1"断开、"SB2"接通时，变频器数字输入端口"5"为"OFF"，"6"为"ON"，变频器工作在由 P1002 参数所设定的频率为 30Hz 的第 2 频段上。

③ 第 3 频段控制。当按钮"SB1""SB2"都接通时，变频器数字输入端口"5""6"均为"ON"，变频器工作在由 P1003 参数所设定的频率为 50Hz 的第 3 频段上。

④ 电动机停车。当"SB1""SB2"都断开时，变频器数字输入端口"5""6"均为"OFF"，电动机停止运行。或在电动机正常运行的任何频段，将"SB3"断开使数字输入端口"7"为"OFF"，电动机也能停止运行。

需要注意的是，3 个频段的频率值可根据用户要求使用 P1001、P1002 和 P1003 参数来修改。当电动机需要反向运行时，只要将对应频段的频率值设定为负就可以实现。

5.6 MM440 变频器在电梯控制中的应用

（1）电梯的驱动方式

电梯停层时梯速为零。正常运行时以额定速度做匀速直线运动。在零速与额定速度之间则做加速或减速过渡，在这一段时间里，电动机转速的控制叫作调速。在轿厢做加速或减速运动时，乘客会出现超重与失重的现象。普通人对超重和失重的承受能力是很有限的，我国国标《电梯技术条件》（GB/T 10058—2023）规定了加速度 a 值不得大于 1.5m/s^2。另外，如果加速度总在波动，乘客就会有颠簸的感觉，甚至眩晕。这就要求加速度变化率尽可能减小。直流电动机具有良好的调速性能，但直流电动机通过集电环供电，维修工作量较大。交流异步电动机结构简单，工作可靠，随着计算机与电力电子技术的发展，用不同的调速方式可满足不同电梯的需要。

　　低速电梯常采用交流双速（AC-2）方案，控制环节少，故障概率低。主要缺点是平层准确度和乘坐舒适感很难两全。中速电梯多采用调压调速（ACVV）技术。这种调速方式用改变电压的方式改变电动机的转矩，通过对电动机转矩与负载力矩之间差值的调整，控制电动机正、负角加速度，并用全闭环的控制方式使电梯在受控的速度和加速度下运行，该种调速方式曾经是国产电梯的主导方式。

　　自电梯驱动中应用调频调压调速技术后，其调速性能已完全可与直流电机相媲美。除了具有良好的舒适感外，平层准确度也大为提高，而且具有明显的节能效果。

　　（2）制动电阻的选型

　　电梯是一种垂直运输工具，它在运行中不但具有动能，而且具有势能。它经常处在正转与反转交替、反复启动制动过程中。一般情况下，电梯控制采用的是能耗制动，即采用制动电阻加制动单元的方式。

　　在电梯应用中，制动电阻阻值绝对不可小于表 5-23 中的对应值，可以稍大。制动电阻连续功率最好按表中峰值功率选，至少要保证在一次全程检修运行中满功率制动而不过热，因为当轻载上升或重载下降时，电动机长时间处于制动状态。例如 5.5kW 变频器，制动电阻阻值为 56Ω，功率至少为 3900W，同时设置：P1237＝5，P1240＝0。制动电阻连接在 B＋、B－端。

表 5-23　制动电阻值

MM440 订货号	功率/kW	额定电压/V	制动电阻订货号	电阻值/Ω	电阻额定功率/W	电阻最大功率/W
6SE6440-2UD13-7AA0	0.37	380～480	6SE6400-4BD11-0AA0	390	100	2000
6SE6440-2UD15-5AA0	0.55	380～480	6SE6400-4BD11-0AA0	390	100	2000
6SE6440-2UD17-5AA0	0.75	380～480	6SE6400-4BD11-0AA0	390	100	2000
6SE6440-2UD21-1AA0	1.1	380～480	6SE6400-4BD11-0AA0	390	100	2000
6SE6440-2UD21-5AA0	1.5	380～480	6SE6400-4BD11-0AA0	390	100	2000
6SE6440-2UD22-2BB0	2.2	380～480	6SE6400-4BD12-0BA0	160	200	4000
6SE6440-2UD23-0BA0	3	380～480	6SE6400-4BD12-0BA0	160	200	4000
6SE6440-2UD24-0BA0	4	380～480	6SE6400-4BD12-0BA0	160	200	4000
6SE6440-2UD25-5CA0	5.5	380～480	6SE6400-4BD16-5CA0	56	650	13000
6SE6440-2UD27-5CA0	5.5	380～480	6SE6400-4BD16-5CA0	56	650	13000
6SE6440-2UD31-1CA0	11	380～480	6SE6400-4BD16-5CA0	56	650	13000
6SE6440-2UD31-5DA0	15	380～480	6SE6400-4BD21-2DA0	27	1200	24000
6SE6440-2UD31-8DA0	18.5	380～480	6SE6400-4BD21-2DA0	27	1200	24000
6SE6440-2UD32-2DA0	22	380～480	6SE6400-4BD21-2DA0	27	1200	24000
6SE6440-2UD33-0EA0	30	380～480	6SE6400-4BD22-2EA0	15	2200	44000

　　（3）脉冲编码器

　　脉冲编码器对于传动装置的驱动性能、稳定运行具有十分关键的意义，现场调试人员务必认真安装、调校。脉冲编码器与脉冲编码器模板的连接线必须采用屏蔽线，最好采用双绞屏蔽线，甚至双屏蔽双绞线，在编码器一侧预留屏蔽接地点，以便在特殊情况下采用双端屏蔽。原则上该连接线应使用无断头屏蔽线，如无法避免断头，必须对断头连接处做屏蔽处理。表 5-24 所示为编码器的技术规格。

表 5-24 编码器的技术规格

工作温度/℃	−10～+50
存放温度/℃	−40～+70
湿度/%	90(相对湿度,无结露)
最大脉冲频率/kHz	300
每转动一圈的脉冲数	可达 5000
TTL 和 HTL 的选择	通过链接的线路不同来选择
防护等级	IP20
编码器的供电电源/V	5(1±5%)@330mmA 或 18 不可调@140mA,抗短路
外形尺寸/mm	164(高)×73(宽)×42(深)

① 脉冲编码器模板。脉冲编码器模板将脉冲编码器的脉冲信号转换成变频器可识别的转速信号,脉冲编码器与脉冲编码器模板的连接线必须采用屏蔽线,在模板一侧必须接地,暴露于屏蔽层外的部分尽量短,编码器的外观如图 5-45 所示。

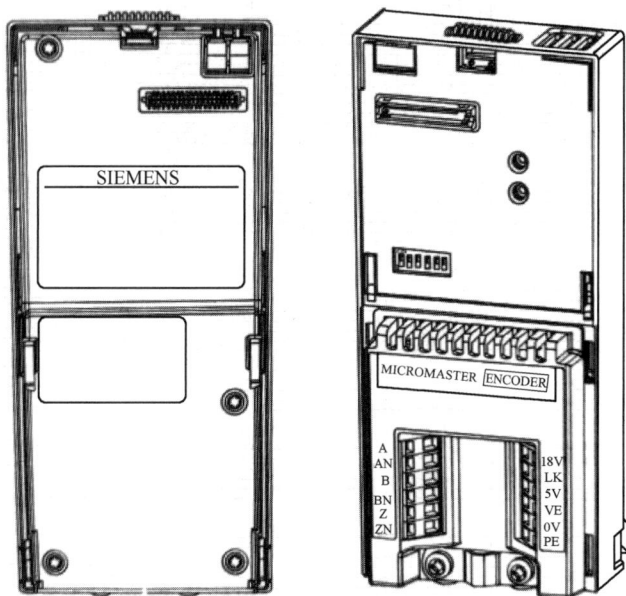

图 5-45 脉冲编码器外观

注意事项如下。

a. 编码器模板可以用于高压晶体管逻辑(HTL)和晶体管-晶体管逻辑(TTL)数字编码器。

b. 编码器模板的电源是通过变频器面板上的一个 40 线插接头,直接由 MICROMASTER 440 变频器供电的。

c. 在下列情况下,为了编码器模板的正常工作,必须提供一个外部电源(接线方法如图 5-46 所示):

(a) 编码器消耗的电流为 140mA 或更大时,电源电压为直流 18～24V;

（b）编码器消耗的电流为 330mA 或更大时，电源电压为直流 5V；

（c）所用的电缆长度大于 50m 时，供电电源的电压必须与编码器模板的要求相匹配并且不超过直流 24V。

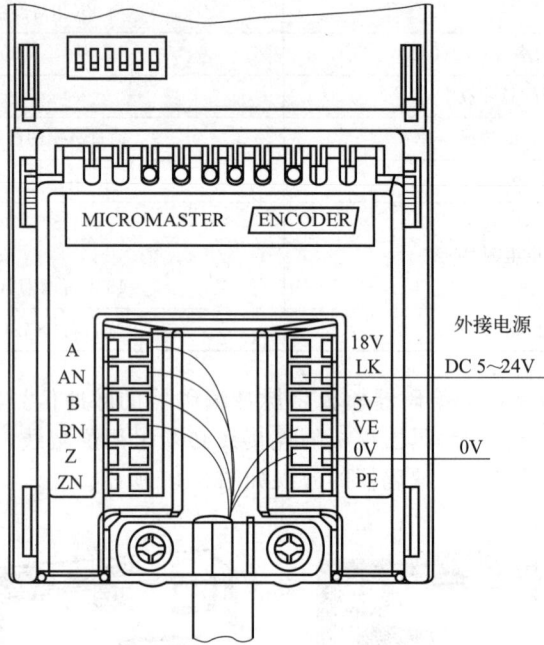

图 5-46   具有外接电源的编码器

d. 如果变频器上安装的选件不止一个，必须按照图 5-47 和图 5-48 中所示的顺序和步骤进行安装。

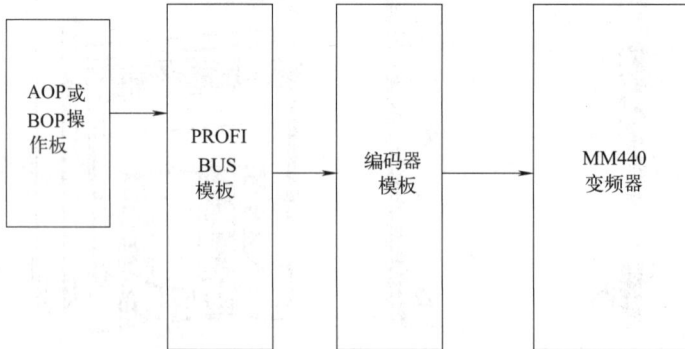

图 5-47   安装顺序

② 屏蔽及端子、DIP 开关。为了保证编码器能够正确完成其功能，必须遵照下面列出的指导原则：

a. 编码器模板与编码器之间的连线只能采用具有双绞线的屏蔽电缆；

b. 电缆的屏蔽层必须与编码器模板上的屏蔽线接线端子相连接；如果编码器电缆具有屏蔽/地/接地接线端，这一接线端应该与编码器模板上的 PE（保护接地）端子相连接；

c. 信号电缆的安装位置一定不要紧靠动力电缆；

d. 编码器模板上的 DIP 开关供用户正确地选择与编码器模板连接的编码器的设定值（单端输入或差动输入）见表 5-25。

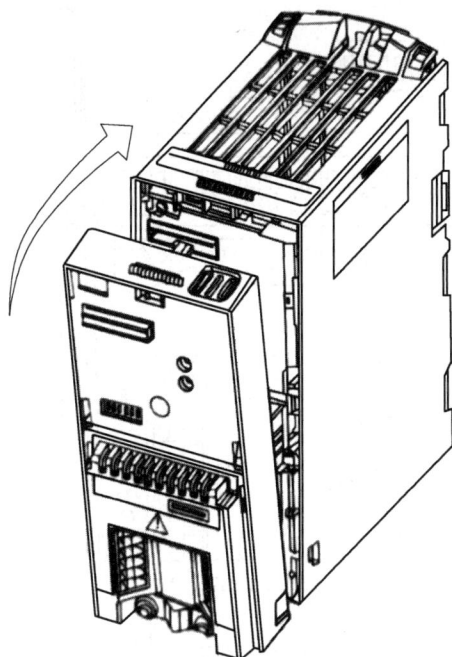

图 5-48 安装步骤

表 5-25 DIP 开关的设定值

DIP 开关	1	2	3	4	5	6
TTL 120Ω 单端输入	ON	ON	ON	ON	ON	ON
TTL 差动输入	OFF	ON	OFF	ON	OFF	ON
HTL>5kΩ 单端输入	ON	OFF	ON	OFF	ON	OFF
HTL 差动输入	OFF	OFF	OFF	OFF	OFF	OFF

③ TTL 编码器和 HTL 编码器。为了调试与 TTL 编码器连接的编码器模板，应完成以下各个步骤（如图 5-49 所示）：

a. 确认变频器电源已经断开；

b. 确认 DIP 开关已经根据编码器的类型正确地进行了设定，参看表 5-24；

c. 把编码器模板的"LK"和"5V"端子（参看下面的说明）连接到一起（这一端子 LK 具有短路保护功能）；

d. 把编码器模板的"VE"和"0V"端子与编码器的电源端子连接到一起；

e. 对应连接编码器及其模板的 A、AN、B、BN；

f. 接通变频器的电源电压；

g. 进行参数化。

说明：

a. 如果编码器的类型属于 TTL 差动输入方式，并且要求使用的电缆很长（大于 50m），那么，DIP 开关"2""4"和"6"可设定为"ON"，这样可以使终端阻抗的作用激活；

b. 5V 端子是电源电压，其允许的变化范围是±5％；

c. 如果编码器类型是 TTL 单端输入方式，就只有一条接到"A"端子的连线。

HTL 编码器的接线如图 5-50 所示，它需要把编码器模板的"LK"和"18V"端子（参看上述说明）连接到一起（这一端子 LK 具有短路保护功能）。

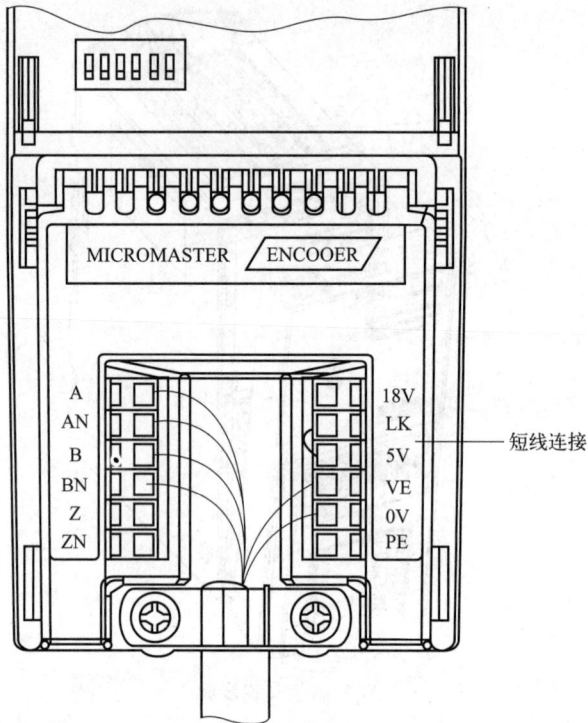

图 5-49　TTL 编码器

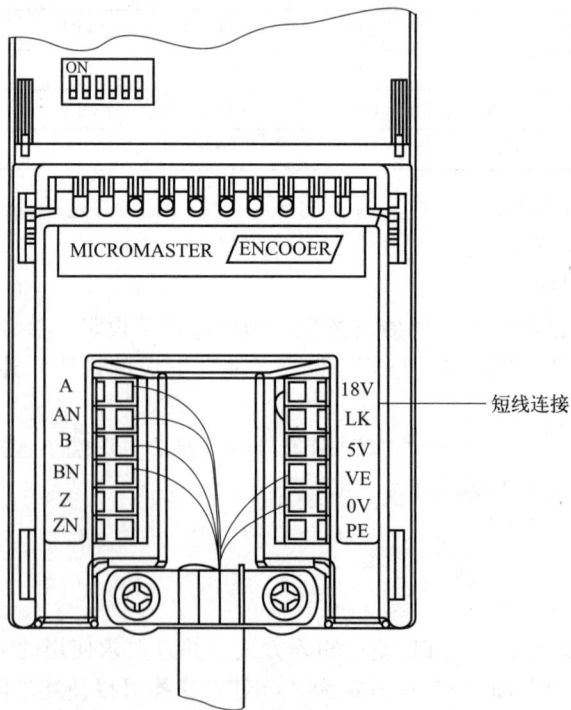

图 5-50　HTL 编码器

　　④ 编码器模板的参数化。为了使编码器模板的功能与变频器正确地匹配，必须对表 5-26 中的编码器模板参数进行设定。

表 5-26 参数设置

参数	名称	数值		
r0061	转子速度	指示转子的速度。用于检查系统工作是否正常		
r0090	转子角度	指示当前转子所处的角度,单输入通道的编码器无这一功能		
P0400[3]	编码器的类型	0＝无编码器 1＝单输入通道(A) 2＝无零脉冲的正交编码器(通道 A＋B)(术语"正交"的意思是指,两个周期函数的相位相差四分之一周期或 90°)		
r0403	编码器的状态字	以位格式的形式显示编码器的状态字		
		00	编码器模板投入工作	0	否
				1	是
		01	编码器错误	0	否
				1	是
		02	信号正确	0	否
				1	是
		03	低速时编码器速度信号丢失	0	否
				1	是
		04	采用了硬件定时器	0	否
				1	是
P0491[3]	速度信号丢失时的应对措施	选择速度信号丢失时应采取的措施设定值: 0＝不切换为 SLVC(无传感器矢量控制)方式 1＝切换为 SLVC 方式		
P0492[3]	允许的速度偏差	用于高速运行的编码器速度信号丢失的检测 在尚未认定速度反馈信号已经丢失之前,在两次采样之间计算有速度信号时允许的速度偏差(默认值＝根据惯量计算的值,范围在 0～100.00 之间) 相关信息:当 r0345(电动机的启动时间)改变或速度环的优化已经完成(P1960＝1)时,这一参数也被刷新 高速情况下编码器信号丢失时,在动作之前有一个 40ms 的延时 注意: 当允许的速度偏差被设定为零时,高速和低速编码器信号丢失的检测功能是被禁止的,这时,不能检测到编码器速度信号的丢失,如果编码器速度信号的检测功能被禁止,而又出现了编码器速度信号丢失的情况,那么,电动机的运行会变得不稳定		
P0494[3]	速度信号丢失时采取应对措施的延迟时间	用于低速运行的编码器速度信号丢失的检测 如果电动机轴的速度低于参数 P0492 设定的数值,那么,可以采用这一种算法来检测编码器速度信号是否丢失。这一参数用于选择低速时编码器出现信号丢失与随之采取应对措施之间的延迟时间(默认值＝根据惯量计算的值,范围在 0～64.000s 之间) 相关信息:当 r0345(电动机的启动时间)改变或速度环的优化已经完成(P1960＝1)时,这一参数也被刷新 注意: 当延迟时间设定为 0 时,低速时编码器信号丢失的检测被禁止,不能对低速时编码器信号的丢失进行检测(如果 P0492＞0,高速时编码器信号丢失的检测仍然有效)。如果低速时编码器信号丢失的检测功能被禁止,而在低速时又出现了信号丢失的情况,那么,电动机的运行可能变得不稳定		
P1300	控制方式	21＝闭环速度控制 23＝闭环转矩控制		

说明：

允许选用的编码器的分辨率（每转一圈发出的脉冲数）受到编码器模板的最大脉冲频率的限制（$f_{max}=300kHz$），根据编码器的分辨率和它的转动速度（r/min），采用下式来计算编码器输出的脉冲频率必须低于编码器模板的最大脉冲频率

$$f_{max} > f = \frac{每圈的脉冲数 \times 转动速度}{60}$$

例如：有一个编码器，每转动一圈发出 1024 个脉冲。设其转速为 2850r/min。发出的脉冲频率为 $f=48.64kHz < f_{max}=300kHz$，因此这一编码器可以与编码器模板一起配合使用。参数 P0492 的单位是 Hz/ms。如果变频器输出频率的变化率（单位时间内的输出频率变化）大于最大允许的输出频率的变化率（P0492），则变频器将跳闸，故障码为 F0090。

（4）基本调试步骤

① 快速调试（见表 5-27）。

表 5-27　快速调试参数

参数号	参数简介	调试简介
P0003=3	参数访问级	
P0010=1	快速调试时=1	
P0100=0	适用于欧洲/北美地区	快速调试时设置，一般不用修改
P0205=0	变频器的应用领域	快速调试时设置，一般不用修改
P0300=1	同/异步电动机选择	快速调试时设置，用异步电动机时改
P0304	电动机额定电压	快速调试时按电动机铭牌设置
P0305	电动机额定电流	快速调试时按电动机铭牌设置
P0307	电动机额定功率	快速调试时按电动机铭牌设置
P0308	电动机额定功率因数	快速调试时按电动机铭牌设置
P0309	电动机额定效率	快速调试时按电动机铭牌设置
P0310	电动机额定频率	快速调试时按电动机铭牌设置
P0311	电动机额定转速	快速调试时按电动机铭牌设置
P0320	电动机磁化电流	电动机铭牌无功率因数时需做空载测量，否则可由变频器计算
P0640=200	电动机的过载因数（%）	
P0700=1	选择命令源	1=面板控制
PP1000=31	给定命令源	主给定=MOP，副给定=固定频率，用模拟量给定时 P1000=2
P1120	斜坡上升时间	详见第 5 章
P1121	斜坡下降时间	详见第 5 章
P1300=21	控制方式	带编码器矢量控制
P1500/1910/1960		暂略过
P3900=1	快速调试结束	进行电动机数据的计算，显示 busy，稍后结束
P0625	电动机环境温度	
P1800=6～10	脉冲频率，用于抑制电动机噪声	首先保证噪声指标合格，再使 P1800 尽量小，以减少变频器的发热

续表

参数号	参数简介	调试简介
P1910=1[①]	电动机参数优化	置1后显示 A0541,结束时自动回零
P1910=3[②]	电动机磁通曲线参数优化	置1后显示 A0541,结束时自动回零
P0400=2	编码器形式	
P0408	编码器脉冲数	
P1960=1[③]	速度控制器的优化	置1后显示 A0542,结束时自动回零

① 操作：确保电动机抱闸抱住，闭合变频器输入、输出接触器，由 BOP 启动变频器，自动测量，显示 busy，稍后结束。

② 操作：确保电动机抱闸抱住，闭合变频器输入、输出接触器，由 BOP 启动变频器，自动测量，稍后结束。

③（此步骤在有条件时操作）脱开钢丝绳，松开电动机抱闸，闭合变频器输入、输出接触器，由 BOP 启动变频器，自动测量，稍后结束。

② 基本参数设置（见表 5-28）。

表 5-28　基本参数设置

参数号	参数简介	调试说明
P0295=600	停车后风机延时停止	
P0341	电动机的转动惯量(kg·m²)	按电动机铭牌设置或由速度控制器的优化测量,仅在需加速度预控时使用
P0342	总惯量与电动机惯量的比值	可由速度控制器的优化测量或手动输入,仅在需加速度预控时使用
P0491=1	速度信号丢失时采取的应对措施	切换为 SLVC 控制方式
P0492=5	高速时速度信号丢失允许的偏差值	5Hz
P0494=500	低速时反馈信号丢失应对延时	500ms
P0700=2	选择命令源	2=端子控制
P0701=17	选择数字输入 1 的功能	二进制编码+ON
P0702=17	选择数字输入 2 的功能	二进制编码+ON
P0703=17	选择数字输入 3 的功能	二进制编码+ON
P0704=1	选择数字输入 4 的功能	正向启动
P0705=2	选择数字输入 5 的功能	反向启动
P0706=4	选择数字输入 6 的功能	急停
P0731=52.3	选择数字输入 1 的功能——故障	数字输出继电器设置与电梯控制器关系密切,用户可根据情况设置
P0732=53.5	选择数字输入 2 的功能——零速	52.3 故障,52.1 驱动装置运行准备就绪,52.2 驱动装置正在运行
P0733=52.2	选择数字输入 3 的功能——运行	52.12/C 电动机抱闸制动投入,53.5 零速
P1002=3	固定频率 2	平层运动
P1003=3	固定频率 3	爬行速度
P1004=12	固定频率 4	检修速度
P1005=48	固定频率 5	单层速度

参数号	参数简介	调试说明
P1006＝12	固定频率6	检修速度
P1007＝48	固定频率7	多层速度
P1036＝2852	MOP减速命令源	在松闸0.7s后撤掉启动速度
P1040＝1.2Hz	MOP的设定值	启动速度
P1060＝20s	点动的斜坡上升时间	启动速度上升时间
P1061＝5	点动的斜坡下降时间	启动速度撤销时间
P1074＝2852		在松闸0.7s后开始加速
P1120	斜坡上升时间	
P1121	斜坡下降时间	
P1124＝2853	使能点动斜坡时间	
P1130	斜坡上升起始段圆弧时间	
P1131	斜坡上升结束段圆弧时间	
P1132	斜坡下降起始段圆弧时间	
P1133	斜坡下降结束段圆弧时间	
P1215＝1	使能抱闸制动	抱闸接触器由变频器控制及使用启动速度时需设置
P1216＝0.7	释放抱闸制动的延迟时间	抱闸接触器由变频器控制及使用启动速度时需设置
P1217＝0.7	斜坡下降后的抱闸时间	抱闸接触器由变频器控制及使用启动速度时需设置
P1237＝5	动力制动	动力制作周期为100%,本参数极为关键
P1240＝0	直流电压控制器的组态	关闭最大电压控制器,本参数极为关键
P1300＝21	控制方式	带编码器矢量控制
P1442＝4	速度控制器滤波时间	
P1460＝50	速度控制器的增益系数	
P1462＝200	速度控制器的积分时间	
P1496＝100	标定加速度预控	
P1511＝2890/755.2	转矩附加设定值	由P2890设置固定附加转矩或由AI2输入转矩补偿(一般不可用)
P1255＝0.3	零速	
P2156＝800	零速延时	
P2157＝20	速度控制参数切换频率	
P2158＝50	速度控制参数切换延时	
P2800＝1	激活自由功能块	
P2802.0＝1	激活自由功能块	激活定时器1
P2849＝52.12	定时器1输入	定时器1输入＝松闸信号
P2850＝0.7	定时器1延时	定时器1延时0.7s

参数号	参数简介	调试说明
P2851＝0	定时器1形式	定时器1＝接通延时
P0820＝2198.1	DDS切换命令源0位	用于高低速不同速度控制器参数切换,详见第6章
P0819.2＝1	复制驱动数据组(DDS1至DDS2)	用于高低速不同速度控制器参数切换,详见第6章
P1460.1	高速时速度控制器的增益系数	
P1462.1	高速时速度控制器的积分时间	

模拟量输入设置,许多控制器可同时提供模拟和固定频率两种给定,注意电压给定较容易引入干扰,用电流输入并使用双绞线效果较好,这里给出模拟给定的参考设置,更详尽的说明请参考相关资料。

a. P1000＝2。

b. P0756＝0:单极性电压输入(0～＋10V)。注意:使用电流输入时要使接口板上对应模拟输入通道的DIP开关拨到"ON"位置。

c. P0757～P0761,在0～10V输入下不用改变设置。

(5) 加减速曲线的调整

加减速曲线关系到舒适感和电梯运行效率。从舒适感讲,加减速曲线呈圆弧状及直线段越长舒适感越好,但会影响运行效率。图5-51为MM440关于加减速的参数功能示意。

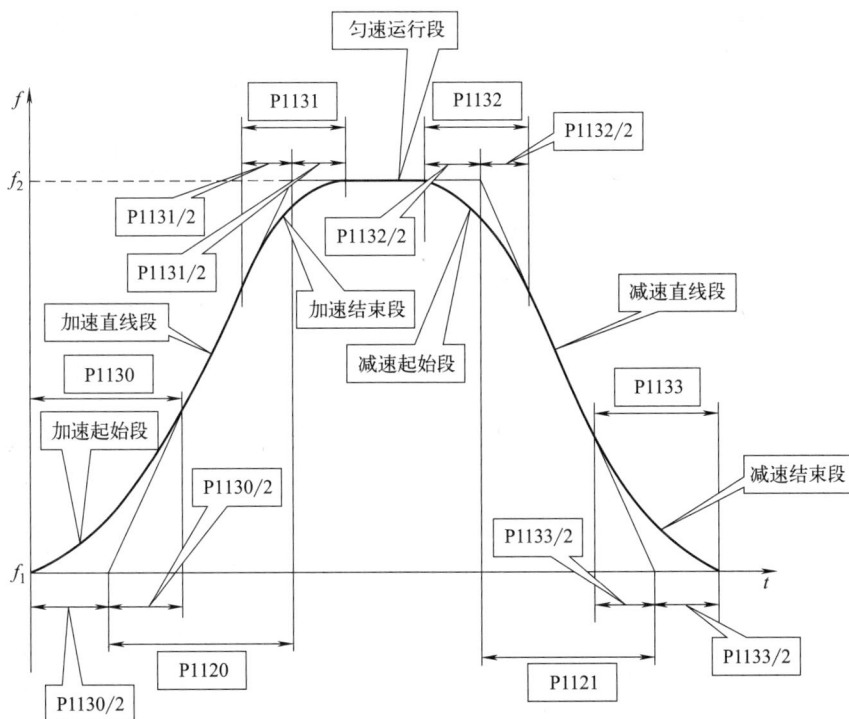

图5-51　加减速的参数功能示意

加减速部分的调整原则如下:

a. 平均加减速度不小于0.5m/s²;

b. 最大加速度不大于1.5m/s²;

c. 最大加加速度不大于 $1.3\,\mathrm{m/s^3}$;

d. 根据梯速适当增加平均加速度。

下面给出几个公式便于使用者计算（前提：电动机在运行至 P1082 所设置的最高频率时，电梯达到设计速度）。

总加速时间：

$$t_{up} = P1120 + 0.5 \times (P1130 + P1131)$$

条件：$P1120 \geqslant 0.5 \times (P1130 + P1131)$。

最大加速度：

$$a_{max} = 额定梯速/P1120$$

平均加速度：

$$a = 额定梯速/t_{up}$$

启动初始段加加速：

$$J_1 = a_{max}/P1130$$

启动结束段加加速：

$$J_2 = a_{max}/P1131$$

减速段的相关计算可类推。

表 5-29 为供用户参考的加减速设置。

表 5-29　加减速设置参考值

项目	梯速 1m/s		梯速 1.5m/s		梯速 1.6m/s		梯速 1.75m/s		梯速 2m/s	
	曲线描述		曲线描述		曲线描述		曲线描述		曲线描述	
	两段圆弧式	圆弧加直线式	两段圆弧式	圆弧加直线式	两段圆弧式	圆弧加直线式	两段圆弧式	圆弧加直线式	两段圆弧式	圆弧加直线式
P1120	1	1.2	1.5	1.8	1.6	2	1.6	2	1.7	2.2
P1121	1	1.2	1.5	1.8	1.6	2	1.6	2	1.7	2.2
P1130	1	0.9	1.5	1.2	1.6	1.2	1.6	1.2	1.7	1.2
P1131	1	0.9	1.5	1.2	1.6	1.2	1.6	1.2	1.7	1.2
P1132	1	0.9	1.5	1.2	1.6	1.2	1.6	1.2	1.7	1.2
P1133	1	0.9	1.5	1.2	1.6	1.2	1.6	1.2	1.7	1.2
最大加速度/$(\mathrm{m/s^2})$	1	0.83	1	0.83	1	0.8	1.1	0.875	1.18	0.9
平均加速度/$(\mathrm{m/s^2})$	0.5	0.5	0.5	0.5	0.5	0.5	0.55	0.55	0.59	0.59
最大加速度/$(\mathrm{m/s^2})$	1	0.92	0.67	0.69	0.625	0.67	0.69	0.73	0.69	0.75
总加/减速时间/s	2	2	3	3	3.2	3.2	3.2	3.2	3.4	3.4

调整减速部分参数 P1221、P1132、P1133，基本同加速部分。这要注意：减速段的调整，关系到停车后的平层问题。

a. 在按距离原则控制的高速梯中，电梯是按减速曲线直接停靠的，此时控制系统计算测速脉冲以判断距离，并控制电梯以预置曲线停车。

b. 在中、低速梯中，多按时间控制原则停车。平层完全靠减速曲线控制且多设置一个爬行段，即电梯从高速减速到爬行速度，再检测到平层开关时即停车。如爬行段过长，不仅影响效率，且会使乘客感觉速度已经很低甚至已停，但门迟迟不开。此时可配合调整 P1121/P1132/P1133，甚至调整爬行速度以缩短爬行段（这种调整受限于平层开关的位置，也可和控制器配合调整，如图 5-52 所示）。

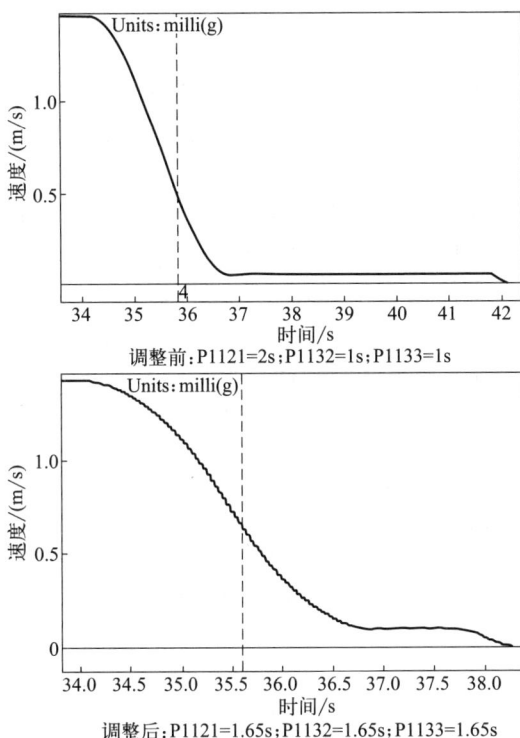

调整前：P1121=2s；P1132=1s；P1133=1s

调整后：P1121=1.65s；P1132=1.65s；P1133=1.65s

图 5-52 减速调整曲线

c. 调整实例：调整后，总停车时间从 8s 减少到 5s。可以看出，在调整后整个减速时间仍然偏长，此时若要继续提高运行效率，必须要上位机，即电梯控制系统及平层开关等井道信息系统配合。

（6）速度控制器的调整

① 相关参数：P1442（速度实际值的滤波时间），P1460（速度控制器的增益系数），P1462（速度控制器的积分时间）。

② 调整原则：调整原则如图 5-53 所示。

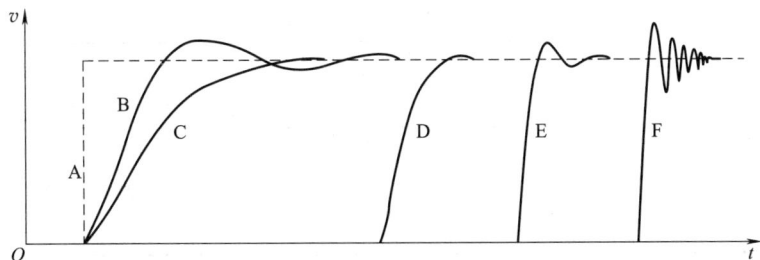

图 5-53 调整原则

图 5-53 中，A 为速度给定信号，其余为反馈曲线。

A：速度给定信号。

B：P1460 和 P1462 都偏小。

C：P1460 偏小，低速控制效果差，高速时振动小。

D：最优。

E：轻微超调，P1460 偏大，P1462 偏小，低速时控制效果好，高速时可能会振动大，在需要较高动态响应时采用。

F：严重超调，P1460 太高，P1462 太小。

补充说明：减小 P1442 有助于抑制超调。但太小时反应过于灵敏，系统容易振荡。P1442 大时，可减轻由负载波动引起的频率调整，但会引起超调，尤其是停车时容易过冲。调试时该参数一般先不动，可作为辅助手段与 P1460/P1462 配合调整。

③ 自动优化功能。MM440 有速度控制器自动优化功能，但在电梯应用中，仅能在曳引机脱开钢丝的情况下进行，此时还可测出转动惯量，但在挂上钢丝绳（即挂上轿厢）后，由于负载特性和位置限制，不能做自动优化，只能根据速度波形手动调整。建议用户预置 P1460＝50，P1462＝200，然后根据实测速度曲线手动调整。

④ 高低速时速度控制器参数的切换。高比例倍数有利于低速时的加减速控制，但在高速运行时，若机械系统不理想，可能会发生轻微振动，这时可采用高速、低速不同比例倍数。具体方法参考表 5-30 和表 5-31。在低层低速梯上也可不用切换。

表 5-30　高低速切换一

P0891.2＝1	P0891.0＝0，P0891.1＝1，P0891.2＝1，复制 DDS1 到 DDS2
P0820＝53.4	超过 P2155 所设置的频率时，激活 DDS2
P1460.1	设置 DDS2 中速度控制器 Kp
P1462.1	设置 DDS2 中速度控制器 Ki
P2157＝××	超过 P2157 所设置的频率时，激活 DDS2

表 5-31　高低速切换二

参考值	P1460.0	P1460.1	P1460.0	P1460.1
低速	30～70		200～300	
高速		20～40		300～500

（7）启动速度的设置

使用启动速度（俗称小平台）是为了克服启动时的静摩擦，尤其是机械部分静摩擦较大，如导轨与轿厢间隙稍小，或无称重补偿时，使用效果较好。具体参数见表 5-32。

表 5-32　启动速度设置

参数号	设置值	含义
P1040	1.2	给定信号小平台＝1.2Hz
P1060	20	MOP 加速时间
P1216	0.7	抱闸打开延时
P2850	0.7	定时器 1 延时 0.7s

说明：P1040 越小，启动时感觉越小，但太小时，如小于 0.2Hz 时，作用不明显，建

议在 0.3～1.5Hz 之间调整，以轿厢启动时感觉轻微，随后平稳加速为好。P2850 应保证在松闸后电动机从零以 P1060 加速到 P1040，一般可设为 0.5～1s。

思考与练习

1. 什么是 V/f 控制？变频器在变频时为什么还要变压？
2. 说明恒 V/f 控制的原理。
3. 变频器有哪些运行功能需要进行设置？如何设置？
4. 变频器的节能控制功能有什么意义？
5. 如何实现工频和变频切换运行？
6. 频率给定信号有哪几种设置方法？

第6章

通信网络基础

🐒 【本章重点】
　① S7-1200 以太网通信;
　② PROFINET 通信协议;
　③ S7-1200 智能设备在相同或不同项目下组态;
　④ PROFIBUS 网络;
　⑤ AS-i 网络。

6.1 S7-1200 通信网络

6.1.1 S7-1200 以太网通信概述

　　S7-1200 CPU 本体上集成了一个 PROFINET 通信接口,支持以太网和基于 TCP/IP 的通信标准。使用这个通信口可以实现 S7-1200 CPU 与编程设备、HMI 以及其他 CPU 之间的通信。该 PROFINET 接口支持 10M/100Mbit/s 的 RJ45 以太网口,支持电缆交叉自适应,可以使用标准的或交叉的以太网电缆。

　　(1) S7-1200 CPU 的 PROFINET 通信口

　　S7-1200 CPU 的 PROFINET 通信口支持以下通信协议及服务。

　　① PG 通信:即为与编程设备之间的通信,S7-1200 CPU 通过 TIA 博途软件实现对 PLC 的程序上传与下载、调试、诊断时,都需要用到 PG 通信功能。

　　② HMI 通信:主要用于 S7-1200 与触摸屏之间的通信,如连接西门子的精简面板、精致面板等,也可以实现与一些带以太网口的第三方设备的通信,与第三方设备的触摸屏通信时,需要在 CPU 属性"防护与安全"设置中激活"允许来自远程对象的 PUT/GET 通信访问",否则通信可能无法建立。

　　③ S7 通信:主要用于西门子 SIMATIC CPU 之间的通信,如 S7-1200 与 S7-1500 之间的通信,S7-300/400 与 S7-1200 之间的通信等,该通信标准未公开,不能用于与第三方的设备进行通信。

　　④ PROFINET 通信:是开放的、标准的、实时的工业以太网标准,PROFINET IO 主

要用于模块化、分布式控制器。S7-1200 CPU 可通过 PROFINET IO 连接现场分布式站点（如 ET200S、ET200SP 等）。

⑤ OUC 通信：即为开放式通信，采用开放式标准，适合与第三方设备或 PC 进行通信，也适用于 S7-300/400、S7-1500/1200 以及 S7-200 SMART 之间的通信。S7-1200 的开放式通信支持 TCP/IP 通信、ISO _ on _ TCP 通信和 UDP 通信。

（2）S7-1200 CPU 的 PROFIENT 接口的网络连接

S7-1200 CPU 的 PROFIENT 接口有两种网络连接方法：直接连接和网络连接。如图 6-1 所示，当一个 S7-1200 CPU 与一个编程设备，或一个 HMI，或一个 PLC 通信时，也就是说只有两个通信设备时，实现的是直接通信。直接连接不需要使用交换机，用网线直接连接两个设备即可。含有两个以上的 CPU 或 HMI 设备的网络需要以太网交换机。CPU 1215C 和 CPU 1217C 具有内置的双端口以太网交换机。您可使用具有 CPU 1215C 和另两个 S7-1200 CPU 的网络。也可以使用安装在机架上的 CSM1277 4 端口以太网交换机来连接多个 CPU 和 HMI 设备。

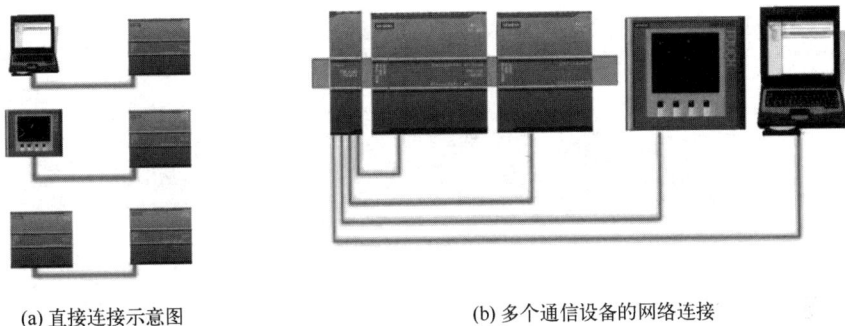

(a) 直接连接示意图　　　　　　(b) 多个通信设备的网络连接

图 6-1　网络连接方法

（3）两个 CPU 之间的通信

实现两个 CPU 之间通信的具体操作步骤如下。

① 建立硬件通信物理连接：由于 S7-1200 CPU 的 PROFIENT 物理接口支持交叉自适应功能，因此连接两个 CPU 既可以使用标准的以太网电缆，也可以使用交叉的以太网线。两个 CPU 的连接可以直接连接，不需要使用交换机。

② 配置硬件设备：在 "Device View" 中配置硬件组态。

③ 分配永久 IP 地址：为两个 CPU 分配不同的永久 IP 地址。

④ 在网络连接中建立两个 CPU 的逻辑网络连接。

⑤ 编程配置连接及发送、接收数据参数。在两个 CPU 里分别调用 TSEND _ C、TRCV _ C 通信指令，并配置参数，实现双边通信。

6.1.2　S7-1200 以太网通信实例

实例名称：同一项目下的两个 S7-1200 CPU 之间的 S7 通信。实例描述：使用客户端的 CPU 分别读写服务器端 CPU 中 10 个字节的数据。所需要设备：CPU 2 台，CPU 1214C（6ES7214-1AG40-0XB0）。

第一步：新建一个项目，并添加两个 S7-1200 控制器，CPU 类型选择 1214C，分别命名为客户端和服务器，设置客户端 CPU 的时钟存储器，以便后续编程使用。"连接机制" 中允许来自远程对象的通信访问。如图 6-2 所示。

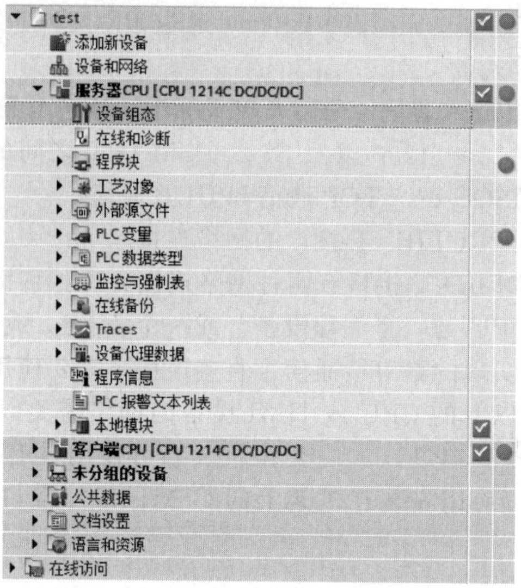

(a) 添加设备

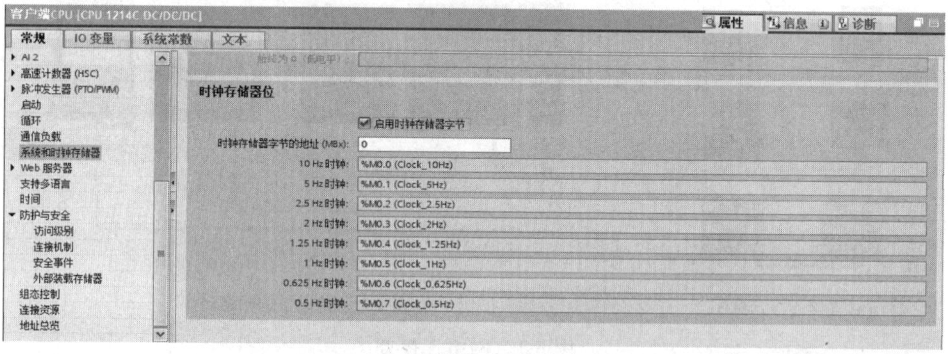

(b) 设置时钟存储器

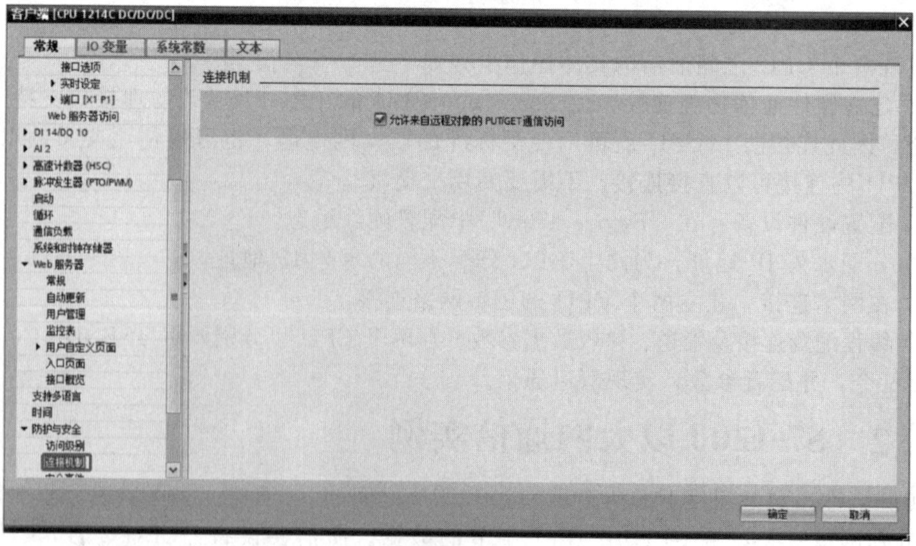

(c) 设置连接机制

图 6-2　第一步示意图

　　第二步：设置 CPU 的 IP 地址及 PN/IE 子网，把两个 CPU 连接到同一子网，如图 6-3～图 6-5 所示。

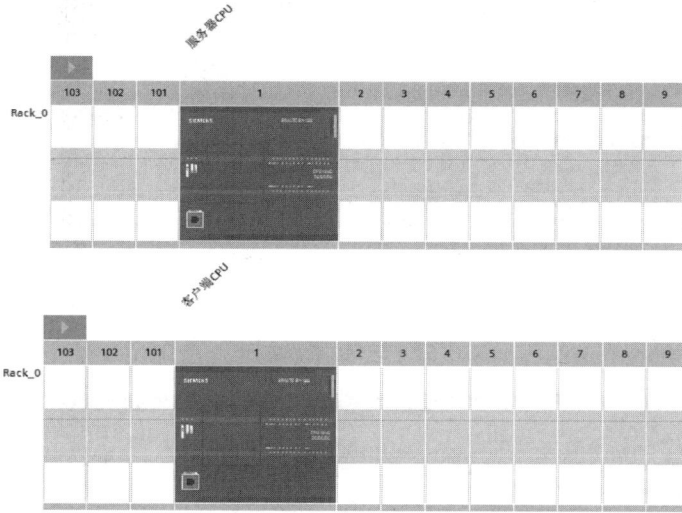

图 6-3 CPU 设置

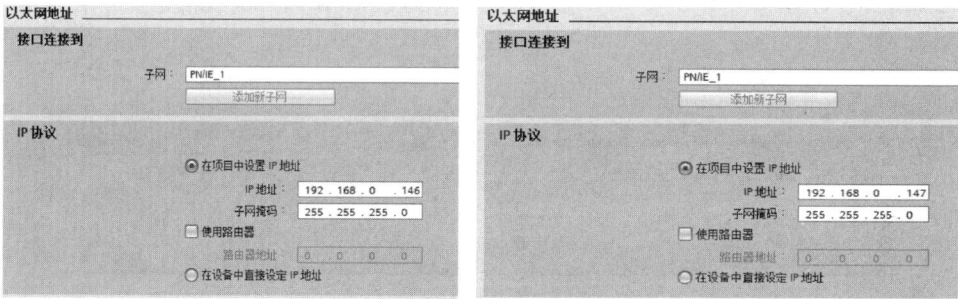

图 6-4 服务器 IP 地址（左图）、客户端 IP 地址（右图）

图 6-5 添加新连接

　　第三步：组态 S7 连接，在网络视图中添加一个 S7 连接，用于对 S7 连接进行组态，如图 6-6～图 6-8 所示。

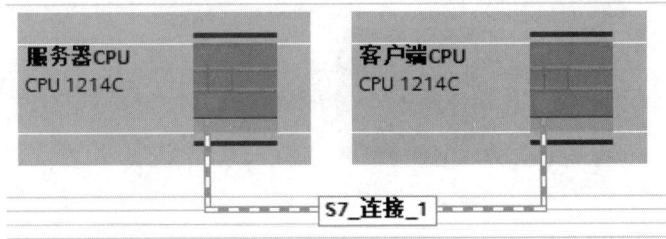

图 6-6　建立示意图

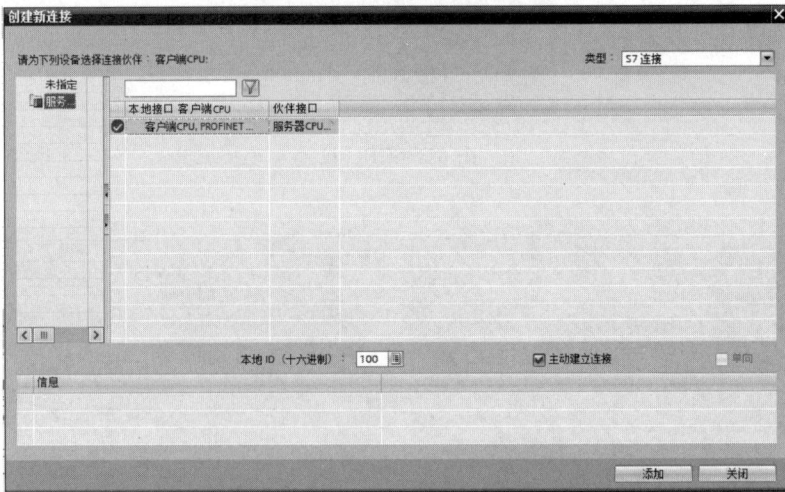

图 6-7　创建新连接

图 6-8　连接状态图

　　第四步：在两个 CPU 下各自添加一个 DB 块，用于存放发送和接收的数据，并把该数据块设置为非优化访问的数据块，如图 6-9～图 6-11 所示。

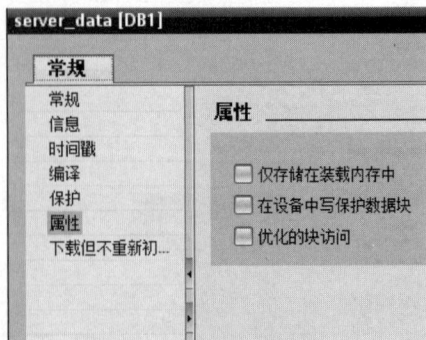

图 6-9　取消优化的块访问

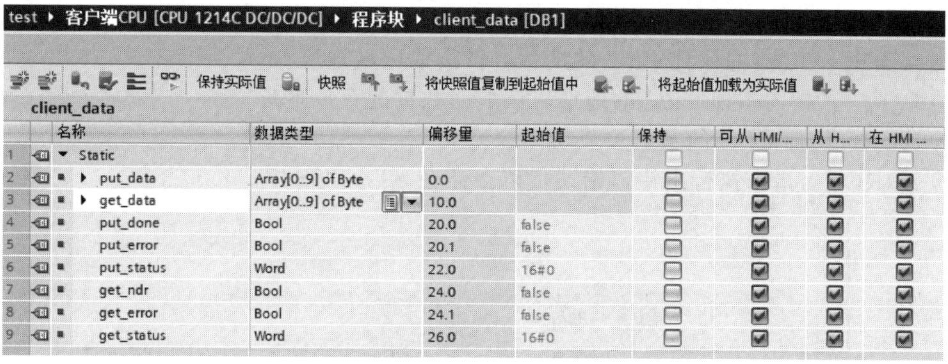

test ▸ 客户端CPU [CPU 1214C DC/DC/DC] ▸ 程序块 ▸ client_data [DB1]

保持实际值 快照 将快照值复制到起始值中 将起始值加载为实际值

client_data

	名称	数据类型	偏移量	起始值	保持	可从 HMI/...	从 H...	在 HMI ...
1	▼ Static							
2	▸ put_data	Array[0..9] of Byte	0.0		☐	☑	☑	☑
3	▸ get_data	Array[0..9] of Byte	10.0		☐	☑	☑	☑
4	put_done	Bool	20.0	false	☐	☑	☑	☑
5	put_error	Bool	20.1	false	☐	☑	☑	☑
6	put_status	Word	22.0	16#0	☐	☑	☑	☑
7	get_ndr	Bool	24.0	false	☐	☑	☑	☑
8	get_error	Bool	24.1	false	☐	☑	☑	☑
9	get_status	Word	26.0	16#0	☐	☑	☑	☑

图 6-10　配置客户端数据块

test ▸ 服务器CPU [CPU 1214C DC/DC/DC] ▸ 程序块 ▸ server_data [DB1]

保持实际值 快照 将快照值复制到起始值中 将起始值加载为实际值

server_data

	名称	数据类型	偏移量	起始值	保持	可从 HMI/...	从 H...	在 HMI ...
1	▼ Static							
2	▸ server_data	Array[0..20] of Byte	0.0		☐	☑	☑	☑

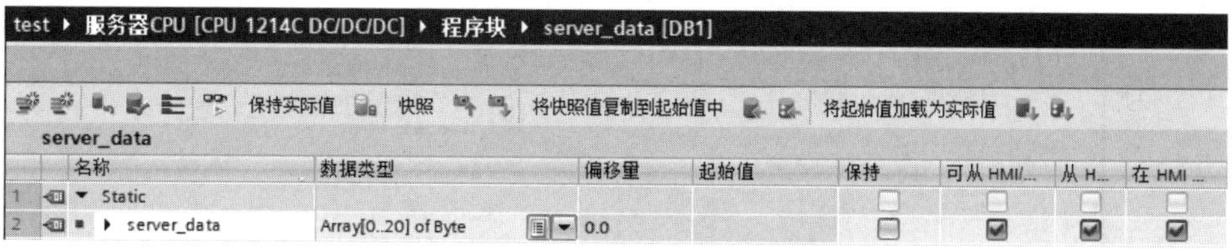

图 6-11　配置服务器数据块

第五步：调用 PUT 与 GET 指令编写数据读写程序，通信程序只需要在客户端中编写，服务器无需编写任何通信程序。

PUT 指令如下，示意图如图 6-12 所示。

① REQ：触发 PUT 指令执行，每次上升沿时触发。

② ID：S7 通信连接 ID，该连接 ID 在组态 S7 连接时生效。

③ ADDR _ 1：指向伙伴 CPU 的地址，写入数据的区域地址。

④ SD _ 1：指向本地 CPU 的地址，写出数据的区域地址。

⑤ DONE：数据被成功写入伙伴 CPU。

⑥ ERROR：指令执行出错，错误代码存储在 STATUS 中。

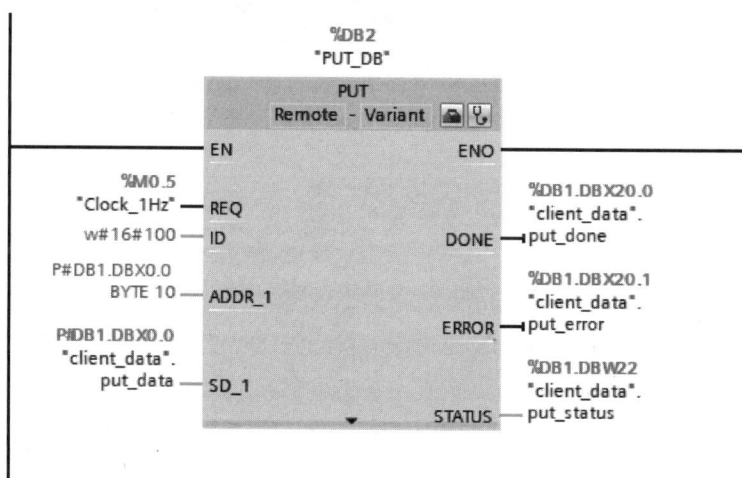

图 6-12　调用 PUT 通信指令

GET 指令如下，示意图如图 6-13 所示。

① REQ：触发 GET 指令执行，每次上升沿时触发。

② ID：S7 通信连接 ID，该连接 ID 在组态 S7 连接时生效。

③ ADDR_1：指向伙伴 CPU 的地址，待读取区域地址。

④ RD_1：指向本地 CPU 的地址，读取回数据的存放地址。

⑤ NDR：伙伴 CPU 的数据被成功读取。

⑥ ERROR：指令执行出错，错误代码存储在 STATUS 中。

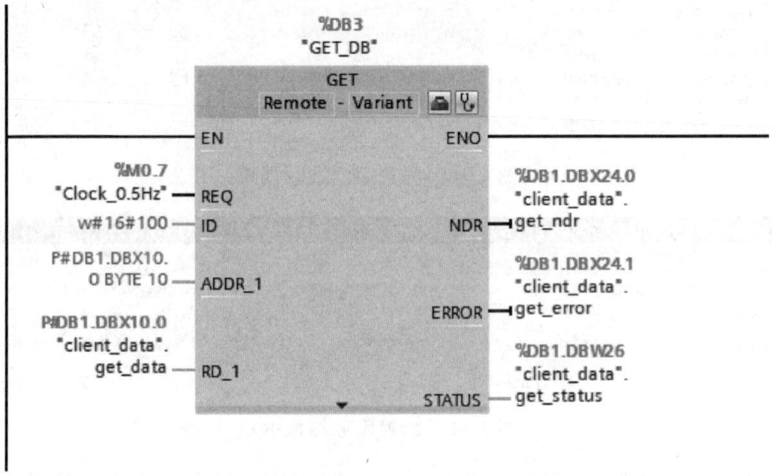

图 6-13　调用 GET 通信指令

第六步：仿真，如图 6-14、图 6-15 所示。

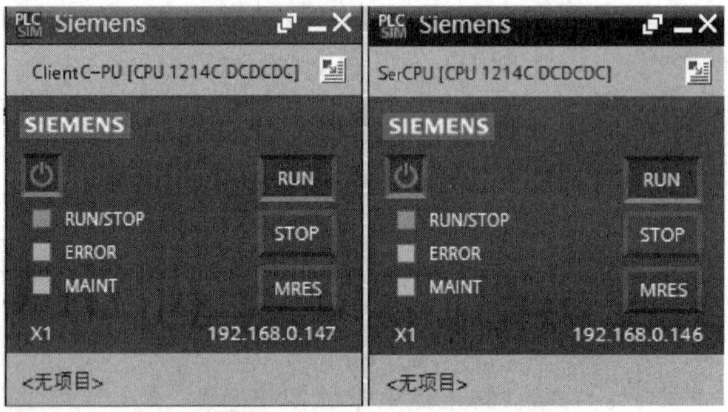

图 6-14　创建仿真

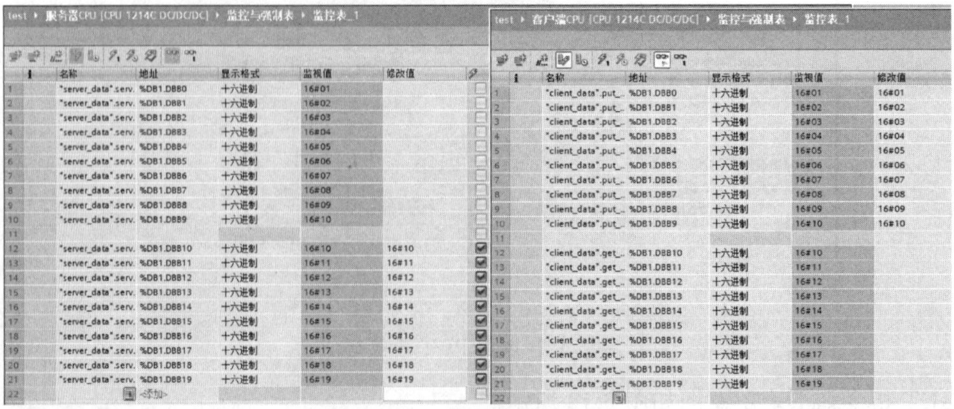

图 6-15　监控结果

6.2 PROFINET 通信

6.2.1 PROFINET 简介

PROFINET 是一个开放式的工业以太网通信协定，主要由 PROFIBUS 国际组织推出。

PROFINET＝PROFIBUS＋EtherNET，把 PROFIBUS 的主从结构移植到以太网上，所以 PROFINET 会有 controller（控制器）和 device（设备），它们的关系可以简单地对应于 PROFIBUS 的 master（主机）和 slave（从机）。

另外，由于 PROFINET 是基于以太网的，所以可以有以太网的星形、树形、总线型等拓扑结构，而 PROFIBUS 只有总线型。所以 PROFINET 就是把 PROFIBUS 的主从结构和 EtherNET（以太网）的拓扑结构相结合的产物。

PROFINET 有模组化的结构，使用者可以依据需求选择层叠的机能。各机能的差异是为了满足高速通信的需求，因此对应的资料交换种类不同。为了达到上述的通信机能，定义了以下三种通信协定。

① TCP/IP 是针对 PROFINET CBA（基于组件的自动化）及工厂调试用的，其反应时间约为 100ms。

② RT（实时）通信协定是针对 PROFINET CBA 及 PROFINET IO 应用的，其反应时间小于 10ms。

③ IRT（等时实时）通信协定针对驱动系统的 PROFINET IO 通信，其反应时间小于 1ms。

因为使用了 IEEE 802.3 以太网标准和 TCP/IP，大多数的 PROFINET 通信通过没有被修改的以太网和 TCP/IP 包来完成。因此可以无限制地把办公网络的应用集成到 PROFINET 网络中。

RT 的通信不仅使用了带有优先级的以太网报文帧，而且优化掉了 OSI（开放系统互联）协议栈的 3 层和 4 层。这样大大缩短了实时报文在协议栈的处理时间，进一步提高了实时性能。由于没有 TCP/IP 的协议栈，所以 RT 的报文不能路由。

IRT 通信满足最高的实时要求，特别针对等时同步的应用。IRT 是基于以太网的扩展协议，能够同步所有的通信伙伴并使用调度机制。IRT 通信需要在 IRT 应用的网络区域内使用 IRT 交换机。在 IRT 域内也可以并行传输 TCP/IP 协议包。

S7-1200 PROFINET 通信口如表 6-1 所示。

表 6-1　PROFINET 通信口列表

CPU 硬件版本	接口类型	控制器功能	智能 IO 设备功能	可带 IO 设备最大数量	扩展站子模块最大数量总和
V4.0	PROFINET	√	√	16	256
V3.0	PROFINET	√	×	16	256
V2.2	PROFINET	√	×	8	128

6.2.2 PROFINET 网络

（1）S7-1200 智能设备在相同项目下组态

本节介绍 S7-1200 CPU 之间如何进行智能设备 PROFINET 通信，在相同项目下进行组态，实验环境如下所示。软件：TIA V15.1。硬件：CPU 1217C DC/DC/DC V4.3，CPU 1215C DC/DC/DC V4.3。设备及地址如表 6-2 所示。

表 6-2　设备及地址

模块	设备类型	设备名称	IP 地址	子网掩码
CPU 1217C	IO 控制器	PLC1	192.168.0.1	255.255.255.0
CPU 1215C	智能 IO 设备	I-Device	192.168.0.2	255.255.255.0

第一步：创建 TIA 博途项目并进行接口参数配置。

使用 TIA V15.1 创建一个新项目，进入网络视图添加表 6-2 列出的所有设备，并进入各个设备的以太网地址选项分别设置子网、IP 地址以及设备名称，如图 6-16 所示。

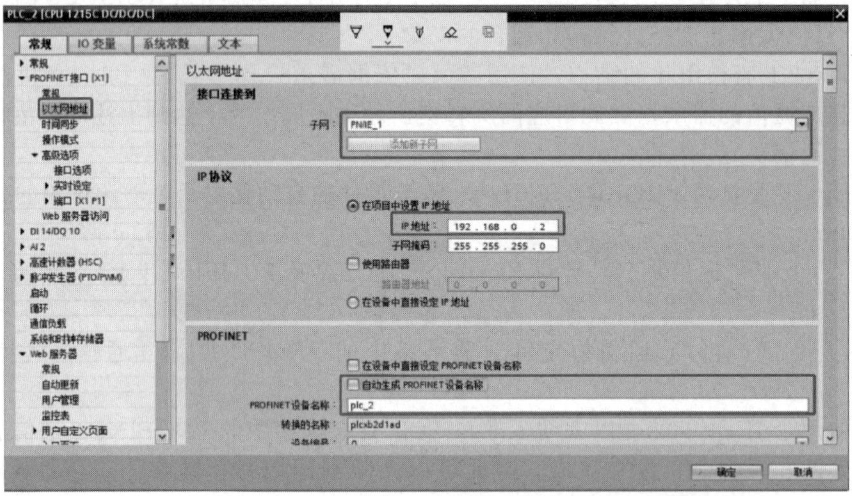

图 6-16　以太网地址配置

第二步：操作模式配置。

本例中 CPU 1215C 作为智能 IO 设备，需要将其操作模式改为 IO 设备，并且分配给对应的 IO 控制器，配置所需的传输区，如图 6-17 所示。

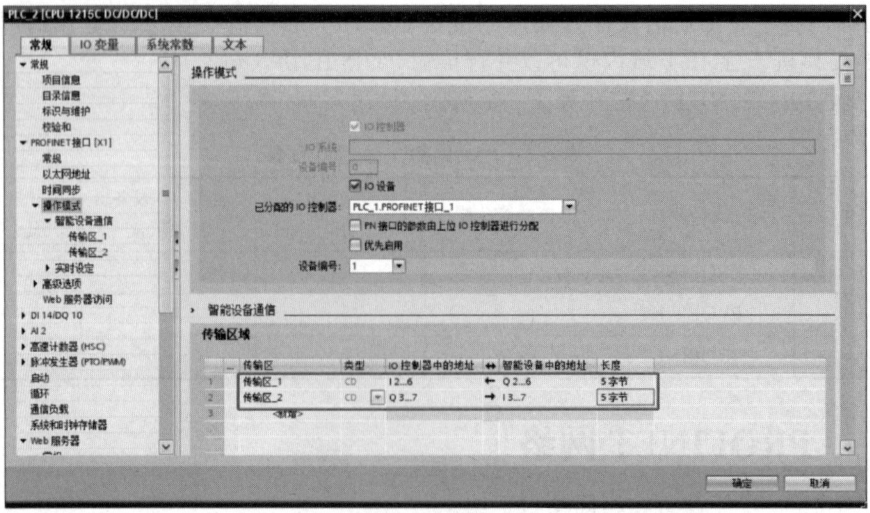

图 6-17　操作模式

　　此外，如果不激活"PN接口的参数由上位IO控制器进行分配"复选框，可指定是在上位IO控制器的项目中设置智能设备的更新时间、看门狗时间、伙伴端口、拓扑等功能。如果激活"PN接口的参数由上位IO控制器进行分配"复选框，可指定是在上位IO控制器的项目中设置介质冗余、优先启动、传输速率等接口和端口的大部分功能。进入传输区视图还可以分配地址区所属组织块及过程映像，如图6-18所示。

　　需要强调的是，一旦激活"PN接口的参数由上位IO控制器进行分配"复选框，则该智能设备将不再可以同时作为IO控制器使用。

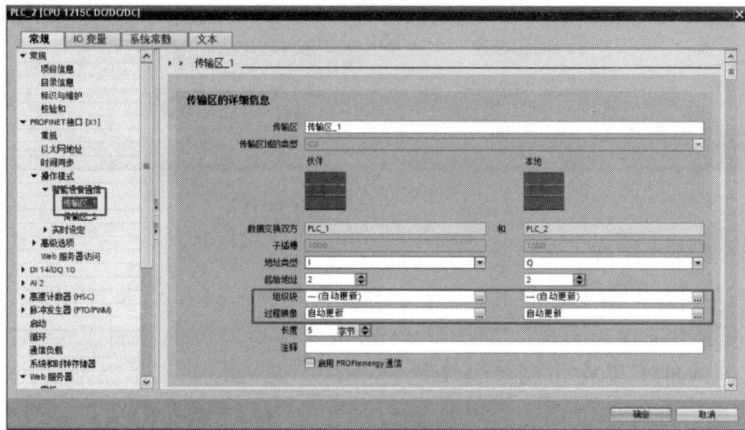

图 6-18　传输区

　　第三步：项目编译、下载、测试。

　　分别编译下载两个PLC（见图6-19），在监控表中添加传输区数据，给Q区赋值，监控发送和接收数据是否一致，如图6-20所示。

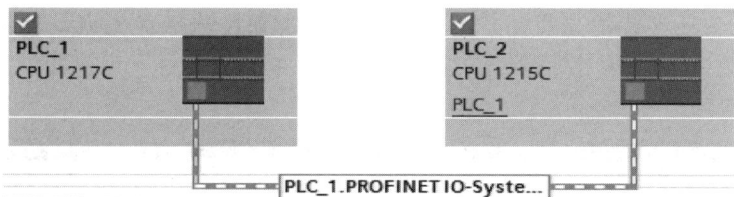

图 6-19　PLC 组态

图 6-20　测试结果

　　（2）S7-1200智能设备在不同项目下组态

　　第一步：创建TIA博途项目并进行接口参数配置。

　　分别创建两个不同项目，一个项目添加CPU 1217C，另一个项目添加CPU 1215C，进入表中各个设备的以太网地址选项，分别设置子网、IP地址以及设备名称，如图6-21所示。

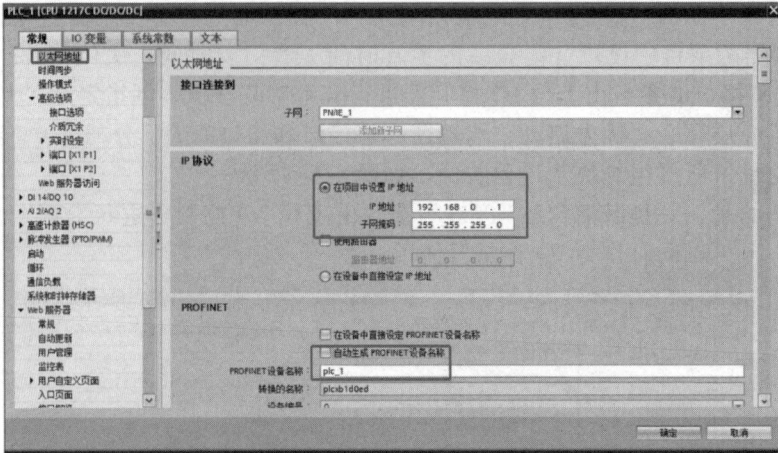

图 6-21   以太网地址配置

第二步：操作模式配置。

本例中 CPU 1215C 作为智能 IO 设备，需要将其操作模式改为 IO 设备，由于控制器未在同一项目中，这里选择未分配，如图 6-22 所示。这里与相同项目下传输区的配置不同的是，IO 控制器的地址需要在主站项目下才能分配。此外，如果不激活"PN 接口的参数由上位 IO 控制器进行分配"复选框，可指定是在上位 IO 控制器的项目中设置智能设备的更新时间、看门狗时间、伙伴端口、拓扑等功能。如果激活"PN 接口的参数由上位 IO 控制器进行分配"复选框，可指定是在上位 IO 控制器的项目中设置介质冗余、优先启动、传输速率等接口和端口的大部分功能。

需要强调的是，一旦激活"PN 接口的参数由上位 IO 控制器进行分配"复选框，则该智能设备将不再可以同时作为 IO 控制器使用。

智能 IO 设备还支持优先启动，不同项目下无法直接选择优先启动功能，需要先选择"PN 接口的参数由上位 IO 控制器进行分配"，然后在主站项目下为智能设备设置接口选项中的优先启动功能。

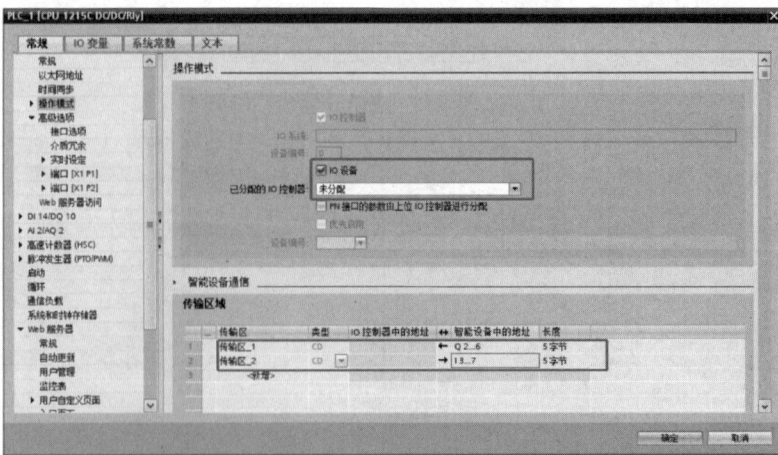

图 6-22   操作模式

第三步：项目编译后导出 GSD 文件。

这里注意，导出 GSD 之前需要正确编译项目的硬件配置，不然导出选项是灰色的，无法选择，如图 6-23（a）所示。导出 GSD 文件选项可以由用户设置 GSD 文件名称的标识部分（GSD 文件名称的版本、厂商、日期等部分为默认设置），然后选择存储路径并导出文件，如图 6-23（b）所示。注意：导出的 GSD 文件不要修改文件名称，不然会造成无法导入项目中。

(a) 导出GSD文件1

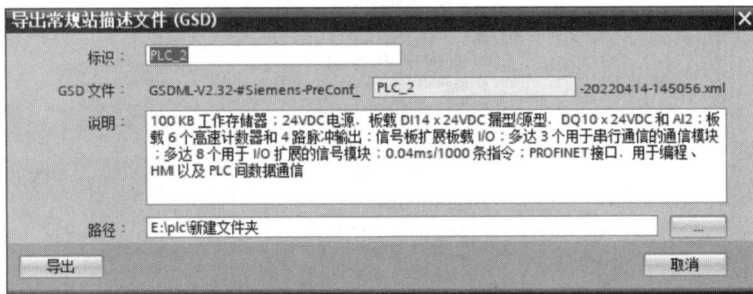

(b) 导出GSD文件2

图 6-23 导出 GSD 文件

第四步：导入 GSD 文件。

进入主站项目管理 GSD 文件视图，选择存储 GSD 文件源路径，在路径下选择需要安装的文件进行安装，如图 6-24 所示。

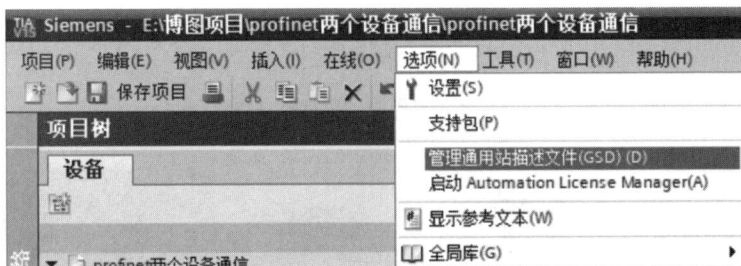

(a) 导入GSD文件1

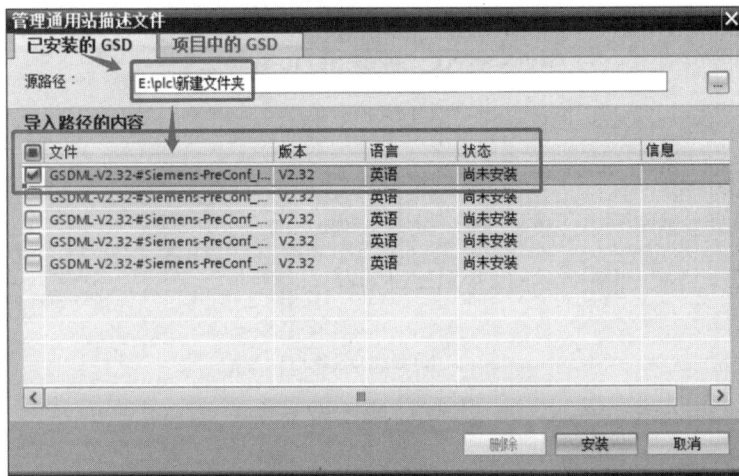

(b) 导入GSD文件2

图 6-24 导入 GSD 文件

第五步：添加智能 IO 设备。

进入硬件目录，在"其它现场设备"列表中找到安装的智能 IO 设备并添加，如图 6-25 所示，添加完成后进入图 6-16 以太网地址配置视图，检查智能 IO 设备的设备名称是否与源项目中名称一致（注意一定要保证名称一致），检查无误后分配给控制器，如图 6-25(c)，分配给控制器后会自动分配地址，也可以手动设置控制器侧传输区地址。

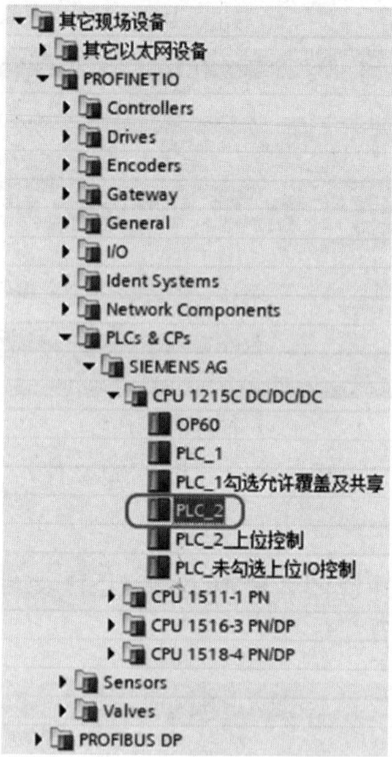

(a) 添加IO设备1

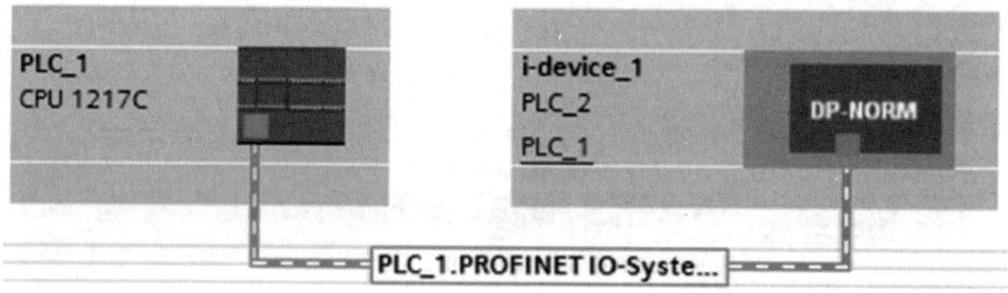

(b) 添加IO设备2

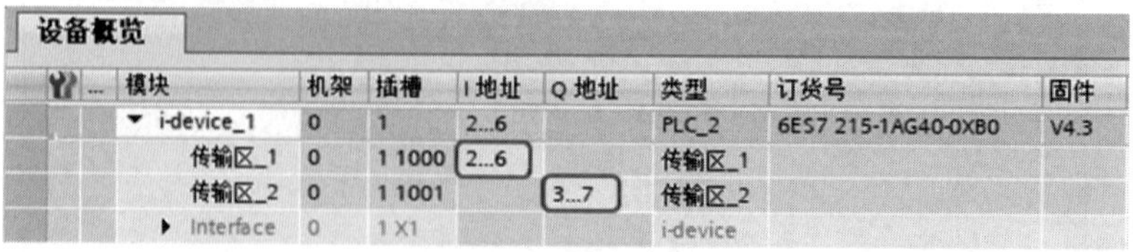

🍴	...	模块	机架	插槽	I 地址	Q 地址	类型	订货号	固件
		▼ i-device_1	0	1	2…6		PLC_2	6ES7 215-1AG40-0XB0	V4.3
		传输区_1	0	1 1000	2…6		传输区_1		
		传输区_2	0	1 1001		3…7	传输区_2		
		▶ Interface	0	1 X1			i-device		

(c) 添加IO设备3

图 6-25   添加 IO 设备

第六步：项目编译、下载、测试。

分别编译下载两个项目中的 PLC，在监控表中添加传输区数据，给 Q 区赋值，监控发送和接收数据是否一致，如图 6-26 所示。

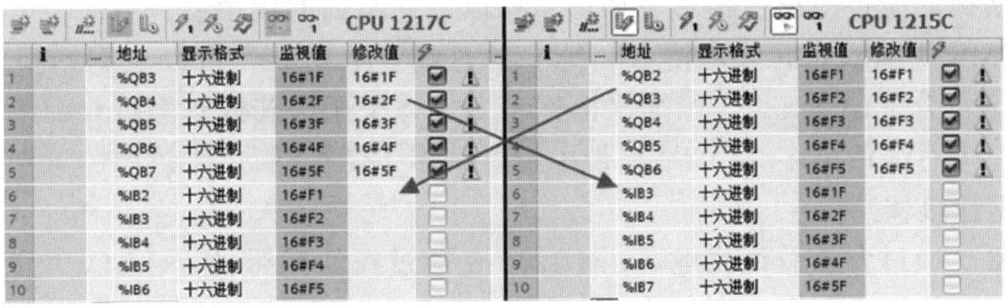

图 6-26 实验测试

6.3 PROFIBUS 通信

6.3.1 PROFIBUS 简介

PROFIBUS 是一种国际化、开放式、不依赖于设备生产商的现场总线标准，它广泛适用于制造业自动化、流程工业自动化和楼宇、交通电力等其他领域自动化。PROFIBUS 已被纳入现场总线的国际标准 IEC 61158 和欧洲标准 EN 50170，并于 2001 年被定为我国的国家标准 JB/T 10308.3—2001。

PROFIBUS 由三个兼容部分组成，即 PROFIBUS DP（decentralized periphery，分布式外围设备）、PROFIBUS PA（process automation，过程自动化）和 PROFIBUS FMS（fieldbus message specification，现场总线信息规范）。其中 PROFIBUS DP 是一种高速低成本通信，用于设备级控制系统与分散式 I/O 的通信，使用 PROFIBUS DP 可取代 DC 24V 或 4~20mA 信号传输。而 PROFIBUS PA 专为过程自动化设计，可使传感器和执行机构连在一根总线上，并有本征安全规范。PROFIBUS FMS 则用于车间级监控。

1）可以连接到 PROFIBUS DP 的设备

大多数设备可以作为 DP 主站或 DP 从站连接至 PROFIBUS DP，唯一的限制是它们的行为必须符合标准 IEC 61784。对于其他设备，可以使用以下产品系列的设备：SIMATIC S7/M7/C7，SIMATIC S5，SIMATIC PD/PC，SIMATIC HMI（操作面板 OP、操作员站 OS 以及文本显示 TD 操作员控制和监视设备）等。

2）PROFIBUS 协议结构

PROFIBUS 采用主站（master）之间的令牌（token）传递方式和主站与从站（slave）之间的主-从方式。当某主站得到令牌报文后可以与所有主站和从站通信。

在总线初始化和启动阶段建立令牌环。在总线运行期间，从令牌环中去掉有故障的主动节点，将新通电的主动节点加入令牌环中时，监视传输介质和收发器是否有故障，站点地址是否出错，以及令牌是否丢失或有多个令牌。

DP 主站与 DP 从站间的通信基于主-从原理，DP 主站按轮询表依次访问 DP 从站。报文循环由 DP 主站发出的请求帧（轮询报文）和由 DP 从站返回的响应帧组成。

3）PROFIBUS 硬件

（1）PROFIBUS 的物理层

可以使用多种通信介质（电、光、红外、导轨以及混合方式）。传输速率 9.6k~12Mbit/s，假设 DP 有 32 个站点，所有站点传送 512bit/s 输入和 512bit/s 输出，则在 12Mbit/s 时只需 1ms。每个 DP 从站的输入数据和输出数据最大为 244B。使用屏蔽双绞线电缆时最长通信距离为 9.6km，使用光缆时最长 90km，最多可以接 127 个从站。可以使用灵活的拓扑结构，支持线形、树形、环形结构以及冗余的通信模型。

DP 和 FMS 使用相同的传输技术和统一的总线存取协议，可以在同一根电缆上同时运行。DP/FMS 符合 EIA RS-485 标准（也称为 H2），采用屏蔽或非屏蔽双绞线电缆，9.6k～12Mbit/s。一个总线段最多 32 个站，带中继器最多 127 个站。

（2）D 型连接器

CM 1242-5 通过背板总线供电。CM 1243-5 通过模块附带的 DC 24V 电源连接器供电。RS-485 网络总线连接器连接到 PROFIBUS DP 网络，9 针 D 型头的引脚分配如图 6-27 所示。

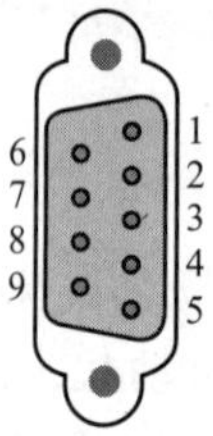

引脚	说明	引脚	说明
1	未使用	6	VP:+5V电源，仅用于总线终端电阻，不用于为外部设备供电
2	未使用	7	未使用
3	RxD/TxD-P:数据线B	8	RxD/TxD-N:数据线A
4	CNTR-P:RTS	9	未使用
5	DGND:数据信号和VP的接地	外壳	接地连接器

图 6-27　D 型头引脚分配图

6.3.2　PROFIBUS 网络

通过 CM 1243-5 实现 S7-1200 之间的 S7 通信。使用 STEP 7 V12，CM 1243-5 的 DP 通信口可以作为 S7 通信的客户端或服务器，S7-1200 仅支持 S7 单边通信，仅需在客户端单边组态连接和编程，而服务器准备好通信数据块即可。以 2 台 S7-1200 PLC 为例，通过 CM 1243-5 进行 S7 通信。硬件和软件要求如下。

硬件：2 台 S7-1200 CPU，2 台 CM 1243-5 DP master，DP 接头及 DP 电缆，PC（带以太网卡），TP 以太网电缆。

软件：TIA Portal V12 SP1 Update2。

所完成的通信任务：CPU 1215C 将数据块 DB3 中的 10 个字节发送到 CPU 1214C 的数据块 DB1 中，CPU 1215C 读取 CPU 1214C 数据块 DB2 中的 10 个字节存储到 CPU 1215C 的数据块 DB4。

（1）在 CPU 1215C 一侧配置、编程

① 使用 STEP 7 V12 软件新建一个项目并完成硬件配置。

② 在"项目树"→"设备和网络"→"网络视图"视图下，创建两个设备的 PROFIBUS 连接。用鼠标点中 PLC_1 上的 CM 1243-5 DP 通信口的小方框，然后拖拽出一条线到 PLC_2 上的 CM 1243-5 DP 通信口上，松开鼠标，连接建立。

（2）组态 S7 连接

打开"网络视图"配置网络，首先点中左上角的"连接"图标，选择"S7 连接"，然后选中 PLC_1 上的 CPU，鼠标右键选择"添加新连接"。如图 6-28 所示。

然后在"创建新连接"窗口中，选择"PLC_2"，并在右侧窗口中选择"CM 1243-5，DP 接口"，最后再点击"添加"建立 S7 连接。如图 6-29 所示。

"S7_连接_1"为建立的连接，选中"连接"，在"属性"的"常规"条目中可查看该 S7 连接的相关信息。如图 6-30 所示。

图 6-28 添加 S7 连接

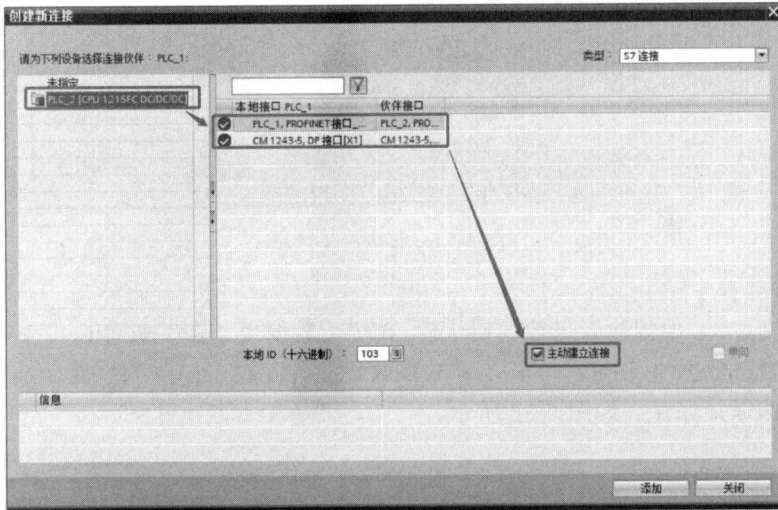

图 6-29 建立 S7 连接

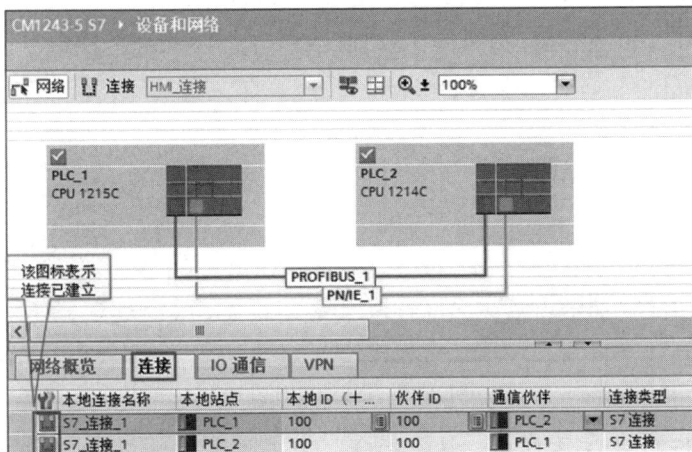

图 6-30 S7 连接信息

配置完网络连接，编译保存并下载。在线后可查看通信连接状态。如图 6-31 所示。

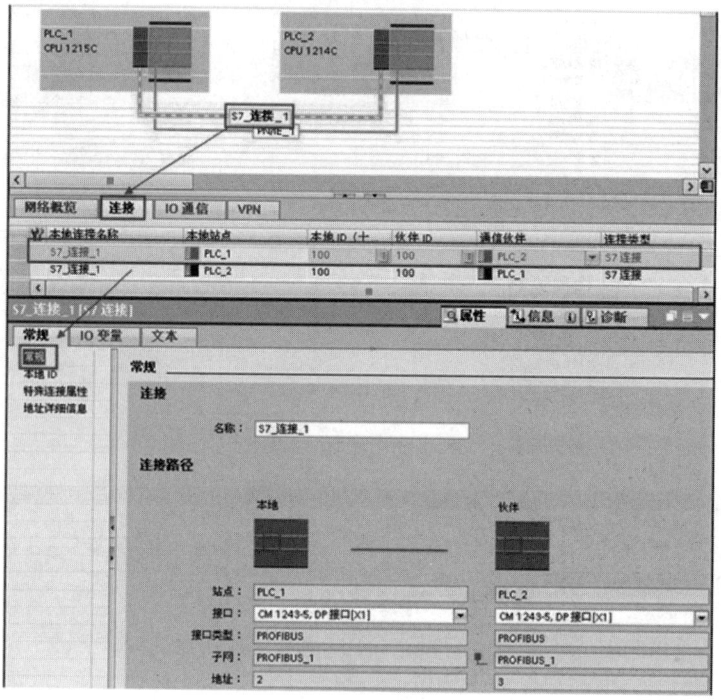

图 6-31　通信连接状态

（3）软件编程

分别在 PLC_1 中创建发送数据块 DB3 和接收数据块 DB4，在 PLC_2 中创建接收数据块 DB1 和发送数据块 DB2，均定义为 10B 的长度，并在 DB 块的"属性"中取消"优化的块访问"，编译并保存。如图 6-32 所示。

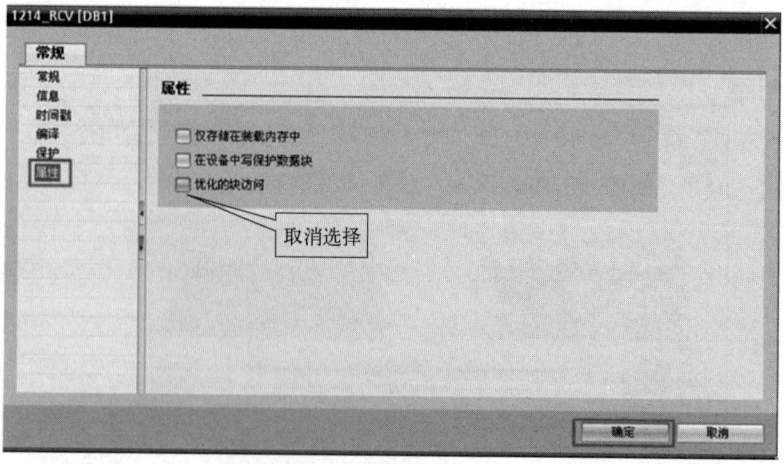

图 6-32　DB 块属性设置

在 PLC_1 的 OB1 主程序中，从"指令"→"通信"→"S7 通信"下，调用 GET、PUT 通信指令，编译保存并下载。程序调用如图 6-33 所示。

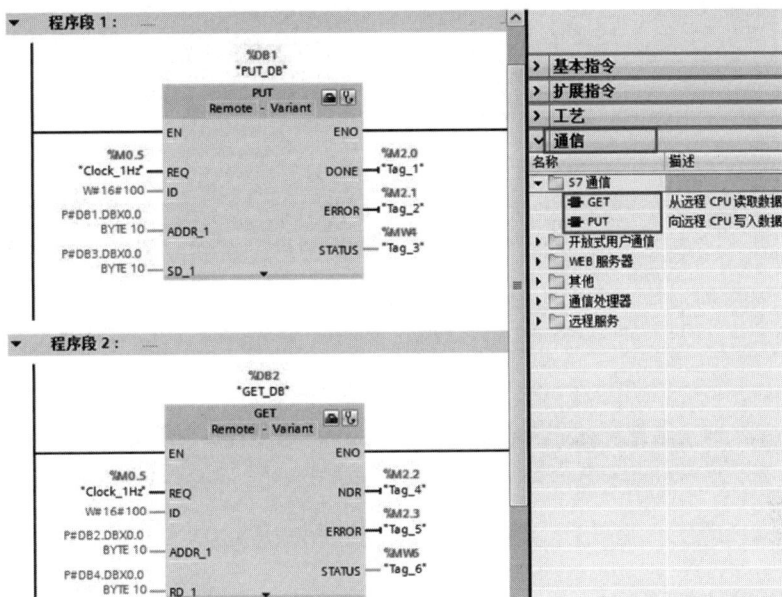

图 6-33 程序调用

① PUT 指令如表 6-3 所示。

表 6-3 PUT 指令

CALL	:%DB1	//调用 PUT,使用背景 DB:DB1
REQ	:=%M0.5	//系统时钟 1s 脉冲
ID	:=W#16#100	//连接号,要与连接配置中一致,创建连接时的本地连接号
DONE	:=%M2.0	//为 1 时,发送完成
ERROR	:=%M2.1	//为 1 时,有故障发生
STATUS	:=%MW4	//状态代码
ADDR_1	:=P#DB1.DBX0.0 BYTE 10	//发送到通信伙伴数据区的地址
SD_1	:=P#DB3.DBX0.0 BYTE 10	//本地发送数据区

② GET 指令如表 6-4 所示。

表 6-4 GET 指令

CALL	:%DB2	//调用 GET,使用背景 DB:DB2
REQ	:=%M0.5	//系统时钟 1s 脉冲
ID	:=W#16#100	//连接号,要与连接配置中一致,创建连接时的本地连接号
NDR	:=%M2.2	//为 1 时,接收到新数据
ERROR	:=%M2.3	//为 1 时,有故障发生
STATUS	:=%MW6	//状态代码
ADDR_1	:=P#DB2.DBX0.0 BYTE 10	//从通信伙伴数据区读取数据的地址
RD_1	:=P#DB4.DBX0.0 BYTE 10	//本地接收数据地址

（4）监控结果

通过在 S7-1200 侧编程进行 S7 通信,实现两个 CPU 之间的数据交换,监控结果如图 6-34 所示。

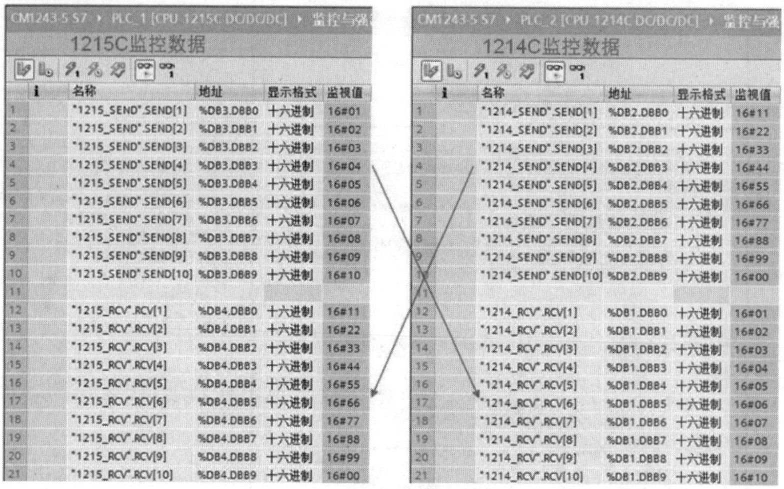

CM1243-5 S7 ▸ PLC_1 [CPU 1215C DC/DC/DC] ▸ 监控与强

1215C监控数据

	i	名称	地址	显示格式	监视值
1		"1215_SEND".SEND[1]	%DB3.DBB0	十六进制	16#01
2		"1215_SEND".SEND[2]	%DB3.DBB1	十六进制	16#02
3		"1215_SEND".SEND[3]	%DB3.DBB2	十六进制	16#03
4		"1215_SEND".SEND[4]	%DB3.DBB3	十六进制	16#04
5		"1215_SEND".SEND[5]	%DB3.DBB4	十六进制	16#05
6		"1215_SEND".SEND[6]	%DB3.DBB5	十六进制	16#06
7		"1215_SEND".SEND[7]	%DB3.DBB6	十六进制	16#07
8		"1215_SEND".SEND[8]	%DB3.DBB7	十六进制	16#08
9		"1215_SEND".SEND[9]	%DB3.DBB8	十六进制	16#09
10		"1215_SEND".SEND[10]	%DB3.DBB9	十六进制	16#10
11					
12		"1215_RCV".RCV[1]	%DB4.DBB0	十六进制	16#11
13		"1215_RCV".RCV[2]	%DB4.DBB1	十六进制	16#22
14		"1215_RCV".RCV[3]	%DB4.DBB2	十六进制	16#33
15		"1215_RCV".RCV[4]	%DB4.DBB3	十六进制	16#44
16		"1215_RCV".RCV[5]	%DB4.DBB4	十六进制	16#55
17		"1215_RCV".RCV[6]	%DB4.DBB5	十六进制	16#66
18		"1215_RCV".RCV[7]	%DB4.DBB6	十六进制	16#77
19		"1215_RCV".RCV[8]	%DB4.DBB7	十六进制	16#88
20		"1215_RCV".RCV[9]	%DB4.DBB8	十六进制	16#99
21		"1215_RCV".RCV[10]	%DB4.DBB9	十六进制	16#00

CM1243-5 S7 ▸ PLC_2 [CPU 1214C DC/DC/DC] ▸ 监控与强

1214C监控数据

	i	名称	地址	显示格式	监视值
1		"1214_SEND".SEND[1]	%DB2.DBB0	十六进制	16#11
2		"1214_SEND".SEND[2]	%DB2.DBB1	十六进制	16#22
3		"1214_SEND".SEND[3]	%DB2.DBB2	十六进制	16#33
4		"1214_SEND".SEND[4]	%DB2.DBB3	十六进制	16#44
5		"1214_SEND".SEND[5]	%DB2.DBB4	十六进制	16#55
6		"1214_SEND".SEND[6]	%DB2.DBB5	十六进制	16#66
7		"1214_SEND".SEND[7]	%DB2.DBB6	十六进制	16#77
8		"1214_SEND".SEND[8]	%DB2.DBB7	十六进制	16#88
9		"1214_SEND".SEND[9]	%DB2.DBB8	十六进制	16#99
10		"1214_SEND".SEND[10]	%DB2.DBB9	十六进制	16#00
11					
12		"1214_RCV".RCV[1]	%DB1.DBB0	十六进制	16#01
13		"1214_RCV".RCV[2]	%DB1.DBB1	十六进制	16#02
14		"1214_RCV".RCV[3]	%DB1.DBB2	十六进制	16#03
15		"1214_RCV".RCV[4]	%DB1.DBB3	十六进制	16#04
16		"1214_RCV".RCV[5]	%DB1.DBB4	十六进制	16#05
17		"1214_RCV".RCV[6]	%DB1.DBB5	十六进制	16#06
18		"1214_RCV".RCV[7]	%DB1.DBB6	十六进制	16#07
19		"1214_RCV".RCV[8]	%DB1.DBB7	十六进制	16#08
20		"1214_RCV".RCV[9]	%DB1.DBB8	十六进制	16#09
21		"1214_RCV".RCV[10]	%DB1.DBB9	十六进制	16#10

图 6-34 监控结果

6.4 AS-i 网络

6.4.1 AS-i 网络简介

(1) AS-i 通信简介

S7-1200 通过 CM 1243-2 支持 AS-i 通信协议（智能现场总线标准），其主站协议版本为 V3.0，即可配置 31 个标准开关量/模拟量从站或 62 个 A/B 类开关量/模拟量从站。如图 6-35 所示。

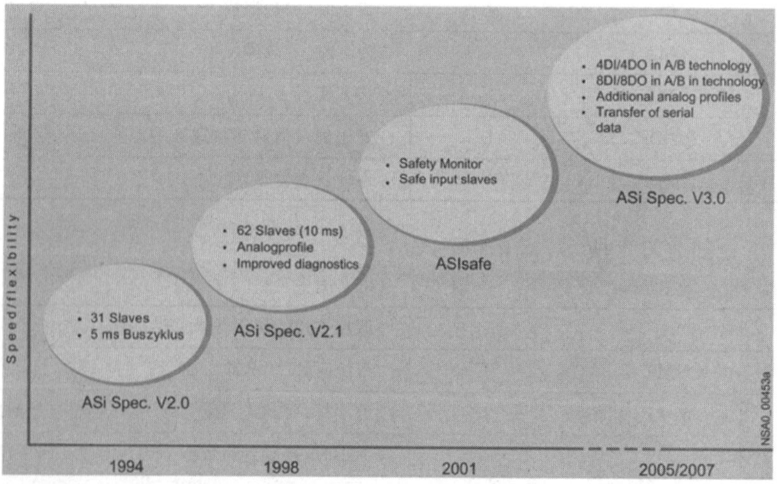

AS-Interface specification	Max. no. of slaves			No. of digital inputs	No. of digital outputs
	digital	analog	ASIsafe		
Version 2.0	31	31	31	31 × 4 = 124	31 × 4 = 124
Version 2.1	62	31	31	62 × 4 = 248	62 × 3 = 186
Version 3.0	62	62	31	62 × 8 = 496	62 × 8 = 496

图 6-35 协议版本

(2) AS-i 通信特点

① 通过总线直接连接二进制执行器和传感器；也可以接模拟量信号，占用多个传输

周期。

② 串行的现场总线。优势：减少电缆与布线成本，降低费用。

③ 一个 AS-i 总线上只能有一个主站。

④ 通过 AS-i 网络（2 芯）实现主站与最多 62 个从站进行数据通信。

⑤ 数据结构：4bit 输入/4bit 输出。

⑥ AS-i 传输速率 167 kbit/s，即每传输 1bit 需要 $6\mu s$ 时间。

⑦ AS-i 周期：31 个站周期为 5ms；62 个站周期为 10ms。

⑧ 扩展 AS-i 距离：标准从站 100m，使用中继器可扩展 100m，使用扩展插件可达到 200m；使用 2 个中继器和 3 个扩展插件最多扩展 600m。

⑨ 需要使用 30V 解耦电源。

⑩ 电缆：非屏蔽两线电缆，同时供电与传送数据。

6.4.2 AS-i 网络部件

（1）AS-i 网络部件简介

一个完整的 AS-i 网络由 AS-i 电源、AS-i 主站和 AS-i 从站组成，如图 6-36 所示。

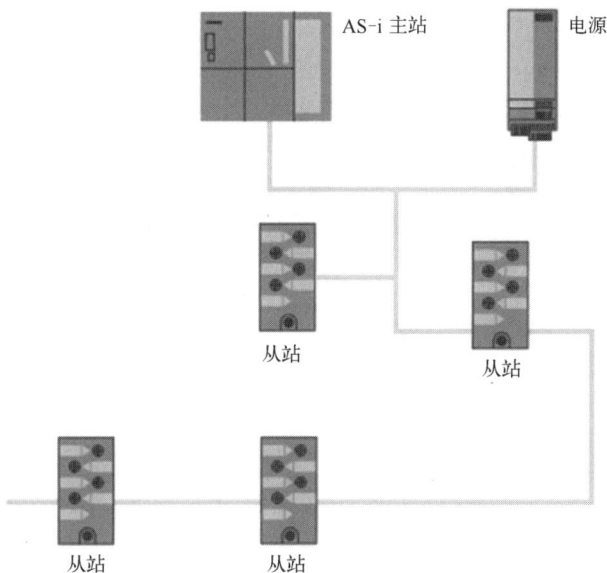

图 6-36 基本网络结构

可能的网络结构有总线形、星形和树形，如图 6-37～图 6-39 所示。

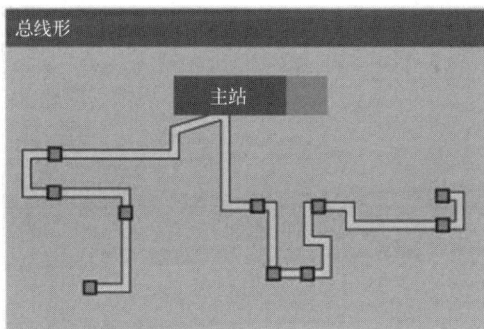

图 6-37 总线形结构

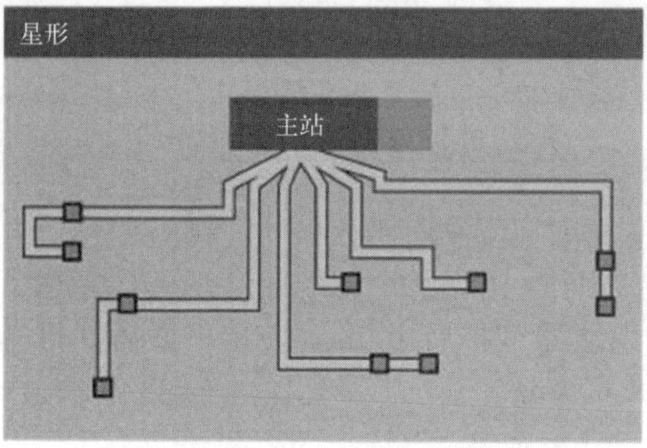

图 6-38　星形结构

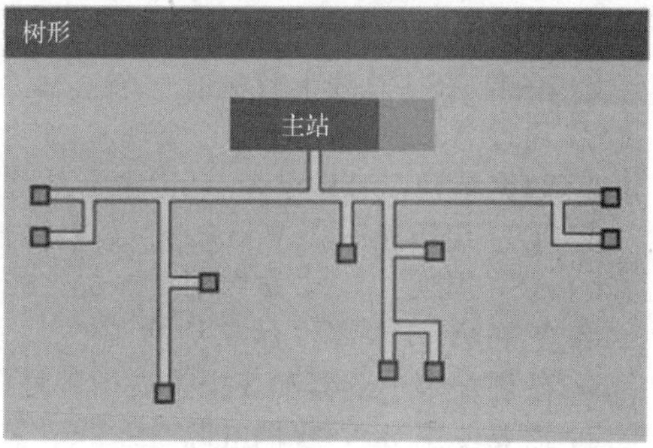

图 6-39　树形结构

（2）扩展距离

AS-i 网络扩展设备如下。

① AS-i repeater（中继器）功能：再生信号＋提供电流，可以扩展 100m；因 AS-i 网络循环时间要求 5ms/10ms，一个串行网络最多仅有 2 个 repeater，可扩展到 300m。

② 扩展插件：扩展 200m，检测 AS-i 网络电压、无源器件，即终端电阻功能。

③ 使用 2 个 repeater、3 个扩展插件时，网络最长距离 600m。

可能的扩展长度如图 6-40 所示。

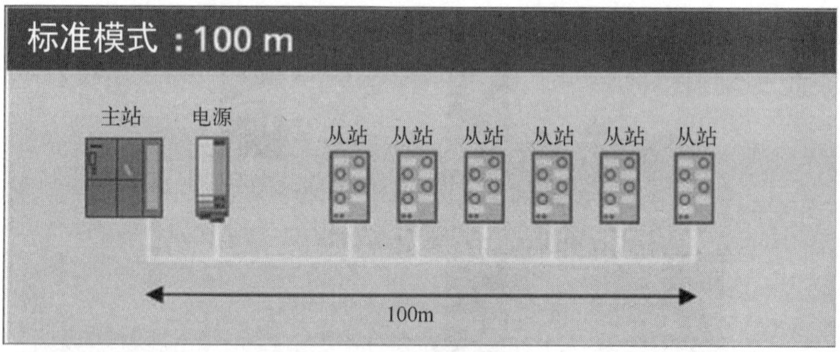

(a) 无任何扩展设备

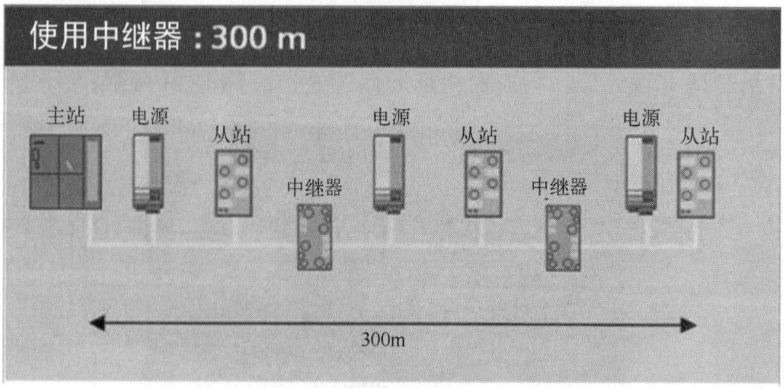

(b) 配置两个中继器

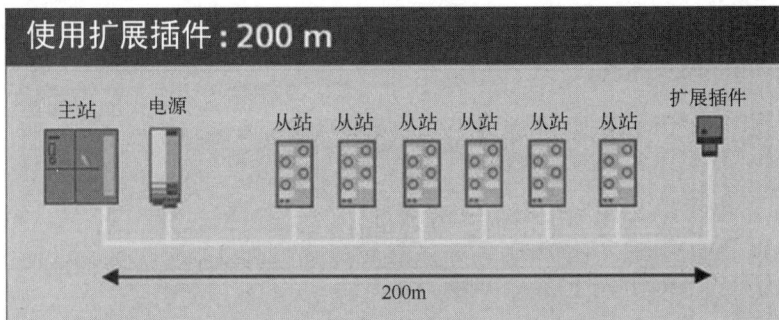

(c) 配置一个扩展插件

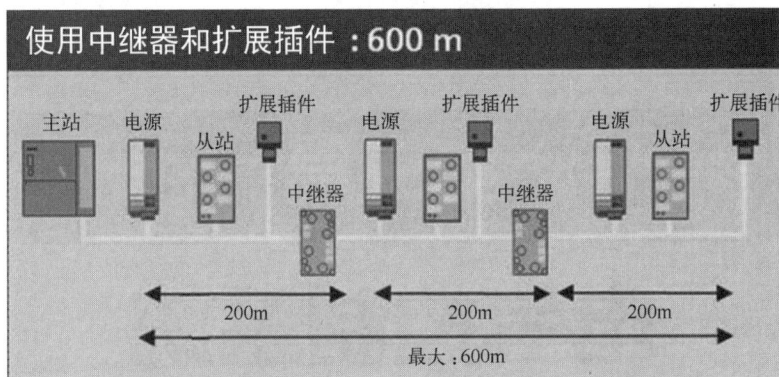

(d) 配置两个中继器和三个扩展插件

图 6-40 可能的扩展长度示意图

思考与练习

1. S7-1200 PLC 由哪几部分组成？

2. S7-1200 支持的通信类型有哪些？

3. S7-1200 的硬件主要由哪些部件组成？

4. 简述 S7-1200 作 PROFINET 的 IO 控制器的组态过程。

5. 简述 PROFINET 通信协议的概念。

6. 简述 PROFINET 和 PROFIBUS 的区别。

7. PROFIBUS 包含哪三个兼容部分？

8. 简述 PROFIBUS 的硬件配置。

9. 简述 AS-i 通信特点。

10. 简述 AS-i 网络部件。

第三篇

电气控制系统设计实例

第7章

电梯控制系统设计应用实例

7.1 单部六层电梯实例

在社会经济高速发展和人民生活水平日益提高的今天，现代建筑均向着高层化发展，电梯已经成了高层建筑中必不可少的垂直方向交通工具，其重要性也就显得格外明显。人们对电梯的需求越来越高，比如电梯能否达到安全稳定、高效节能、抗干扰能力强、控制简单、故障率低、噪声小等已经成为实际工程中必须考虑并解决的问题。本节以 CPU 1214C DC/DC/DC 为控制器件，TIA Portal V18、S7-PLCSIM Advanced V5.0 为平台开发控制程序，设计了一套满足高效节能、安全可靠的单部六层电梯控制系统。通过 Elevator Simulation 运行仿真，该程序运行效果良好，运行效率、安全可靠性、电梯节能性都表现良好，达到了设计目标。

7.1.1 电梯结构

电梯整体结构如图 7-1 所示，主要由轿厢、曳引电机、引导轮及各层上、下平层传感器构成，曳引电机采用三相异步电机，与引导轮配合由程序控制，实现轿厢的上行、下行、停层待载。轿厢主要由厢体、轿厢开门到位传感器、轿厢关门到位传感器和轿厢门驱动电机构成，其中轿厢开、关门到位传感器用于判断轿厢开、关门状态，防止平层开门无法动作的故障发生。轿厢门驱动电机采用三相异步电机，在轿厢到达目标层后电机启动开门，当门未全关时，如有光幕信号，轿厢优先响应，保持轿厢门打开。当轿厢平层开门后，延时关闭。在上行或下行过程中电机关闭，保证轿厢运行过程中处于封闭状态，从而保证乘客安全。上、下平层传感器用于判断轿厢是否平层准确，通过程序计算出当前轿厢所在楼层。上端位第一、二限位用于电梯上行初始化，同时防止电梯失控冲顶，下端位第一、二限位用于下行初始化，同时防止电梯失控坠底，提高了电梯运行的可靠性，保证了乘客的安全。

7.1.2 电梯的功能及要求

根据不同楼层客户需求，即时响应、实现自动平层、开关门、超重提示、实现上下限位、层门联锁保护等，并根据不同的需求实现合理的响应。具体应包含但不限于以下功能。

① 集选控制。集选控制是指在信号控制的基础上把召唤信号集合起来进行有选择的应答。电梯在运行过程中可以应答同一方向所有层站呼梯信号和操纵箱上的选层按钮信号，并自动在这些信号指定的层站平层停靠。电梯运行响应完所有呼梯信号和指令信号后，停在最后一次运行的目标层待命。

② 开关门控制。电梯未启动且门已关上或正在关闭时，如果本层召唤按钮被按下，轿厢门自动打开。如果按住按钮不放，门保持打开。自动状态下，在保持开门的状态时，可以按关门按钮使门立即响应关门动作。电梯停在门区时，可以在轿厢中按开门按钮使电梯已经关闭或尚未关闭的门重新打开。

③ 错误指令消除。当电梯到达最远层站将要反向时，原来所有后方登记的指令全部消除。连按两次错误指令的按钮，该等级的信号就被取消。

④ 开门延时/关门保护。电梯到站自动开门后，延时若干时间自动关门。在关门过程中，当安装在轿厢门口的光电信号或机械保护装置探测到有人或物体在此区域时，立即重新开门。

⑤ 待载休眠。电梯无指令时或外呼登记超过一段时间后（此时间可通过参数调整），轿厢内照明、风扇自动断电。但在接到指令或召唤信号后，又会自动重新通电投入使用。

⑥ 启停控制功能。电梯会根据各自的指令完成启动和停止。电梯到达指定楼层时，会执行一级减速、二级减速、三级减速，直至平层到位，抱闸停车。

⑦ 运行监控。当电梯正常运作时，一直需要对当前的运行的方向、当前的楼层（采用七段数码管显示）进行实时监控与显示。当没有呼叫指令产生的时候，电梯运行方向的指示灯无指向。

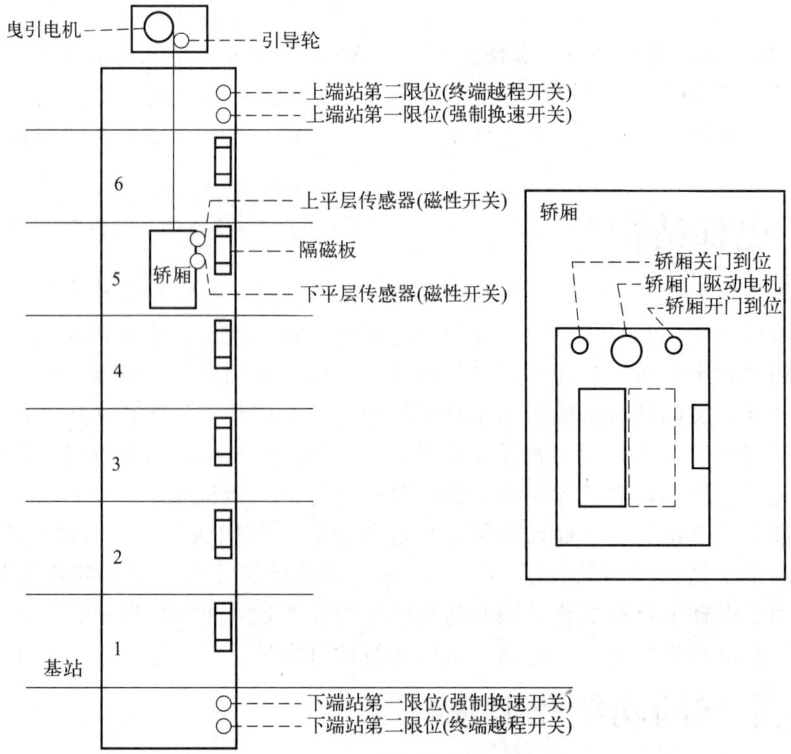

图 7-1　电梯模型结构示意图

7.1.3 电梯主体程序设计

（1）单部六层电梯控制算法

电梯程序的控制算法流程图如图 7-2 所示。控制算法主要包括电梯初始化、电梯计数、开关门控制、内呼和外呼信号处理、电机定向启动控制、电梯停层、电梯超重、电梯 LED 指示、电梯风扇、电梯照明等。主要流程为电梯通电后，电梯进行初始化，完成后，电梯处于等待状态。当出现外呼信号时，电梯启动，由算法判断电梯的运行方向，原则是优先响应最近呼梯信号，但当电梯处于运行时，电梯自动屏蔽反向运行信号，优先响应同向运行信号，即：同向距离最近＞同向呼梯＞反向呼梯。例：当电梯向上运行到 3 层时，若 4 层、5 层和 1 层都出现呼梯信号，电梯此时按先 4 层再 5 层最后 1 层的顺序响应。电梯停止在最近一次所到楼层，在等待过程中关闭电梯风扇、照明系统。

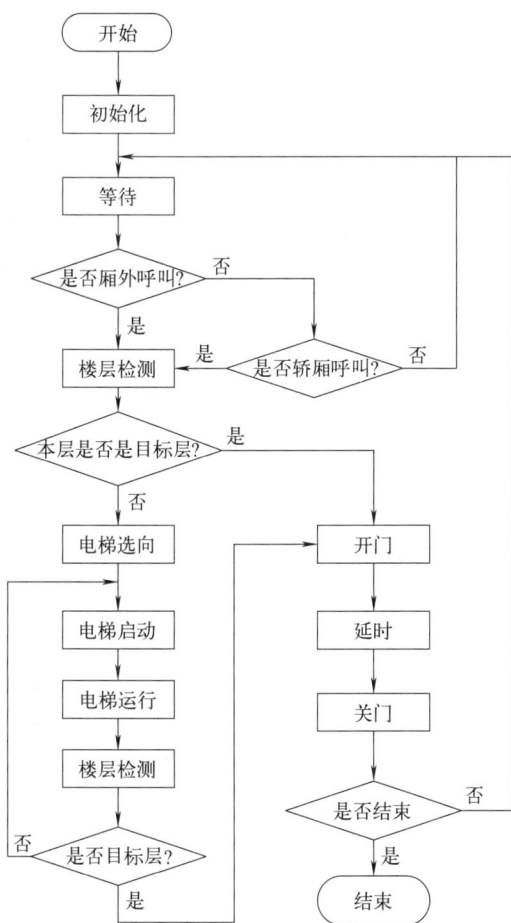

图 7-2　控制算法流程图

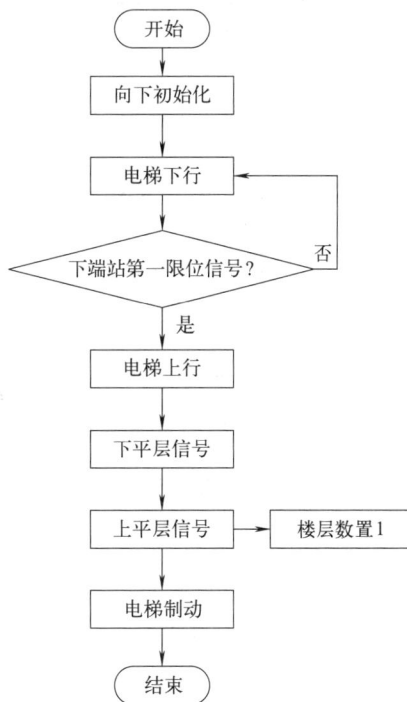

图 7-3　电梯向下初始化流程图

（2）初始化

电梯初始化一般分为向上初始化和向下初始化，本节以向下初始化为例讲解。电梯系统第一次通电运转或者维修等之后，电梯系统重新启动时需要进行初始化。初始化之前的状态与电梯所处楼层是无法确定的（此时楼层计数值未开始计数或者进行重启进行重置，电梯轿厢无法通过上下平层信号确定当前楼层），所以只能通过电梯的位置传感器来确定电梯准确的位置信息，向下运行至下端站第一限位再进行反向运行至 1 楼（此时首次同时触发上下平层信号，即确定电梯到达 1 楼），初始化完成后置位准备就绪信号，准备就绪信号为 TURE 时对各模块进行通电操作，电梯各模块开始运行。初始化流程图和梯形图如图 7-3、图 7-4 所示。

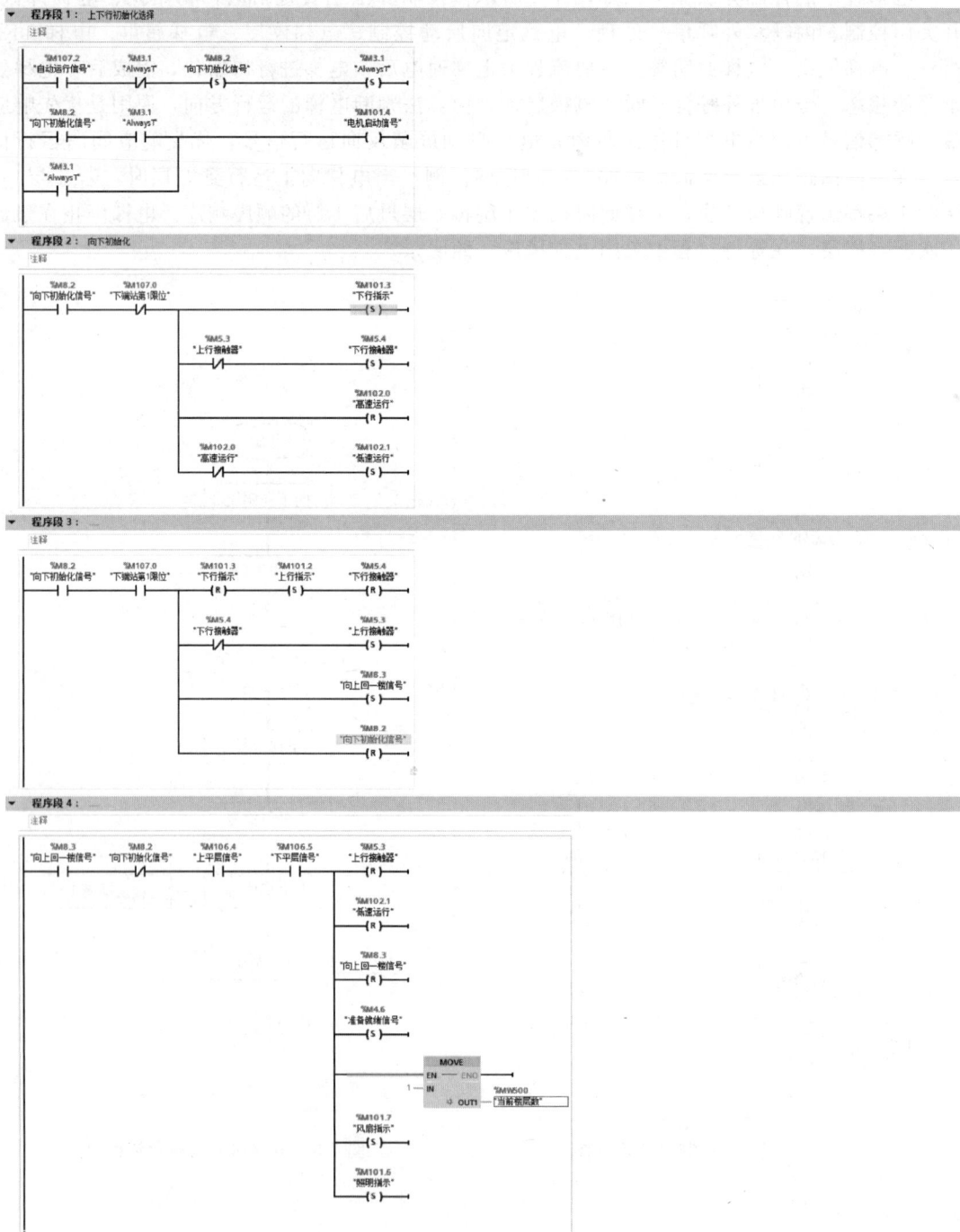

图 7-4　电梯向下初始化程序

（3）电梯楼层计数显示

当电梯处于正常运行状态时，算法首先判断当前电梯运行方向，若这时电梯处于上行状态，下平层传感器每触发一次，电梯层数就自动加 1 并通过 LED 显示屏显示楼层数。若这时电梯处于下行状态，上平层传感器每触发一次，电梯层数自动减 1 并通过 LED 显示屏显示楼层数。电梯楼层计数显示流程图和梯形图如图 7-5、图 7-6、图 7-7 所示。

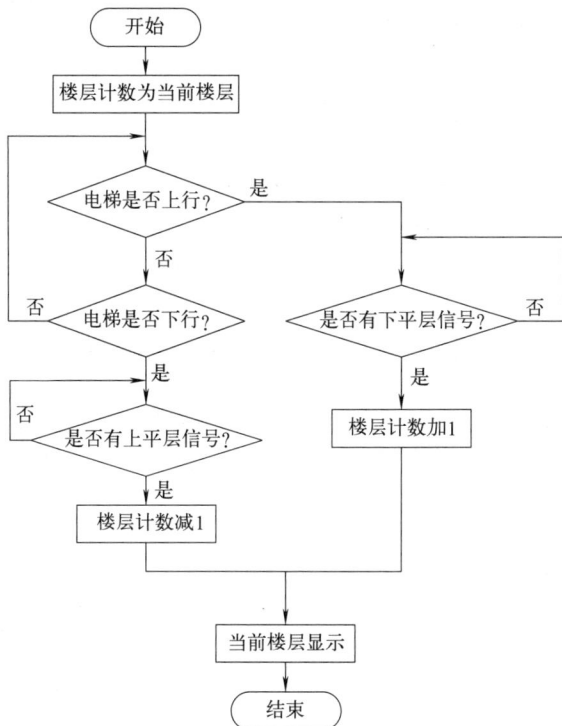

图 7-5　电梯楼层计数显示流程图

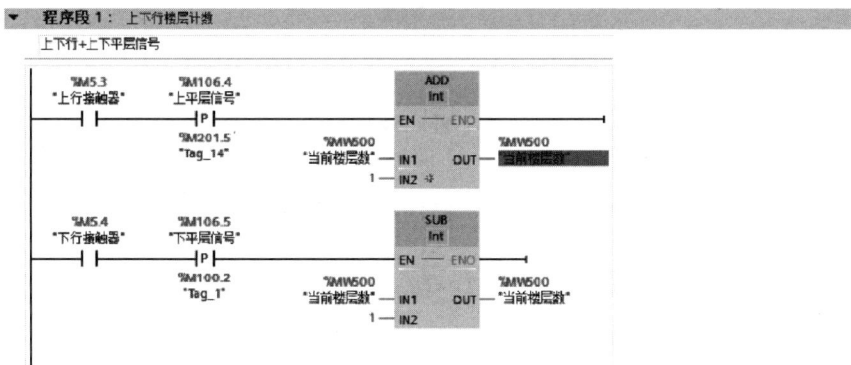

图 7-6　电梯楼层计数程序

（4）电梯呼梯与按钮指示灯显示

当乘客在电梯内或外部的按钮上按下相应的楼层按钮时，电梯系统中的按钮指示灯会亮起，表示已接收到乘客的呼叫信号，并将该楼层的呼梯信号进行登记，为电梯随后运行提供信息，并且根据呼梯信息确定电梯上下行指示灯的亮灭以指示电梯的运行方向。随后电梯会自动启动并开始运行，在电梯运行的过程中，楼层指示灯会逐层显示电梯所经过的楼层。当电梯到达乘客所需的目的楼层时，对应的楼层指示灯会熄灭，表示已到达目的地。此时，电梯会准确停在该楼层，准备开门供乘客出入。电梯呼梯与按钮指示灯显示流程图与梯形图如图 7-8、图 7-9 所示。

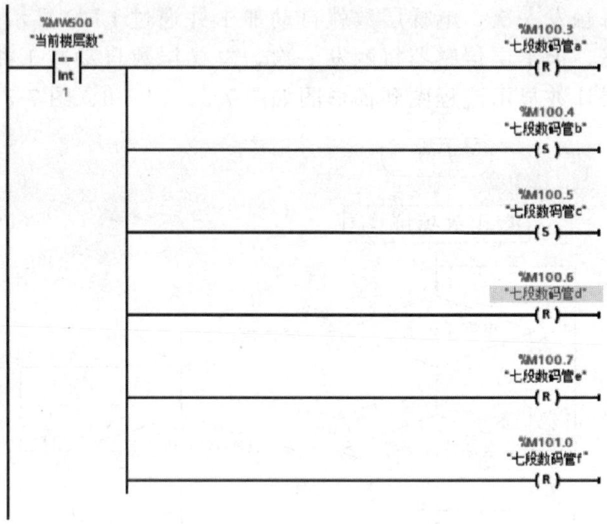

图 7-7 电梯 1 层显示程序

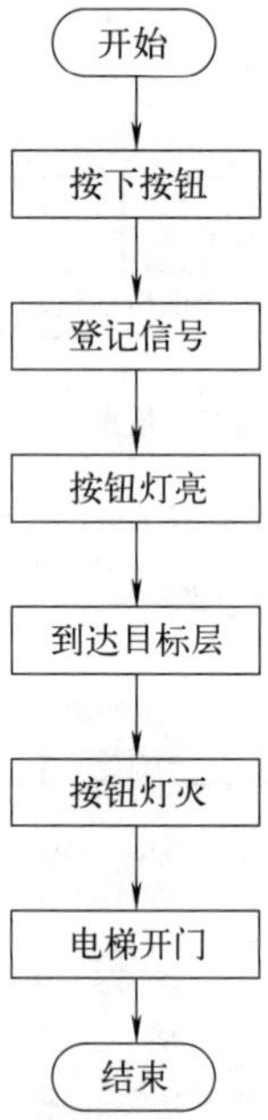

图 7-8 电梯呼梯与指示灯显示流程图

（5）电梯上下行

电梯上下行模块主要负责电梯在上下运行过程中的控制和安全保障。在电梯上下行过程中，主要的控制任务是根据电梯内部按钮或外部信号，确定电梯的运行状态和目标楼层，然后根据这些信息控制电梯上下运行。同时，电梯上下行模块还负责监测和保护电梯的运行过程，如速度、楼层位置和运行方向等，以确保电梯运行安全，避免意外事故的发生。

当电梯收到呼梯指令时，电梯开始进行呼叫楼层与当前楼层的对比。如果电梯的当前楼层小于呼叫楼层，电梯进行上行指示灯显示，电梯执行上行任务，当电梯的当前楼层大于呼叫楼层时，电梯进行下行指示灯显示，电梯执行下行任务。电梯上下行选向流程图和梯形图如图 7-10、图 7-11 所示。

▼ **程序段 1：** 外呼上下行按钮指示灯及上下呼

注释

```
%M103.4                                        %M120.1
"1层上行按钮"                                   "1层外呼上行指示
                                                灯"
  ┤├──────┬─────────────────────────────────────( S )──
          │
          │                                    %M6.1
          │                                    "1层上呼"
          └─────────────────────────────────────( S )──


%M103.5                                        %M120.2
"2层上行按钮"                                   "2层外呼上行指示
                                                灯"
  ┤├──────┬─────────────────────────────────────( S )──
          │
          │                                    %M6.2
          │                                    "2层上呼"
          └─────────────────────────────────────( S )──


%M104.3                                        %M120.3
"3层上行按钮"                                   "3层外呼上行指示
                                                灯"
  ┤├──────┬─────────────────────────────────────( S )──
          │
          │                                    %M5.6
          │                                    "3层上呼"
          └─────────────────────────────────────( S )──


%M104.4                                        %M120.4
"4层上行按钮"                                   "4层外呼上行指示
                                                灯"
  ┤├──────┬─────────────────────────────────────( S )──
          │
          │                                    %M40.7
          │                                    "4层上呼"
          └─────────────────────────────────────( S )──


%M10.6                                         %M120.5
"5层上行按钮"                                   "5层外呼上行指示
                                                灯"
  ┤├──────┬─────────────────────────────────────( S )──
          │
          │                                    %M40.4
          │                                    "5层上呼"
          └─────────────────────────────────────( S )──


%M104.1                                        %M120.6
"2层下行按钮"                                   "2层外呼下行指示
                                                灯"
  ┤├──────┬─────────────────────────────────────( S )──
          │
          │                                    %M6.6
          │                                    "2层下呼"
          └─────────────────────────────────────( S )──


%M104.2                                        %M120.7
"3层下行按钮"                                   "3层外呼下行指示
                                                灯"
  ┤├──────┬─────────────────────────────────────( S )──
          │
          │                                    %M6.7
          │                                    "3层下呼"
          └─────────────────────────────────────( S )──


%M104.5                                        %M121.0
"4层下行按钮"                                   "4层外呼下行指示
                                                灯"
  ┤├──────┬─────────────────────────────────────( S )──
          │
          │                                    %M40.0
          │                                    "4层下呼"
          └─────────────────────────────────────( S )──


%M10.7                                         %M121.1
"5层下行按钮"                                   "5层外呼下行指示
                                                灯"
  ┤├──────┬─────────────────────────────────────( S )──
          │
          │                                    %M40.5
          │                                    "5层下呼"
          └─────────────────────────────────────( S )──


%M31.1                                         %M121.2
"6层下行按钮"                                   "6层外呼下行指示
                                                灯"
  ┤├──────┬─────────────────────────────────────( S )──
          │
          │                                    %M40.6
          │                                    "6层下呼"
          └─────────────────────────────────────( S )──
```

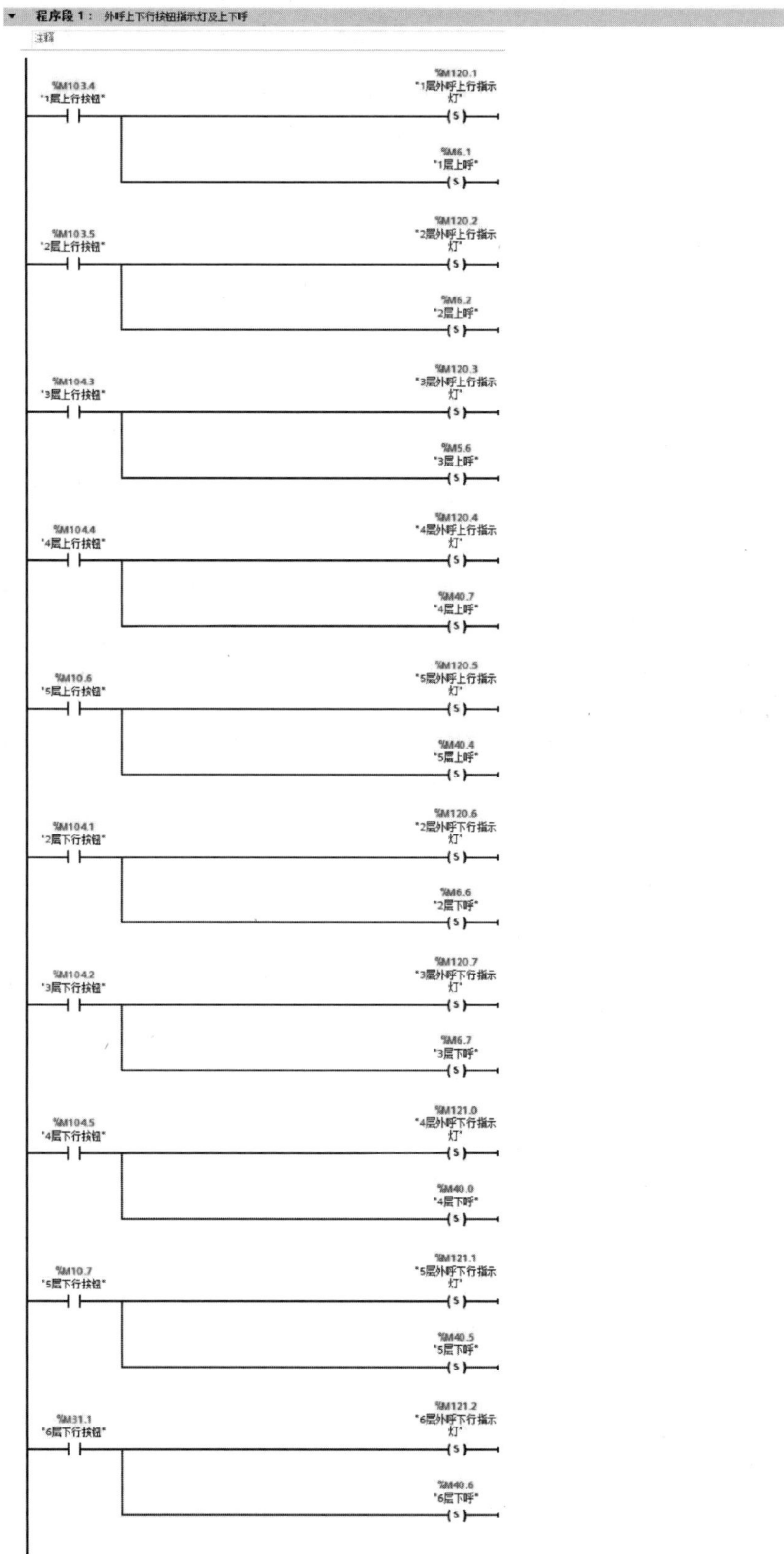

图 7-9 电梯呼梯与指示灯显示程序

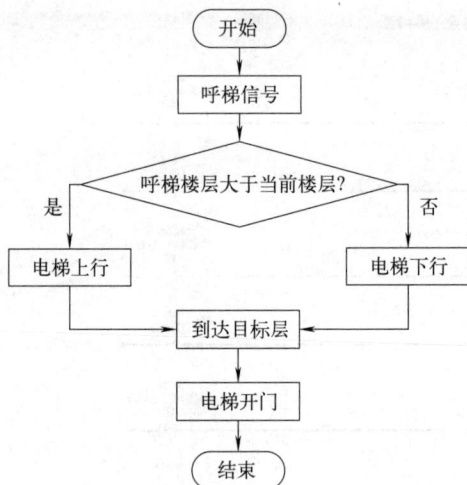

图 7-10   电梯上下行选向流程图

（6）电梯开关门控制

电梯到达目标楼层时，接收到停稳信号，此时电梯轿厢门驱动电机得电，执行开门程序并延时。电梯进入关门过程时，首先判断电梯是否超重，当电梯超重时，电梯发出警报，电机停止运行，等待警报解除，同时电梯判断是否有光幕信号，光幕信号使电梯一直处于开门状态，如果接收到光幕信号，电梯门停止关门，并打开电梯门使电梯门处于开门到位状态，若关门过程中未收到超重信号和光幕信号，此时电梯轿厢门驱动电机启动，关闭电梯门。电梯开关门控制流程图和梯形图如图 7-12、图 7-13 所示。

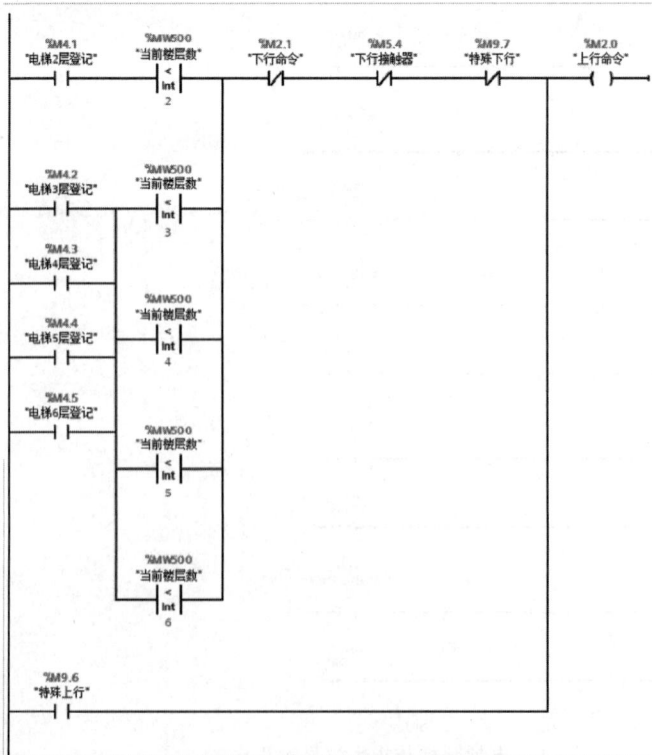

程序段 2：　下行选向

注释

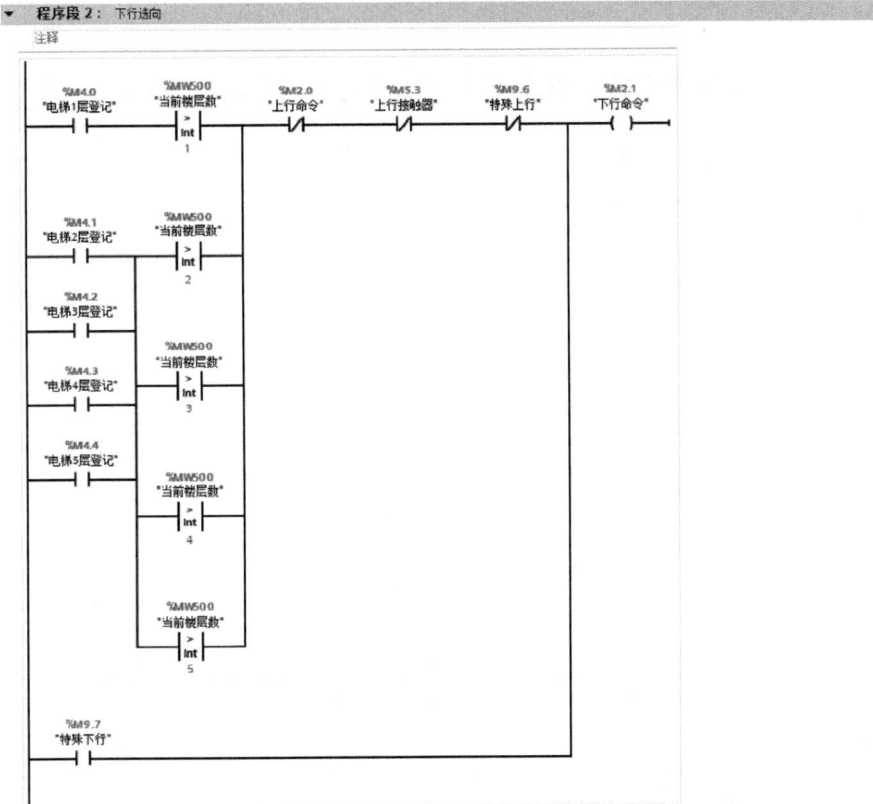

图 7-11　电梯上下行选向程序

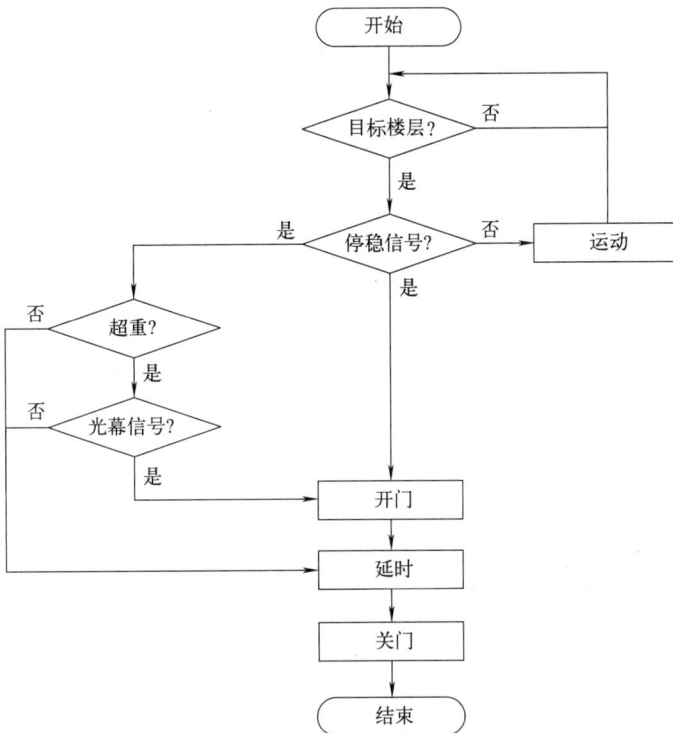

图 7-12　电梯开关门控制流程图

▼ **程序段 1：开门**

注释

```
                          %DB23
                     "IEC_Timer_0_DB_
                           9"
  %M3.5                  ┌─────────┐                      %M5.7
 "电梯停稳信号"            │   TON   │                    "开门继电器"
 ─┤ ├──────────┬─────────┤  Time   ├───────────────────────( S )──
                │         │         │
  %M5.0         │  T#150MS┤IN      Q│                      %M3.5
"本层召唤开门信 │        ─┤PT     ET├─ T#0ms              "电梯停稳信号"
    号"         │         └─────────┘                     ──( R )──
 ─┤ ├───────────┘
                                                          %M5.0
                                                       "本层召唤开门信
                                                           号"
                                                         ──( R )──
```

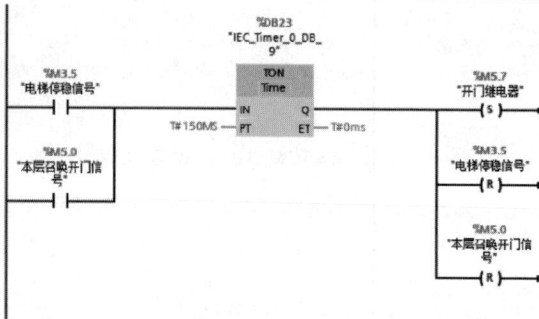

▼ **程序段 2：自动关门、手动关门**

注释

```
  %M106.2      %M202.2                                    %M5.7
 "开门到位"     "Tag_19"                                 "开门继电器"
 ─┤ ├──────────┤/├────┬────────────────────────────────────( R )──
                      │
                      │                                        %DB26
                      │                                   "IEC_Timer_0_DB_
                      │                                        12"
                      │  %M101.5   %M105.0   %M104.6   %M105.1 ┌─────────┐      %M6.0
                      │  "故障指示" "红外光幕信号" "轿内开门按钮" "超重信号" │  TON   │    "关门继电器"
                      └──┤/├──────┤/├──────┤/├──────┤/├───────┤  Time   ├──────( S )──
                                                         T#1.2s┤IN      Q│
                                                             ─┤PT     ET├─ T#0ms
                                                              └─────────┘

  %M106.2      %M104.7    %M105.0    %M105.1    %M101.5       %M6.0
 "开门到位"  "轿内关门按钮" "红外光幕信号" "超重信号"  "故障指示"    "关门继电器"
 ─┤ ├────────┤ ├────────┤/├────────┤/├────────┤/├──────────────( S )──
```

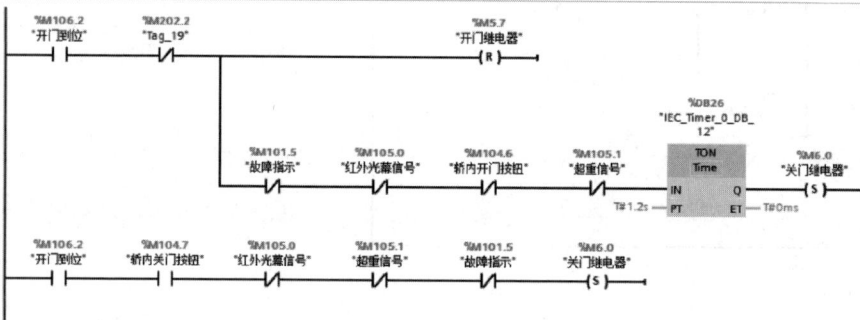

▼ **程序段 3：手动、自动开门**

注释

```
  %M6.0        %M104.6                                    %M5.7
 "关门继电器"  "轿内开门按钮"                              "开门继电器"
 ─┤ ├────┬─────┤ ├───┬────────────────────────────────────( S )──
         │           │
         │  %M105.0  │                                     %M6.0
         │ "红外光幕信号"│                                 "关门继电器"
         │  ─┤ ├─────┤                                     ──( R )──
         │           │
         │  %M105.1  │
         │ "超重信号" │
         └──┤ ├──────┘

  %M106.3                                                  %M6.0
 "关门到位"                                               "关门继电器"
 ─┤ ├──────────────────────────────────────────────────────( R )──
```

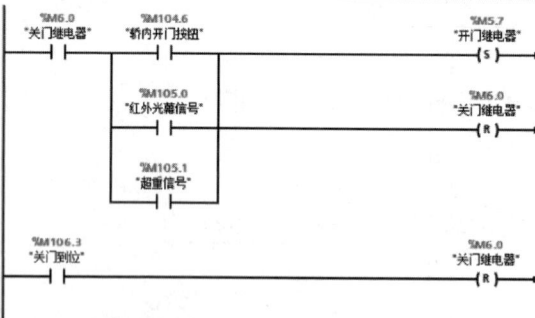

▼ **程序段 4：开关门的上下行互锁**

注释

```
  %M5.7                                                    %M4.7
 "开门继电器"                                            "开门锁上下行"
 ─┤ ├──────────────────────────────────────────────────────( S )──

                    %DB28
               "IEC_Timer_0_DB_
                     14"
  %M6.0         ┌─────────┐                                %M4.7
 "关门继电器"    │   TON   │                              "开门锁上下行"
 ─┤ ├───────────┤  Time   ├─────────────────────────────────( R )──
                │         │
          T#150MS┤IN      Q│
               ─┤PT     ET├─ T#0ms
                └─────────┘
```

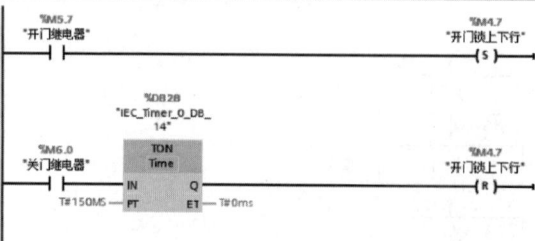

图 7-13　电梯开关门控制程序

（7）电梯启动制动

电梯启动制动模块主要功能是对电梯的运动进行控制和平稳过渡。它通常由电梯驱动器、制动器、速度传感器、限速器等组成。启动制动模块在电梯运行前负责把电梯从静止状态加速到运行状态，并在电梯到达指定楼层时平稳地减速和停车。电梯启动时，控制器向驱动器发送信号，驱动器控制电梯电机启动，电梯开始加速，电梯运行到指定速度。当电梯将要到达目标楼层时，控制器会发送制动信号，制动器开始启动，电梯逐渐减速并停车。

当电梯有呼梯信号后，电梯开始启动运行，电梯刚启动时采用低速，为了保证乘客的舒适度和运行的高效性，低速运行 200ms 后进行高速运行。每到一个楼层就会进行判断是否是目标呼梯楼层，若不是目标楼层，电梯会继续运行，到达目标楼层前电梯会进行提前减速，当完全到达目标楼层时会进行抱闸刹车结束运行。电梯启动、制动流程图和梯形图如图7-14、图7-15所示。

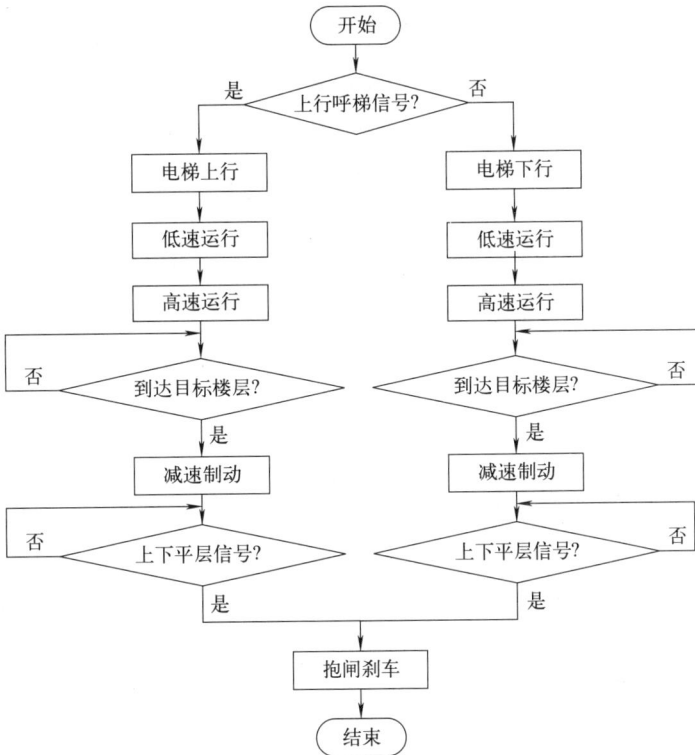

图 7-14　电梯启动、制动流程图

7.1.4　电梯的I/O变量分配

电梯仿真平台是西门子根据实际电梯结构而制作的一款仿真运行软件，不仅具有现实中电梯必备的各种传感器、控制器、应用模块，还可以模拟人员需要、呼叫、进出、操作电梯。与现实情况中电梯的运行十分相似，完全可以达到模拟电梯实际运行的效果。电梯仿真平台通过仿真器与 S7-1200 PLC 相连，仿真器支持 PROFIBUS DP 和 EtherNET 2 种通信方式与 PLC 通信，本文选用 EtherNET 通信方式，并在设置中组态相关仿真配置，包括电梯运行的各个 I/O 点位与 S7-1200 PLC 的 DB 区一一对应。单部六层电梯仿真如图 7-16 所示，其中输入、输出区分别用 DB1 和 DB2 进行模拟，电梯的 I/O 变量及相对地址配置如表 7-1、表 7-2 所示。

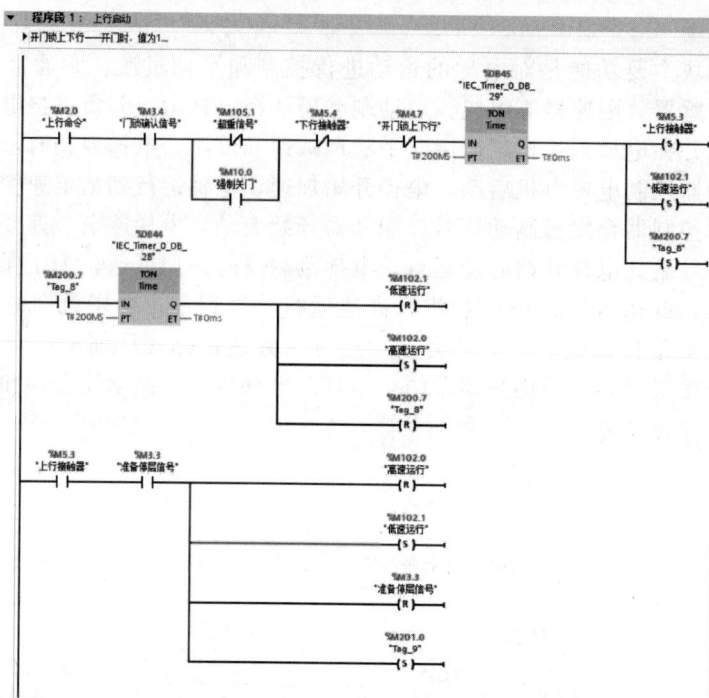

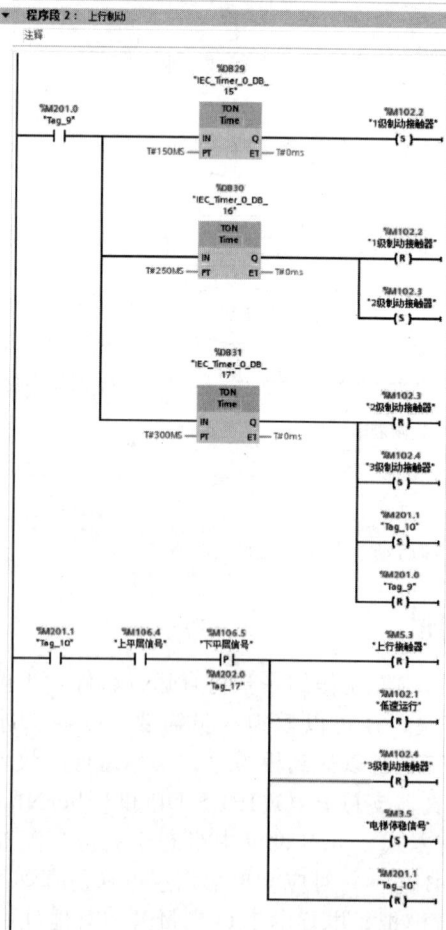

图 7-15 电梯上行启动、制动程序

图 7-16 单部六层电梯仿真实训系统

表 7-1 输入变量及相对地址

名称	相对地址	名称	相对地址
1 层上行呼梯按钮	DB1.DBX0.0	1 号梯光幕信号	DB1.DBX2.2
2 层上行呼梯按钮	DB1.DBX0.1	1 号梯检修信号	DB1.DBX2.3
3 层上行呼梯按钮	DB1.DBX0.2	1 号梯轿厢门锁信号	DB1.DBX2.4
4 层上行呼梯按钮	DB1.DBX0.3	1 号梯 1 楼层门锁信号	DB1.DBX2.5
5 层上行呼梯按钮	DB1.DBX0.4	1 号梯 2 楼层门锁信号	DB1.DBX2.6
2 层下行呼梯按钮	DB1.DBX0.5	1 号梯 3 楼层门锁信号	DB1.DBX2.7
3 层下行呼梯按钮	DB1.DBX0.6	1 号梯 4 楼层门锁信号	DB1.DBX3.0
4 层下行呼梯按钮	DB1.DBX0.7	1 号梯 5 楼层门锁信号	DB1.DBX3.1
5 层下行呼梯按钮	DB1.DBX1.0	1 号梯 6 楼层门锁信号	DB1.DBX3.2
6 层下行呼梯按钮	DB1.DBX1.1	1 号梯开门到位	DB1.DBX3.3
1 号梯轿厢内选层按钮 1	DB1.DBX1.2	1 号梯关门到位	DB1.DBX3.4
1 号梯轿厢内选层按钮 2	DB1.DBX1.3	1 号梯上平层信号	DB1.DBX3.5
1 号梯轿厢内选层按钮 3	DB1.DBX1.4	1 号梯下平层信号	DB1.DBX3.6
1 号梯轿厢内选层按钮 4	DB1.DBX1.5	1 号梯上端站第 1 限位	DB1.DBX3.7
1 号梯轿厢内选层按钮 5	DB1.DBX1.6	1 号梯上端站第 2 限位	DB1.DBX4.0
1 号梯轿厢内选层按钮 6	DB1.DBX1.7	1 号梯下端站第 1 限位	DB1.DBX4.1
1 号梯轿厢内开门按钮	DB1.DBX2.0	1 号梯下端站第 2 限位	DB1.DBX4.2
1 号梯轿厢内关门按钮	DB1.DBX2.1		

表 7-2 输出变量及相对地址

名称	相对地址	名称	相对地址
1 层上行呼梯按钮指示灯	DB2.DBX0.0	1 号梯 LEDe	DB2.DBX2.4
2 层上行呼梯按钮指示灯	DB2.DBX0.1	1 号梯 LEDf	DB2.DBX2.5
3 层上行呼梯按钮指示灯	DB2.DBX0.2	1 号梯 LEDg	DB2.DBX2.6
4 层上行呼梯按钮指示灯	DB2.DBX0.3	1 号梯上行指示	DB2.DBX2.7
5 层上行呼梯按钮指示灯	DB2.DBX0.4	1 号梯下行指示	DB2.DBX3.0
2 层下行呼梯按钮指示灯	DB2.DBX0.5	1 号梯故障指示	DB2.DBX3.1
3 层下行呼梯按钮指示灯	DB2.DBX0.6	1 号梯照明指示	DB2.DBX3.2
4 层下行呼梯按钮指示灯	DB2.DBX0.7	1 号梯风扇指示	DB2.DBX3.3

续表

名称	相对地址	名称	相对地址
5 层下行呼梯按钮指示灯	DB2. DBX1. 0	1 号梯满载指示	DB2. DBX3. 4
6 层下行呼梯按钮指示灯	DB2. DBX1. 1	1 号梯电机启动信号	DB2. DBX3. 5
1 号梯 1 层按钮指示灯	DB2. DBX1. 2	1 号梯上行接触器	DB2. DBX3. 6
1 号梯 2 层按钮指示灯	DB2. DBX1. 3	1 号梯下行接触器	DB2. DBX3. 7
1 号梯 3 层按钮指示灯	DB2. DBX1. 4	1 号梯高速接触器	DB2. DBX4. 0
1 号梯 4 层按钮指示灯	DB2. DBX1. 5	1 号梯低速接触器	DB2. DBX4. 1
1 号梯 5 层按钮指示灯	DB2. DBX1. 6	1 号梯开门继电器	DB2. DBX4. 2
1 号梯 6 层按钮指示灯	DB2. DBX1. 7	1 号梯关门继电器	DB2. DBX4. 3
1 号梯 LEDa	DB2. DBX2. 0	1 号梯 1 级减速制动	DB2. DBX4. 4
1 号梯 LEDb	DB2. DBX2. 1	1 号梯 2 级减速制动	DB2. DBX4. 5
1 号梯 LEDc	DB2. DBX2. 2	1 号梯 3 级减速制动	DB2. DBX4. 6
1 号梯 LEDd	DB2. DBX2. 3	准备就绪信号	DB2. DBX4. 7

7.2 六部十层电梯实例

　　高楼大厦中，特别是办公大楼，乘梯人员众多，单部、双部电梯显然不能满足人们上下班高峰时期的需求，使用三部及以上电梯成为必然，因此对电梯的运行性能提出更高要求。电梯的安全性、舒适性和高效性成为电梯控制系统主要考量的问题。本节结合 WinCC 与工业以太网络技术，设计一种六部十层电梯群控系统，并在电梯仿真平台进行仿真。

7.2.1　电梯群控系统的结构

　　电梯群控系统由一个群控制器来完成六部电梯的分配。每部电梯在群控制器的监控下完成运行。层站呼梯系统包含呼梯控制板、呼梯按钮、呼梯信号指示等硬件设施，层站呼梯系统负责记录乘客的选择，当乘客按下呼梯按钮时，指示灯亮起，代表乘客已经发出呼梯信号，随后信号经由通信系统传递给群控制器，群控制器按照设定的群控算法进行派梯，电梯完成接送乘客任务到达指定楼层后指示灯熄灭，表示该行程结束。电梯群控系统结构如图 7-17 所示。

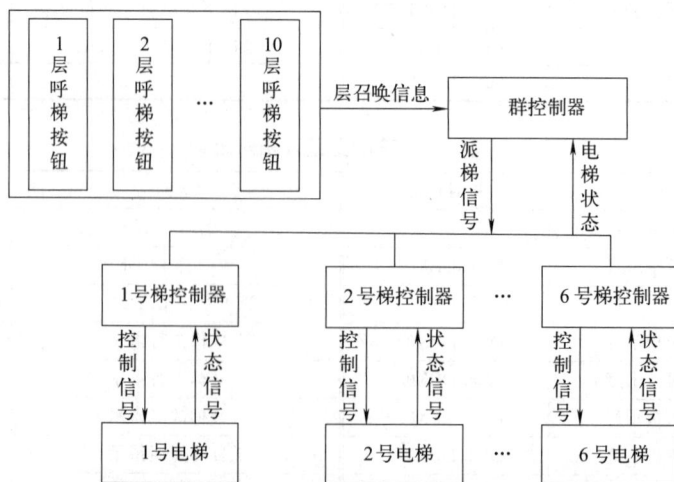

图 7-17　电梯群控系统结构图

7.2.2 电梯群控运行原则

电梯群控系统中，群控制器只对其中一部电梯发出派梯信号，每部电梯都有其单独的控制器，并不会对单部电梯的运行产生影响。通常情况，一个楼层的外呼信号只能分配给一部电梯去响应执行，电梯停靠在当前楼层的条件是内部乘客目的层包含当前楼层，或者当前楼层有外呼信号且由该部电梯响应执行。因此，单部电梯一般运行原则如下。

① 禁止反向登录原则：当电梯处于上行状态时，乘客在轿厢内的选层要大于当前楼层；同理，当电梯处于下行状态时，乘客在轿厢内的选层要小于当前楼层。

② 内部信号优先原则：只要电梯接收到内部指令，就代表电梯内仍然有乘客需要输送。此时，若楼层产生外呼信号，需优先完成内部乘客需求，群控制器派梯信号不能强制改变内部乘客的需求和电梯运行方向。

③ 满载不停原则：当轿厢内乘客已达到满载，电梯将不响应外呼信号，直到有乘客到达目的层不再满载。

④ 顺向接反向不接原则：电梯运行方向与外呼召唤方向相同时才响应，方向不同时不响应；电梯根据原运行方向在相同方向上接收并完成分配的任务，中途有不同方向的召唤信号时不响应，在到达当前接收任务的最远端时反转。

根据群控运行原则，电梯群控流程图如图 7-18 所示。

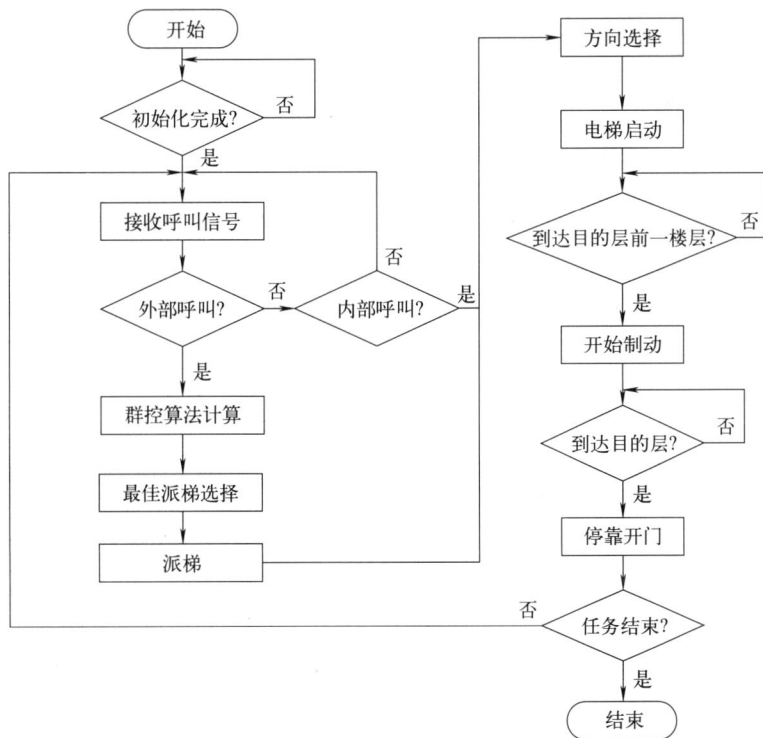

图 7-18 电梯群控流程图

7.2.3 六部十层电梯系统的群控算法

六部十层电梯群控系统的群控算法有多种，本节以就近原则为例进行编写，实现电梯的合理调度，快速响应乘客的呼梯请求，并高效地把乘客送往目标楼层。对电梯进行动态调度和统一管理，可减少电梯的等待和运行时间以及乘客的候梯时间，降低长时间候梯情况的出现，节约能耗和维护成本。

电梯群控系统就近原则算法的规则：就近原则原理是计算电梯当前所处楼层和待服务的呼叫请求之间的距离，然后选择运行距离最短的电梯进行响应。其实质如下。

① 通过实时监控电梯位置和任务，根据乘客呼梯请求的位置信息进行判断，确定可以响应该请求的电梯。

② 计算选中电梯与呼梯请求之间的距离，选择距离最近的电梯进行响应，以便更快地满足乘客需求。

③ 就近原则算法主要考虑的是电梯运行效率，可以避免出现不必要的停留或回程，从而减少用户等待时间和电梯运行成本。

④ 就近原则算法还能够优化电梯群控系统的动态调度策略，平衡各个电梯的工作负载，提高整个系统的运行效率。

就近原则的计算规则为：X 为电梯当前楼层到目标楼层的距离；A 为当前楼层数；B 为呼梯信号楼层；H_1 为电梯上行时要到达的最高楼层；H_2 为电梯下行时要到达的最低楼层。

① 当电梯处于上行状态，外呼梯信号向下且呼梯信号楼层在电梯当前楼层下方时，或当电梯处于上行状态，外呼梯信号向下且呼梯信号楼层在电梯当前楼层上方时：

$$X = |H_1 - A| + |H_1 - B| \tag{7-1}$$

② 当电梯处于上行状态，外呼梯信号向上且呼梯信号楼层在电梯当前楼层上方时，或当电梯处于下行状态，外呼梯信号向下且呼梯信号楼层在电梯当前楼层下方时：

$$X = |A - B| \tag{7-2}$$

③ 当电梯处于上行状态，外呼梯信号向上且呼梯信号楼层在电梯当前楼层下方时：

$$X = |H_1 - A| + |H_1 - H_2| + |B - H_2| \tag{7-3}$$

④ 当电梯处于下行状态，外呼梯信号向下且呼梯信号楼层在电梯当前楼层上方时。

$$X = |A - H_2| + |H_1 - H_2| + |H_1 - B| \tag{7-4}$$

⑤ 当电梯处于下行状态，外呼梯信号向上且呼梯信号楼层在电梯当前楼层的上方时，或当电梯处于下行状态，外呼梯信号向上且呼梯信号楼层在电梯当前楼层的下方时：

$$X = |A - H_2| + |B - H_2| \tag{7-5}$$

⑥ 就近原则计算公式：

$$C = \min(X) \tag{7-6}$$

由公式（7-6）可以得出一个最小值，群控系统让这个最小值对应的电梯去响应执行，实现电梯合理调度。

电梯能耗包括电梯的额定负载、运行速度、开门时间、停留时间、电梯机房温度等的能耗。其中主要考虑电动机能耗、照明能耗、控制系统能耗。其能耗计算公式为：

$$E = [(aWM + bW)L + cW]D \tag{7-7}$$

式中，W 为电动机的额定负载；M 为电梯的载重；L 为电梯的运行距离；D 为电梯的往返次数；a、b、c 为电梯系统能耗的权值参数。

为了保持电梯的快速响应和稳定的服务质量，电梯群控系统通常会分配电梯在固定的运行范围内进行服务，避免电梯在运行过程中被打断或者影响。这样可使电梯停靠的楼层数量最少，从而减少电梯在运行过程中的停留时间和能耗。

7.2.4 仿真画面

通过 CMIC "西门子杯" 中国智能制造挑战赛离散行业自动化方向（逻辑算法）竞赛模型

搭建系统，用 Elevator Simulation 电梯仿真软件建立仿真平台，模拟真实电梯工作过程。电梯仿真系统由控制器与被控对象两大部分组成，控制器采用西门子 CPU 1214C DC/DC/DC PLC，电梯为被控对象，以此实现电梯仿真模型的模拟控制。电梯仿真画面如图 7-19 所示。

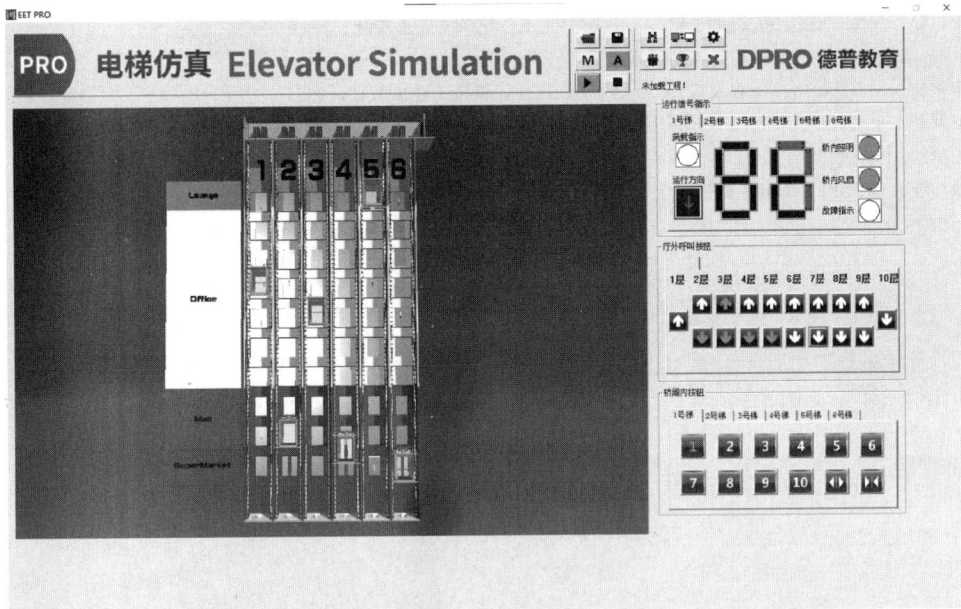

图 7-19　仿真画面

7.2.5　WinCC 监控画面

　　WinCC 监控画面中显示各电梯信息和六部电梯运行状态。各电梯信息显示板块可显示每部电梯当前的楼层数、当前的运行状态、满载指示、故障指示、照明指示、风扇指示以及电梯开门关门等情况。并可监测各电梯的内呼信号和各楼层的外呼信号以及各部电梯内的载重。六部电梯运行板块可对电梯上行、下行、高速、低速、电梯的开关门等状态进行监测，也可观察电梯当前处于各楼层的情况。具体 WinCC 监控系统的画面如图 7-20 所示。

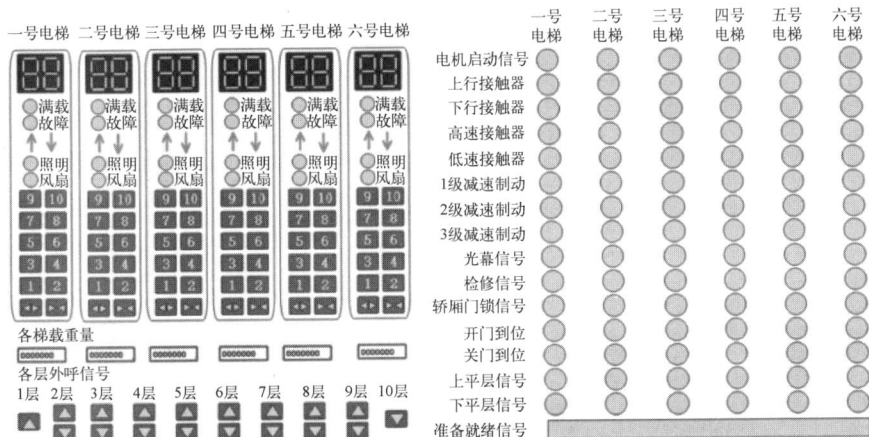

图 7-20　WinCC 监控画面

参 考 文 献

［1］ 王宇. PLC 电气控制与组态设计［M］. 北京：电子工业出版社，2010.

［2］ 郭明良. 电气控制与西门子 PLC 应用技术［M］. 北京：化学工业出版社，2018.

［3］ 李忠勤. 电气 CAD 工程实践技术［M］. 3 版. 北京：化学工业出版社，2021.

［4］ Siemens AG. S7-1200 可编程控制器系统手册［Z］. 2020.

［5］ 廖常初. S7-1200 PLC 编程及应用［M］. 4 版. 北京：机械工业出版社，2021.

［6］ 王淑芳. 电气控制与 S7-1200 PLC 应用技术［M］. 北京：机械工业出版社，2016.

［7］ 王明武. 电气控制与 S7-1200 PLC 应用技术［M］. 北京：机械工业出版社，2022.

［8］ 钱江坤. 基于 PLC 的电梯群控系统设计［D］. 南昌：南昌工程学院，2020.